高职高专"十二五"规划教材

电工基础
（第二版）

主编 赵红顺

编写 颜云华 苏伯贤

马仕麟 刘承赫

主审 杨利军

中国电力出版社

CHINA ELECTRIC POWER PRESS

内 容 提 要

本书为高职高专“十二五”规划教材。

全书共分为九章，包括电路的基本概念和基本定律、电路的等效变换、直流电路的分析方法、单相正弦交流电路、三相正弦交流电路、互感电路、非正弦周期电流电路、线性电路过渡过程的暂态分析、磁路等内容。本书还配套有相应的习题集。

本书可作为高职高专院校自动化类各专业及相关专业的电工基础课程教材，也可作为中等职业院校教材，同时可供工程技术人员参考。

图书在版编目（CIP）数据

电工基础/赵红顺主编. —2版. —北京：中国电力出版社，2014.7（2020.8 重印）

高职高专“十二五”规划教材

ISBN 978-7-5123-6042-6

Ⅰ.①电… Ⅱ.①赵… Ⅲ.①电工学—高等职业教育—教材 Ⅳ.①TM1

中国版本图书馆 CIP 数据核字（2014）第 130759 号

中国电力出版社出版、发行

（北京市东城区北京站西街 19 号 100005 http://www.cepp.sgcc.com.cn）

三河市百盛印装有限公司印刷

各地新华书店经售

*

2010 年 1 月第一版

2014 年 7 月第二版 2020 年 8 月北京第九次印刷

787 毫米×1092 毫米 16 开本 12.5 印张 297 千字

定价 **25.00** 元

前　言

本书自2010年第一版出版以来，作为电气自动化技术专业及相关机电类专业高职高专学生的"电工基础"课程的教材用书，受到了许多高职院校同行们的认可。

作为普通高等职业院校自动化类及相关专业的规划教材，为使教学内容和课程体系能更好地适应高职高专的教学特点及培养目标，本书在第一版的基础上进行修订。除了对原教材进行一些必要的文字修改外，还在保证基本内容、基本原理和基本分析方法的前提下，增加了具有实际工程应用能力案例的例题，突出了基本思路与基本方法的介绍；在习题的内容及要求上作了精选，删去了一些过分强调技巧或较繁琐的题目，力求能使读者更好掌握基础概念和基本方法。

修订后的教材延续了原教材的体系，综合考虑了本课程的基本要求、与相邻学科间的联系及拓宽相近专业的知识需求，基本保持了各章的独立性和相对完整性，便于在使用过程中根据不同层次、不同专业的需求等具体情况进行内容的选择或调整。

参加本书修订工作的有常州机电职业技术学院的赵红顺（第二、三、四、五、八章）；颜云华（第一、六章）、苏伯贤（第七章）、马仕麟（第九章），附录中各章习题答案由赵红顺和刘承赫完成。全书由主编赵红顺负责统稿工作。本书由湖南铁道职业技术学院杨利军教授主审。

限于编者水平，书中不足之处在所难免，望读者评批指正。

编　者

2014年05月

第一版前言

本教材是根据教育部最新制定的“高职、高专电工基础课程基本要求”编写的，可供高等职业技术学院电气类专业及相关专业的教学使用。在编写过程中贯穿能力培养和分层教学的思路，以满足不同学习者的不同要求。全书建议安排教学时数为100学时左右。

本教材是在第1版教材使用了五年的基础上根据近几年的教学改革情况以及教材应用中发现的具体问题重新修订的。修订过程中结合高职高专教育培养应用型人才的需要，对教材内容重新优化，本着循序渐进、由浅入深的原则，把重点放在加强理论知识的运用，减少烦琐、冗长的理论推导。在内容上以适量、实用为度，不贪多求难。在编写中力求叙述简练，概念清晰，通俗易懂，便于自学。对于电路的分析求解，做到步骤清楚，举例结合实际并具有典型性，例题、习题安排合理。

本教材有配套的《电工基础习题集》（赵红顺主编），安排有各章节内容小结和自测题。其中本章内容小结着重介绍本章学习的重点内容，针对性强，自测题题型设置多样，层次性强，便于教师组织教学测验以及学生学完各章内容后的自测。

本教材由常州机电职业技术学院赵红顺老师担任主编并编写了教材的第二章、第三章、第四章、第五章。参加本教材编写工作的还有常州机电职业技术学院的颜云华老师（第一章、第六章）、苏伯贤老师（第七章）、马仕麟老师（第八章、第九章）。全书由赵红顺老师负责统稿工作。本书由湖南铁道职业技术学院杨利军老师主审。

编写本教材时，我们查阅和参考了众多文献资料，从中得到了许多教益和启发，在此向参考文献的作者致以诚挚的谢意。统稿过程中，有关学院的领导和教研室同事给予了很多支持和帮助，编者在此一并表示衷心的感谢。

限于编者水平，教材中缺点与不足之处在所难免，恳请专家和读者提出宝贵意见，以便今后修订。

编　者

2014年05月

目　　录

第一章　电路的基本概念和基本定律

本章提要　本章主要介绍电路中的基本概念，电流、电压及其参考方向、电位和功率；电路的基本元件，电阻元件、电压源、电流源；电路的基本状态，空载、负载和短路；电路的基本定律，欧姆定律和基尔霍夫电压电流定律。

第一节　电路的组成和模型

一、电路的组成

电路是指由一些电气设备或器件组成，并提供电流流通途径的通路。复杂的电路呈网状，又称网络。电路和网络这两个术语是通用的。

随着电工技术的发展，电路的形式和功能多种多样，有的还十分复杂，但总的来说，它们具有下述共同点：

(1) 电路的组成一般包括电源（或信号源）、负载和中间环节（在复杂电路中，连接导线可以扩展成连接电源和负载的中间环节）三个部分。

(2) 电路的作用主要有传输和分配电能与传递和处理电信号两个方面。

图 1-1 所示的手电筒电路是一个简单的实际电路，它由干电池、灯泡、开关及连接部分构成。干电池是电源，提供电能，灯泡是负载，消耗电能。它们由两根导线及开关连接成闭合电路，工作时，电流（实际是电子沿相反方向流动）从电源的正极流出，经过负载，流回到电源的负极，电流的方向固定，数值基本不变。这类电路的作用主要是传输电能和分配电能。在这类电路中，人们关注的是减少传输和转换过程中能量的损耗，以提高效率。

图 1-2 所示的扩音机电路，左边的话筒虽然能将声能转变为电能，但数量很微小，不能作为电源，但所产生的感应电动势可以作为反映声音大小的信号，即电信号，因此是一种信号源，而后通过电路传递到扬声器，把电信号还原为语言或音乐。由于由话筒输出的电信号比较微弱，不足以推动扬声器发音，因此中间还要用放大器放大。这类电路的作用主要是传递和处理信号。在这类电路中，虽然也有传输和转换过程中能量损耗的问题，但人们更关注信号传递和处理的质量，即准确性、及时性和不失真等。

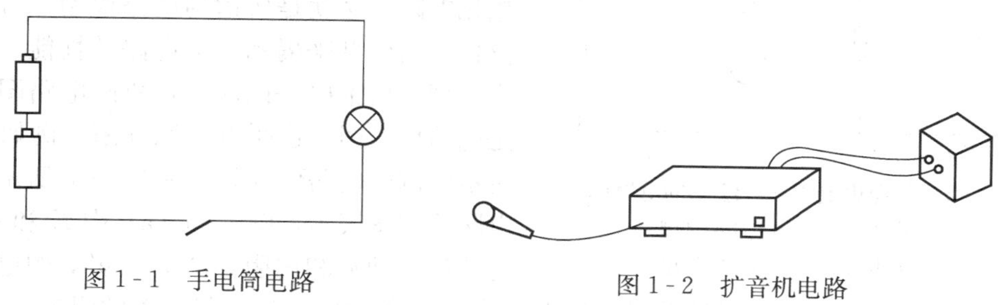

图 1-1　手电筒电路　　　　图 1-2　扩音机电路

如果在工作时，电路中电流的大小和方向不随时间变化，就称为直流电路。反之，电路中电流大小和方向按一定规律呈周期性变化、且在一个周期内其平均值为零，就称为交流电路。

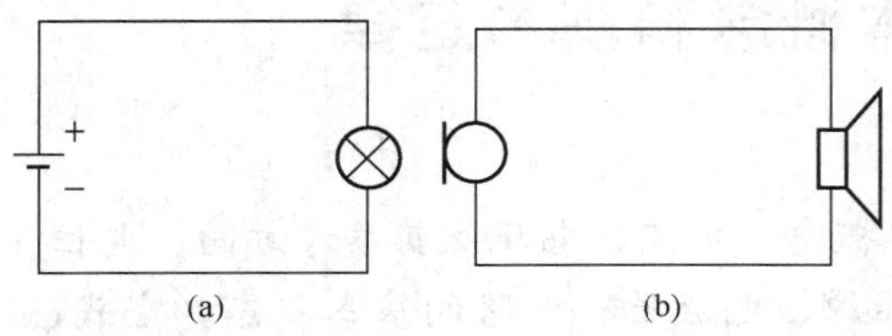

图 1-3 用电路符号绘制的电路图

(a) 图 1-1 的工程图；(b) 图 1-2 的工程图

二、电路的模型和电路图

在工程上，通常按国家统一规定的各种电气设备和器件的符号绘制电路图。例如：图 1-1和图 1-2 可分别用图 1-3 的（a）和（b）表示，图中符号分别表示电池、灯泡、话筒、扬声器，这叫做工程图。

在电路理论中，为了表征电路部件的主要性质，以便进行定量分析，通常将电路部件的实体用它的模型来代替。电路部件的模型由一些具有单一物理性质的理想电路元件构成。基本理想电路元件有五种，即：电阻元件、电感元件、电容元件、理想电压源和理想电流源。它们通过两个连接端子与电路相接，因此称为二端元件，它们的电路符号分别如图 1-4 所示，它由图形符号和文字符号组成。

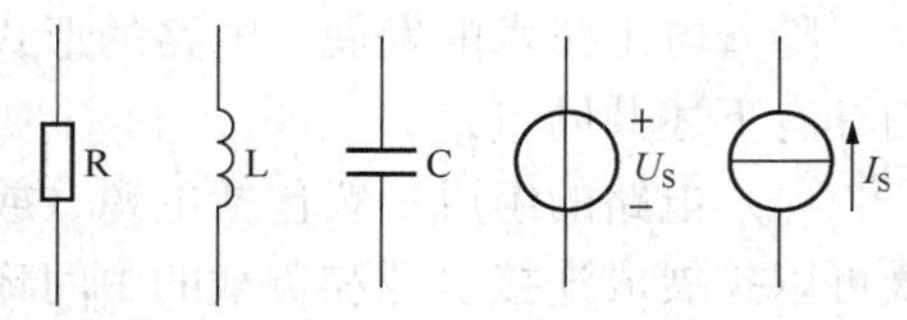

图 1-4 理想电路元件符号

前三种理想电路元件中，电阻元件消耗电能；电感元件以磁场形式储存能量；电容元件以电场形式储存能量。它们的性质可分别用叫做电路参数的物理量表示，电阻元件遵循欧姆定律，其端电压和流过的电流成正比，比例常数称为电阻（符号为 R），它既是这种元件的名称，又是表示其物理性质的电路参数，单位为欧姆（符号为 Ω）。电感元件和电容元件的性质及其参数电感 L 和电容 C 的含义将在以后的交流电路中讨论。应当指出：实际的电路元件同理想电路元件有区别，例如在高频时，一个实际的电阻器除具有电阻的作用外，还具有电感的作用。上述白炽灯主要起耗能作用，它的模型可以只由电阻元件构成。

后两种理想电路元件中，理想电压源和理想电流源是分别能够提供一定电压和电流，而无内部电能损耗的理想化电源，直流电压源内部有恒定的电动势 E，直流电流源内部有恒定的电流 I_S。上述蓄电池内部既有由化学作用形成的电动势，又在供电时有较小的能耗，它的模型可以由理想电压源和代表内阻的电阻元件串联构成。

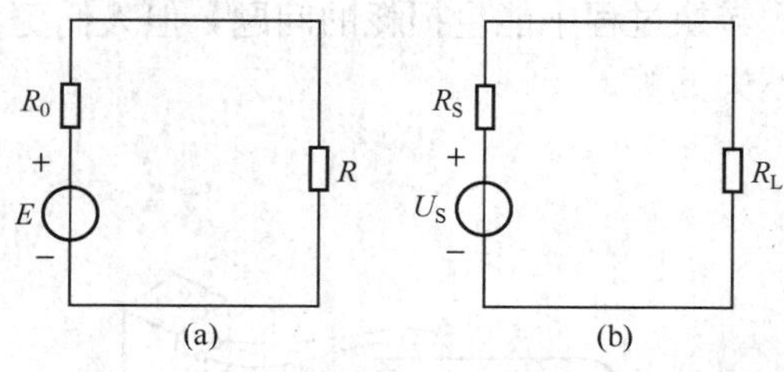

图 1-5 用理想电路元件绘制的电路图

(a) 图 1-3 (a) 的电路原理图；

(b) 图 1-3 (b) 的电路原理图

按照模型代替实体的原则，各种实际电路都可以近似地看作是由理想电路元件组成的理想化电路，这就是所谓的电路模型。可以通过分析电路模型来揭示实际电路的性能。在从工作原理上讨论电路问题时，所画电路图一般都是电路模型图，也叫电路原理图。例如图 1-3 所示的两个电路可以分别用图 1-5 所示的两个电路原理图表示，图 1-5（a）中 E 和 R_0 为蓄电池的电动势和内阻，R 为白炽灯的电阻，图 1-5（b）中 U_S 和 R_S 为话筒产生的感应电动势和话筒内阻，R_L 为扬声器的阻抗。

第二节　电路的基本物理量

电路的基本物理量主要有电流、电压、电位、电动势、电功率、电能等。

无论是传送电能的电路（习惯上又称为电力电路或强电电路），还是传递信号的电路（习惯上又称为电信电路或弱电电路），其作用都是通过电路中的电动势、电压和电流等有关物理量来实现的，所遵循的基本规律和分析电路的方法也是相同的。

一、电流及电流的参考方向

电荷有规则的定向移动形成电流。把每单位时间内通过导体横截面的电量定义为电流强度，用以衡量电流的强弱。电流强度常简称为电流，用符号 $i(t)$ 表示，即

$$i(t)=\frac{\mathrm{d}q}{\mathrm{d}t} \tag{1-1}$$

在国际单位制（SI）中，电流强度的单位为安培，简称安（A）。常用单位还有毫安（mA）、微安（μA）、千安（kA）等。本书的计算公式，如无特殊说明，均使用国际单位。

如果电流的大小恒定和方向不变，称为恒定电流，或直流电流（DC），用 I 表示。如果电流的大小和方向均随时间变化，称为交流电流（AC），用 i 表示。

习惯上把正电荷运动的方向规定为电流的实际方向。

电路理论中也规定正电荷运动的方向为电流的实际方向，但实际问题中电流的真实方向有时难以判定。对交流电路，电流的实际方向还随时间在变化。这时可引入参考方向这一概念，电流参考方向可以任意选定，电路图中用箭头表示，如图 1-6 所示。

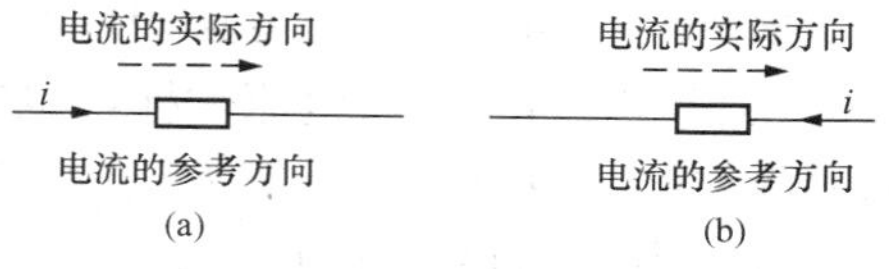

图 1-6　电流参考方向和实际方向的关系
(a) $i>0$；(b) $i<0$

规定：如果电流的实际方向与参考方向一致，电流取正值；如果两者相反，电流取负值。在分析电路时，可以任意假定电流的参考方向，并以此为准去进行分析、计算，从求得答案的正、负值来确定电流的实际方向。显然，在未假定参考方向的情况下，电流的正负是无任何实际意义的。对直流电路，电路结构和参数一旦确定，电流的实际方向就确定，不受参考方向的影响。

今后，电路图中所标的电流方向箭头都是参考方向，不一定就是电流的实际方向。在任一时刻从任一元件一端流入的电流等于从它另一端流出的电流，流经元件的电流是一个可确定的量。具体使用中要结合电流的参考方向和具体数值，判断某一支路上电流的大小和方向。

【例 1-1】　图 1-7（a）所示的方框泛指元件。设 2A 的电流由 a 向 b 流过图中元件，试问该电流应如何表示？

解　（1）用图 1-7（b）所示的 i_1 表示，而 i_1 应表示为 $i_1=2$A。

（2）用图 1-7（c）所示的 i_2 表示，而 i_2 应表示为 $i_2=-2$A。

对于简单电路，电流的实际方向根据电源极性很容易判断，当然可以直接标注实际方向，电流 I 自然是正值。然而实际电路往往比较复杂，各支路电流的实际方向在分析计算前不能预先知道，所以必须采用上述参考方向的表示方法，才能列出代数方程求解。因此一般

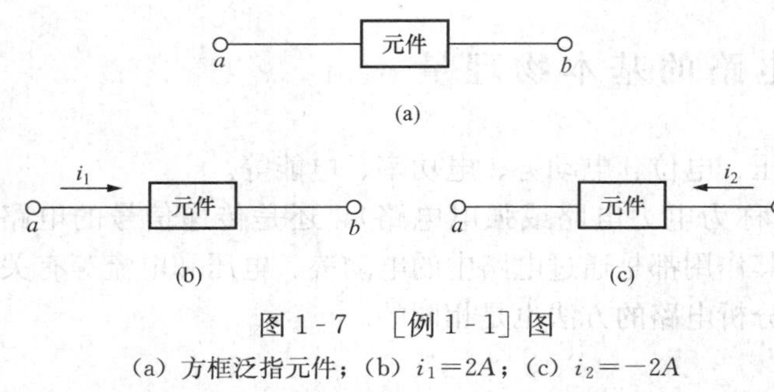

图 1-7　［例 1-1］图

(a) 方框泛指元件；(b) $i_1=2A$；(c) $i_2=-2A$

来说，电路图中标注的电流方向都是参考方向，不是实际方向。参考方向可以任意规定，电流的实际方向可结合参考方向下的代数量 I 的正负来说明。

二、电压及电压参考方向

电荷在电场中，必定要受到电场力的作用，也就是说力对电荷做了功，为了衡量其做功的能力，引入“电压”这一物理量，并定义为：在电场中，电场力把单位正电荷从电路的 A 点移到 B 点所做的功称为 AB 间的电压，用 u_{AB} 表示，即

$$u_{AB}=\frac{dW_{AB}}{dq} \tag{1-2}$$

电压的国际单位为伏特，简称伏（V），常用单位还有毫伏（mV）、微伏（μV）、千伏（kV）等。

如果电压的大小和极性都不随时间而变化，这样的电压称为恒定电压或直流电压，用 U 表示。如果电压的大小和极性都随时间变化，则称其为交变电压或交流电压，用 u 表示。

习惯上把电场力移动正电荷的方向规定为电压的实际方向。

但在实际电路中，与电流一样，也常需要设电压的参考方向，且规定当其参考方向与电压的实际方向一致时，电压值为正；当参考方向与电压的实际方向相反时，电压值为负。

在电路中表示电压的方向有三种：①第一种方法是参考极性法，即“+”、“-”号法，常以“+”号表示电压的参考正极，以“-”号表示电压的参考负极，由“+”指向“-”的方向即为电压的参考方向，如图 1-8（a）所示；②第二种方法是箭头法，其中箭头所指的方向表示电压的参考方向，如图 1-8（b）所示；③第三种方法是双下标法，第一个下标为电压的参考正极，第二个下标为电压的参考负极，如图 1-8（c）所示。这三种表示方法实际上是等效的。在分析电路时，只需任选一种标出即可。

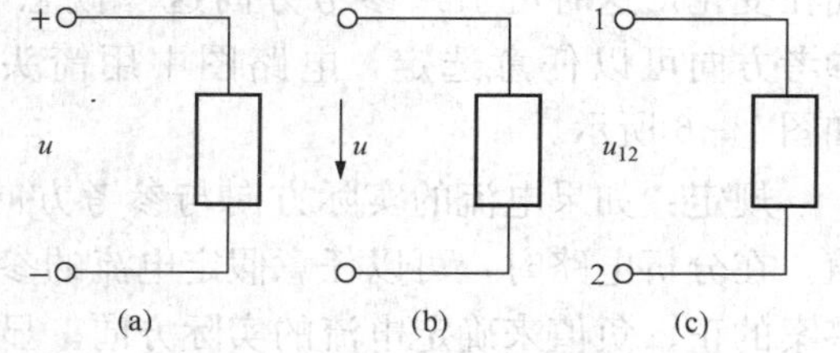

图 1-8　电压的参考方向表示方法

(a) 参考极性法；(b) 箭头法；(c) 双下标法

对同一电路，当改变电压的参考方向后，电压的绝对值不变，但正、负号相反，即 $U_{12}=-U_{21}$。

在以后的电路分析中，完全不必考虑各电流、电压的实际方向究竟如何，而应首先在电路图中标定它们的参考方向，然后根据参考方向列写有关电路方程，计算结果的正负值与标定的参考方向就反映了它们的实际方向，图中也就不需再标出实际方向。参考方向一经选定，在分析电路的过程中就不再变动。

对于同一个元件或同一段电路上的电压和电流的参考方向彼此原是可以独立无关地任意选定的，但为方便起见，习惯上常将电压和电流的参考方向选的一致称其为关联参考方向。为简单明了，一般情况下，只需标出电压或电流中的某一个的参考方向，这就是意味着另一

个选定的是与之相关联的参考方向。

参考方向并不是一个抽象的概念，在用磁电系电流表测量电路中的电流时，该表带有“+”、“-”标记的两个端钮，事实上就已为被测电流选定了从“+”指向“-”的参考方向，见图 1-9。当电流的实际方向是由“+”端流入，“-”端流出，则指针正偏，电流为正值，如图 1-9（a）所示；若电流的实际方向是由“-”端流入“+”端流出，则指针反偏，电流为负值，如图 1-9（b）所示。

同样，磁电系电压表的“+”、“-”两端钮也为被测电压选定了参考极性。

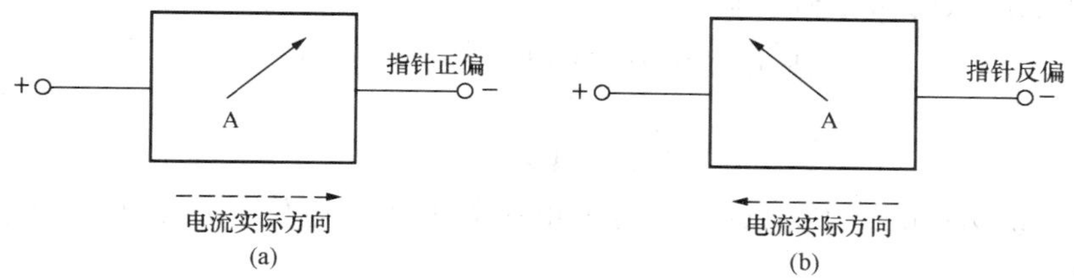

图 1-9　磁电系电流表与电流的方向

（a）指针正偏，电流为正值；（b）指针反偏，电流为负值

【例 1-2】　如图 1-10（a）所示元件两端电压为 1V，已知正电荷由元件的 b 端移向 a 端且获得能量，试标出电压的真实极性。试为该电压选择参考极性，并写出相应的电压表示式。

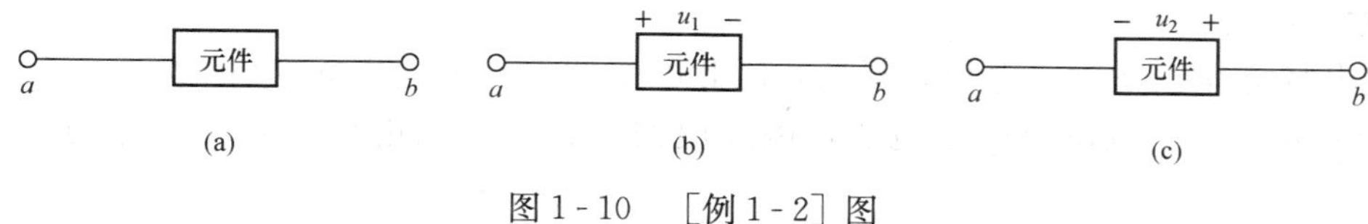

图 1-10　［例 1-2］图

（a）元件两端电压为 1V；（b）电压参考极性为 a 端为+，b 端为-；

（c）电压参考极性为 a 端为-，b 端为+

解　正电荷由 b 端转移到 a 端获得能量，电压的真实极性是 a 端为+、b 端为-。

因参考极性可以任意选取，所以有两种结果：

（1）当电压参考极性如图 1-10（b）所示，$u_1=1V$。

（2）当电压参考极性如图 1-10（c）所示，$u_2=-1V$。

三、电位与电动势

1. 电位

在电路中任选一点 O 为参考点，电场力把单位正电荷从电路中某点（如 A 点）移到参考点 O 所做的功，称为该点（A 点）的电位，用 V_A 表示。由定义，有

$$V_A=U_{AO} \tag{1-3}$$

电路中某点的电位用注有该点字母的“单下标”的电位符号表示，例如 A 点电位就用 V_A 表示。

电位实质上就是电压，其单位也是伏特（V）。

电路参考点本身的电位为零，即 $V_O=0$，所以参考点也称零电位点。电工技术中，电路

如为了安全而接地的，常以大地为零电位体，接地点就是零电位点，是确定电路中其他各点电位的参考点。

电路中除参考点外的其他各点的电位可能是正值，也可能是负值。某点的电位比参考点高，则该点电位就是正值，反之则为负值。

以电路中的 O 点为参考点，则另两点 A、B 点的电位分别为 $V_A=U_{AO}$，$V_B=U_{BO}$，它们分别表示电场力把单位正电荷从 A 点或 B 点移到 O 点所做的功，那么电场力把单位正电荷从 A 点移到 B 点所做的功即 U_{AB}，就应该等于电场力把单位正电荷从 A 点移到 O 点，再从 O 点移到 B 点所做的功的和，即

$$U_{AB}=U_{AO}+U_{OB}=U_{AO}-U_{BO}$$

即

$$U_{AB}=V_A-V_B \tag{1-4}$$

式（1-4）说明：电路中 A 点到 B 点的电压等于 A 点电位与 B 点电位的差，因此，电压又叫电位差。

参考点是可以任意选定的，一经选定，电路中其他各点的电位也就确定了，参考点选择得不同，电路中同一点的电位会随之而变，但任意两点的电位差即电压是不变的。

在电路中不指明参考点而谈某点的电位是没有意义的。在一个电路系统中只能选一个参考点。至于选哪点为参考点，要根据分析问题的方便而定。在电子电路中常选一条特定的公共线作为参考点，这条公共线常是很多元件的汇集处且与机壳相联，因此在电子电路中参考点用接机壳的符号“⊥”表示。

电位的几点说明：

（1）电场力做正功时，电位要降低，因此电压的方向是从高电位端指向低电位端，即电位降的方向。由于电位差等于电压，因此电路中任一点的电位就等于该点到参考点的电压。

（2）在电子电路中，为了简化电路，常对有一端接地的电源不再画出电源符号，而是用电位值来表示电压的大小和极性。图 1-11（b）就是图 1-11（a）的习惯画法。

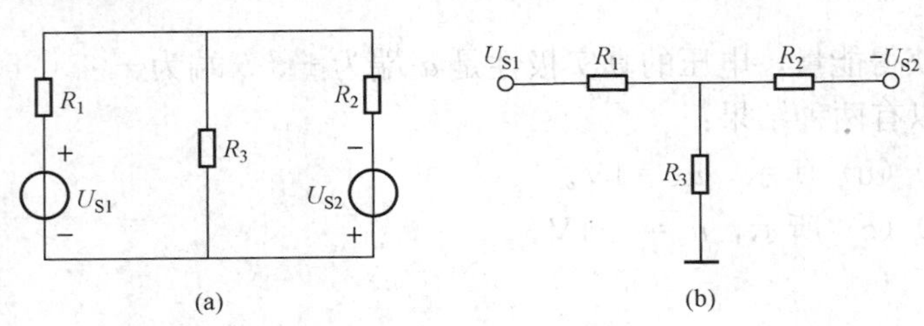

图 1-11　电路图的不同表示方法

（a）电路图；（b）电路图的习惯画法

（3）如电路不接地，又需要分析一些点的电位，可以在电路中任选一点作为参考点。

2. 电动势

在前述的手电筒电路（见图 1-1）中，干电池要向电路中的用电器件提供能量，它所提供的电能实质是由其内部的化学能转换而来的。在化学能的作用下把正电荷从负极经电源内部搬回到正极，使电路中的电流能周而复始地流动。

电动势是单位正电荷从负极经电源内部转移到正极非电场力所做的功。实质上电路中的电动势概念与电压密切相关，如设某一元件的电压为 u，元件的电动势为 e，则 $u=-e$。电动势的参考方向规定为由负极经电源内部指向正极。恒定（直流）电动势用字母 E 表示，其单位也是伏特（V）。

四、电功率

1. 功率的定义

电功率（简称功率）是表征电路元件中能量变换的速度，其值等于单位时间（秒）内元件所发出或接受的电能，用 p 表示，即

$$p=\frac{dw}{dt}=\frac{dw}{dq}\times\frac{dq}{dt}=ui \tag{1-5}$$

在直流电路中，功率可用式（1－6）计算，即

$$P=UI \tag{1-6}$$

功率的单位为瓦特（W），常用单位还有千瓦（kW）、毫瓦（mW）等。

2. 功率的计算

众所周知：电流通过电炉时将电能转换成热能。如果电流通过一个电路元件时，它将电能转换为其他形式的能量，表明这个元件是吸收电能的。在这种情况下，功率用正值表示，习惯上称该元件是吸收功率的。当电池向小灯泡供电时，电池内部的化学变化形成了电动势，它将化学能转换成电能。显然，电流通过电池时，电池是产生电能的，在电路元件中，如果有其他形式的能量转换为电能，即电路元件可以向其外部提供电能，这种情况下的功率用负值来表示，并称该元件是发出功率的。

当电压和电流是关联参考方向，可按式（1－6）计算元件的功率。

当 U、I 是非关联参考方向，应按式（1－7）计算元件的功率，即

$$P=-UI \tag{1-7}$$

由于电压与电流均为代数量，这样无论按式（1－6）或按式（1－7）计算出的结果 P 可正可负。当功率 $P>0$ 时，表示元件实际消耗或吸收电能；当 $P<0$ 时，表示元件实际发出或释放电能。式（1－7）中的“－”号只是说明 U、I 是非关联参考方向。

不论电压电流的参考方向是否相同，电阻元件上的功率永远为正值，计算公式为

$$P=I^2R=\frac{U^2}{R} \tag{1-8}$$

【例 1-3】　在图 1－12（a）和图 1－12（b）中，若电流均为 2A，且均由 a 流向 b，求该两电路元件吸收或产生的功率。

解　设电流 i 的方向由 a 端指向 b 端，则 $i=2A$。对图 1－12（a）所示元件来说，电压、电流是关联参考方向，故 $p=ui=1\times2=2$（W）（吸收功率）。

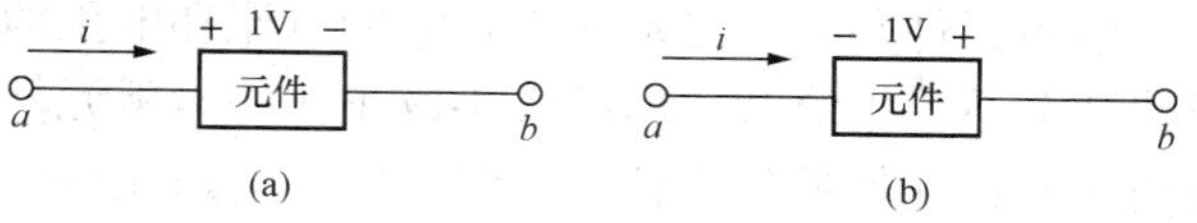

图 1－12　［例 1－3］图

（a）u，i 关联参考方向；（b）u，i 非关联参考方向

对图 1－12（b）所示元件来说，电压、电流是非关联参考方向，故 $p=-ui=-1\times2=-2$（W）（产生功率）。

【例 1-4】　图 1－13 所示的两个元件均为电动势 $E=10V$ 的电源，在各自标定的参考方向下，电流 $I=2A$，试分别计算它们的功率。

解　计算电源的功率时应该注意，电动势与电压的实际方向相反。因此，当计算电源的功率时，只需考虑电源电压的实际方向（从“＋”指向“－”）与流过电源的电流参考方向是否一致。若两者方向一致，则选用式（1－6）计算功率；反之，则选用式（1－7）计算。

图 1－13（a）中　$P_E=-UI=-10\times2=-20$（W）<0　（发出电能）

图 1 - 13（b）中　$P_E=UI=10\times2=20$（W）>0　（消耗电能）

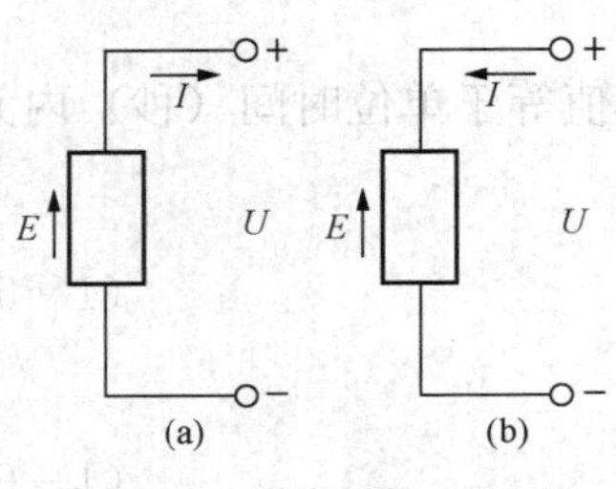

图 1 - 13　［例 1 - 4］图
（a）发出电能；（b）消耗电能

由此可见，当 E 与 I 的实际方向相同时，电源处于供电状态，图 1 - 13（a）便是这种情形。在多数情况下，电源是发出功率的；当电源的 E 与 I 的实际方向相反时，电能被转换为其他形式的能量，电源处于充电状态。当电源被充电时，就说这个电动势为反电动势。例如，蓄电池在电路中处于充电状态时，其电动势就成为反电动势，图 1 - 13（b）反映的就是这种状态。

五、电气设备的额定值

电气设备不仅规定了“额定电流”I_N 值，还根据绝缘材料的击穿电压和使用条件规定了“额定电压”U_N 值和“额定功率”P_N 值。

例如，白炽灯（电灯）、电炉、电烙铁等，通常给出额定电压 U_N 及额定功率 P_N，如 220V、40W 的灯泡，220V、45W 的电烙铁，110V、2kW 的电炉等。

又如，变阻器通常标明额定电流 I_N 和额定电阻 R_N（如 300Ω、0.5A）；而电子电路中常用的金属膜电阻与线绕电阻都标明额定电阻及额定功率（如 10kΩ、1W，500Ω、5W 等）。

再如，电容器，除了给定其他数据外，还要根据击穿电压进行选择。

虽然上述各种电器所标额定值的形式不同，但实质上完全一样。因为在四个额定值 U_N、I_N、P_N、R_N 中，只要任意给定两个，其余两个就可以推算出来。

不过，有一点是需要说明的，即电器的额定值是指在“一定条件”下安全运行的限额；但是，如果条件变了，或者采取了一定的措施，那么，这些限额是可以突破的，不能把问题看死。

例如，在制造电机时，采取了各种散热的措施，降低其温度，这样，在同样的允许温度下，就可以流过更大的电流，从而提高电机的使用功率。

第三节　欧　姆　定　律

一、欧姆定律

电阻元件是一个二端元件，它的电流和电压的方向总保持一致，它的电流和电压的大小成代数关系。电流和电压的大小成正比的电阻元件叫线性电阻元件。元件的电流与电压的关系曲线叫做元件的伏安特性曲线。线性电阻元件的伏安特性为通过坐标原点的直线，这个关系称为欧姆定律。即：

当 U、I 的参考方向一致时，如图 1 - 14（a）所示，欧姆定律可表示为

$$U=IR \tag{1 - 9}$$

当 U、I 的参考方向相反时，如图 1 - 14（b）所示，欧姆定律可表示为

$$U=-IR \tag{1 - 10}$$

这里应注意，一个式子中有两套正负号，公式中的正负号是根据电压和电流的参考方向得出的。此外，电压和电流本身还有正值和负值之分。

R 为导体两端电压 U 与导体中的电流 I 的比值，叫做导体的电阻，即

$$R=\frac{U}{I} \tag{1 - 11}$$

电阻的单位为欧姆（Ω），常用单位还有千欧（kΩ）、兆欧（MΩ）等。电阻反映了导体对电流的阻碍作用。式（1－11）还可写为

$$I=\frac{U}{R}=GU \tag{1-12}$$

其中：G 为导体的电导，它反映导体对电流的导通作用，单位为西门子（简写为 S）。如果导体两端的电压为 1V，通过的电流为 1A，则该导体的电导为 1S，或其电阻为 1Ω。电阻表示导体对电流的阻碍作用，电导则说明导体的导电能力，分别反映了导体特性的两个方面。显然，同一导体的电阻与电导互为倒数，即

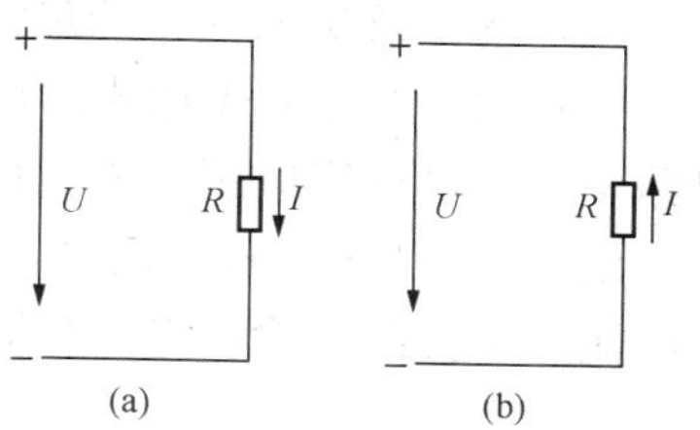

图 1－14　电阻元件的欧姆定律
（a）U、I 的参考方向一致；
（b）U、I 的参考方向相反

$$G=\frac{1}{R} \text{ 或 } R=\frac{1}{G} \tag{1-13}$$

多数金属的电阻值是不随电流、电压而变的（电阻为定值），用这类金属材料制成的电阻元件叫做线性电阻元件。线性电阻元件中电流与其端电压的关系，如图 1－15（a）所示，是直线关系，称为伏安特性曲线。还有一类电阻元件，叫做非线性电阻元件，当流过不同的电流或加上不同的电压时，它们就有不同的电阻值（电阻不为定值）。

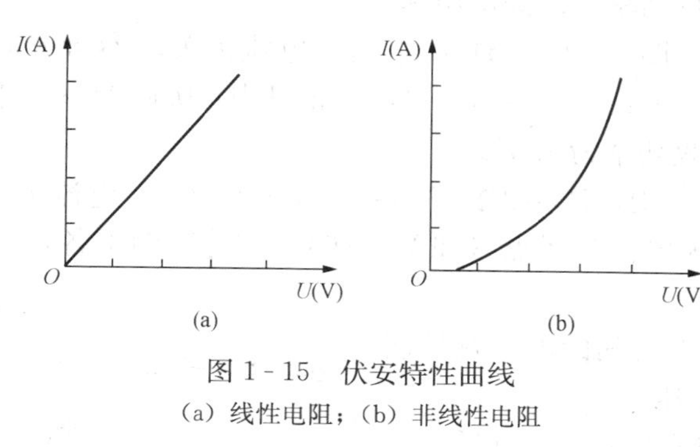

图 1－15　伏安特性曲线
（a）线性电阻；（b）非线性电阻

非线性电阻元件中的电流和端电压不是直线关系，不遵守欧姆定律，因此不能应用式（1－9）～式（1－12）来计算，通常表示成 $I=f(U)$ 的形式，图 1－15（b）所示曲线就是半导体二极管加正向电压时的伏安特性曲线（半导体二极管可认为是非线性电阻元件）。

【例 1－5】　计算如图 1－16 所示电路的 U_{ao}、U_{bo}、U_{co}，已知 $I_1=2\text{A}$、$I_2=-4\text{A}$、$I_3=-1\text{A}$；$R_1=3\Omega$，$R_2=3\Omega$，$R_3=2\Omega$。

解　R_1、R_2 的电压电流是关联参考方向，故用式（1－9）计算电压

$$U_{ao}=I_1R_1=2\times3=6(\text{V}),$$
$$U_{bo}=I_2R_2=-4\times3=-12(\text{V})$$

R_3 的电压电流是非关联参考方向，故用式（1－10）计算电压

$$U_{co}=-I_3R_3=-(-1)\times2=2(\text{V})$$

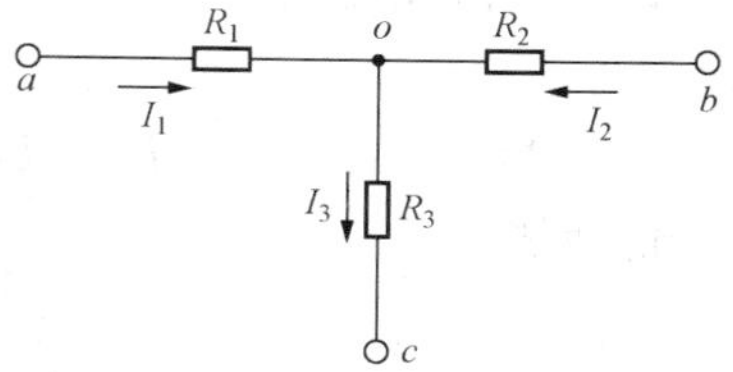

图 1－16　［例 1－5］图

二、一段有源支路的欧姆定律

一段有源支路的欧姆定律实质上就是求电路中两点（如 A、B 点）间的电压。电路中任意两点间（如 A、B 点）电压的求取，可按“走路法”列写 U_{AB} 表达式。其步骤总结如下：

（1）选一条从 $A \rightarrow B$ 的最简单的途径，要求途径中经过的元件个数最少。

（2）列写 U_{AB} 的表达式。从 $A \rightarrow B$ 中，直流电路中会遇到电压源 U_S 和电阻 R（在交流电路中，也可推广应用直流电路的解题方法，这里暂不作讨论），在途径中，先遇 U_S 的正极，该 U_S 取“+”号，反之，该 U_S 取“−”号；对途径中的电阻压降（IR），若该电阻上的电流参考方向与途径走向相同，取“$+IR$”，反之取“$-IR$”，即

$$U_{AB} = \pm U_S \pm IR \tag{1-14}$$

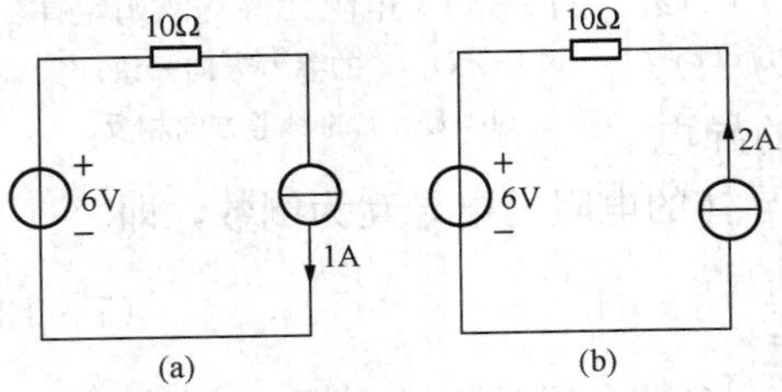

图 1 - 17 ［例 1 - 6］图

（a）外电路形式 1；（b）外电路形式 2

【例 1 - 6】 如图 1 - 17 所示电路中，一个 6V 电压源与不同的外电路相连，求 6V 电压源在两种情况下提供的功率 P_S。

解 图 1 - 17（a）中电压与电流为非关联参考方向 $P_S = -UI = -6 \times 1 = -6$（W），负号表示提供功率，即提供功率为 6W。

图 1 - 17（b）中电压与电流为关联参考方向 $P_S = UI = 6 \times 2 = 12$（W），正号表示吸收功率，即吸收功率为 12W。

【例 1 - 7】 如图 1 - 18 所示，已知 $R_1 = 5\Omega$，$R_2 = 2\Omega$，$R_3 = 10\Omega$，$U_S = 6$V，电流 $I = 2$A，参考方向如图 1 - 18 所示，若以 D 点为电位参考点（即 $V_D = 0$），试计算图中各点的电位。

解 由电位的定义知，电路各点与参考点之间的电压就是该点的电位。利用式（1 - 14）计算两点间的电压

$$V_A = U_{AD} = IR_1 + U_S + IR_2 = 2 \times 5 + 6 + 2 \times 2 = 20(\text{V})$$

$$V_B = U_{BD} = U_S + IR_2 = 6 + 2 \times 2 = 10(\text{V})$$

$$V_C = U_{CD} = IR_2 = 2 \times 2 = 4(\text{V})$$

$$V_M = U_{MD} = -IR_3 = -2 \times 10 = -20(\text{V})$$

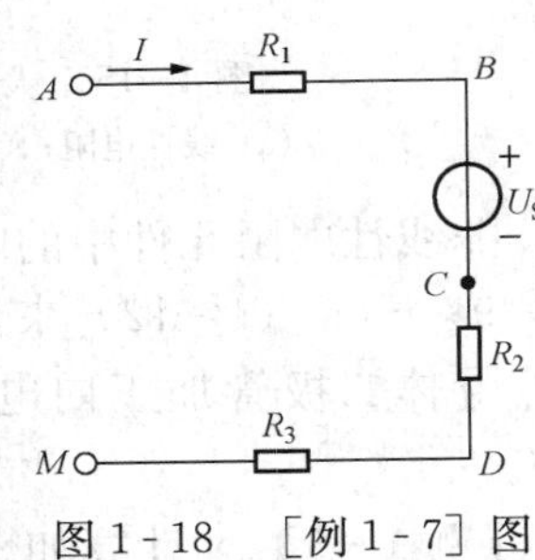

图 1 - 18 ［例 1 - 7］图

【例 1 - 8】 如图 1 - 19 所示电路中，$U = 220$V，$I = 5$A，内阻 $R_{01} = R_{02} = 0.6\Omega$。试完成：（1）求出电源侧的电动势 E_1 和负载侧的电动势 E_2；（2）说明功率的平衡。

解 （1）电源侧

$$U = E_1 - U_1 = E_1 - R_{01} I$$

$$E_1 = U + R_{01} I = 220 + 0.6 \times 5 = 223(\text{V})$$

负载侧

$$U = E_2 + U_2 = E_2 + R_{02} I$$

$$E_2 = U - R_{02} I = 220 - 0.6 \times 5 = 217(\text{V})$$

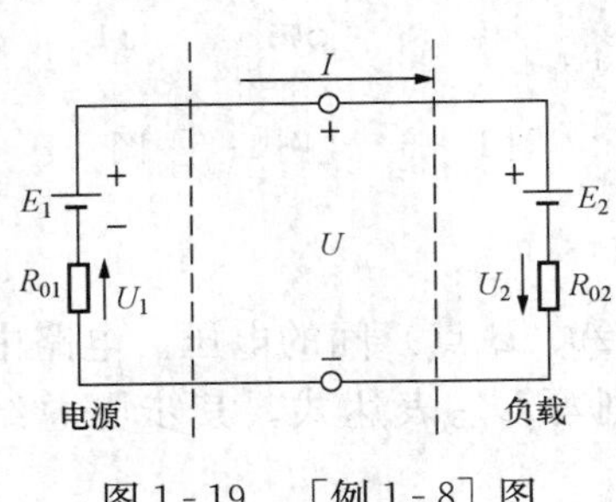

图 1 - 19 ［例 1 - 8］图

（2）计算功率

$P_{E1} = -IE_1 = -5 \times 223 = -1115(\text{W}) < 0$（提供电能）

$P_{E2} = IE_2 = 5 \times 217 = 1085(\text{W}) > 0$（消耗电能）

$P_{R01} = I^2 R_{01} = 25 \times 0.6 = 15(\text{W}) > 0$（提供电能）

$P_{R02} = I^2 R_{02} = 25 \times 0.6 = 15(\text{W}) > 0$（提供电能）

$1115\text{W} = 1085\text{W} + 15\text{W} + 15\text{W}$

由［例 1-8］可见，在一个电路中，产生的功率与取用的功率是平衡的，即符合功率守恒定理。

第四节　电路的工作状态

一、电路的几种状态

电路中的电流一旦建立，电源就源源不断地向负载输送电能，这就是电路的有载状态。由于种种原因，工作于有载状态的电路也可能转化为开路状态或短路状态。现以图 1-20 所示电路为例，讨论电路处于这三种状态时的电流、电压和功率。

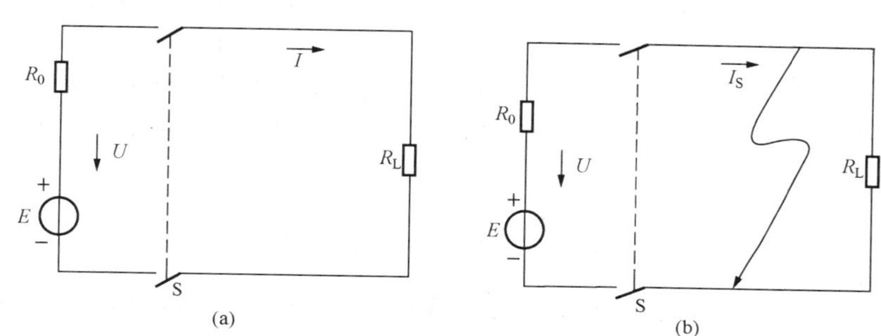

图 1-20　电路的状态

(a) 开路（或断路）状态；(b) 负载和短路状态

1. 开路（或断路）状态

图 1-20 (a) 所示电路中，当开关断开时，就处于开路状态。此时电路中无电流（$I=0$），电源不输出功率（$P=-UI=0$），电源端电压叫做空载电压（也叫开路电压），它与电源电压相等。

2. 负载状态

图 1-20 (b) 所示电路，当开关接通时，就处于负载状态。设负载电阻为 R_L，电源内阻为 R_0，此时电路中电流为

$$I=\frac{E}{R_0+R_L}$$

其数值取决于负载电阻 R_L。一般用电设备都是并联于供电线上，因此接入负载越多，等效电阻越小，电路中电流便越大，负载功率也越大。在电工技术上把这种情况叫做负载增大。显然，所谓负载的大小指的是负载电流或功率的大小，而不是负载电阻的大小。当电路中电流达到电源或供电线的额定电流时的工作状态叫做满载；超过额定电流时，叫做过载；小于额定电流时，叫做欠载。如前所述，导线和电气设备的温度升高到稳定值要有一个过程，短时间的少量过载还是可以的，长时间的过载是不允许的，使用时应当注意。

3. 短路状态

图 1-20 (b) 所示电路，当两根供电线（通常总是并在一起敷设，以减少所生电磁干扰）在某一点由于绝缘损坏而接通时，就处于短路状态；此时，电流不再流过负载，而直接经短路连接点流回电源，由于在整个回路中只有电源的内阻和部分导线电阻，电流数值很

大，叫做短路电流 I_{SC}。最严重的情况是电源两端被短路，短路电流为

$$I_{SC}=\frac{E}{R_0}$$

短路电流远远超过电源和导线的额定电流，如不及时切断，将引起剧烈发热而使电源、导线以及电流流过的仪表等设备损坏。

为了防止短路所引起的事故，通常在电路中接入熔断器或断路器，一旦发生短路，它能迅速将事故电路自动切断。

【例 1-9】 有一直流电源输出的额定电压 $U_{SN}=24V$，额定功率 $P_{SN}=200W$，内阻 $R_0=0.24\Omega$。又有白炽灯额定电压 $U_N=24V$，额定功率 $P_{LN}=40W$。问：(1) 电源的额定电流 I_N 等于多少？空载时端电压 U_0 等于多少？接多少支白炽灯可达到满载？白炽灯应如何连接？此时电源内阻消耗功率 ΔP 为多少？(2) 若只接一支白炽灯，则其端电压 U_L 等于多少？电流 I_L 为多少？灯泡消耗功率 P_L 为多少？此时电源发出的功率为多少？(3) 当满载时若其中一支灯泡两端碰线而短路，则对其余的灯泡有何影响？造成什么后果？

解 (1) 电源额定电流

$$I_{SN}=\frac{P_{SN}}{U_{SN}}=\frac{200}{24}\approx 8.33\ (A)$$

空载电压 U_0 等于电源电压（或电动势），即 $U_0=U_S=U_{SN}+I_{SN}R_0=24+8.33\times 0.24=26\ (V)$。

因为灯的额定电压等于电源额定电压，故可接灯的个数 $n=\frac{P_{SN}}{P_{LN}}=\frac{200}{40}=5$，应采用并联接法，此时电源内阻消耗功率为

$$\Delta P=I_{SN}^2R_0=8.33^2\times 0.24\approx 16.7\ (W)$$

(2) 额定状态下灯的电阻

$$R_{LN}=\frac{U_N^2}{P_{LN}}=\frac{24^2}{40}=14.4\ (\Omega)$$

白炽灯属于非线性电阻，此处因电压变化不大，近似认为是线性的，即 R_{LN} 是常数。当只接一支灯泡时，电流为

$$I_L=\frac{U_S}{R_0+R_{LN}}=\frac{26}{14.4+0.24}\approx 1.78(A)$$

端电压为 $U_L=IR_{LN}=1.78\times 14.4=25.6\ (V)$

灯消耗功率 $P_L=I_LU_L=1.78\times 25.6=45.6\ (W)$

电源发出功率 $P_S=-I_LU_S=-46.3\ (W)$

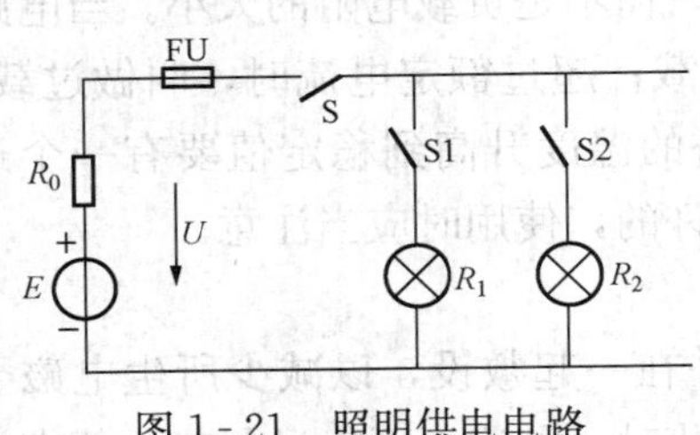

图 1-21 照明供电电路

(3) 满载时其中一个灯泡短路将使电源短路，其余灯泡上电压变为零而不亮，但不会损坏，而电源中流过短路电流为

$$I_{SC}=\frac{U_S}{R_0}=\frac{26}{0.24}\approx 108.3(A)$$

若没有熔丝就将烧坏电源，故电源输出端一定要装熔丝，如图 1-21 的照明供电电路中 FU 所示。

二、负载获得最大功率的条件

设有一个电源向负载 R_L 输送功率，该电源的参数（U_{OC}和 R_{eq}）是确定的，如图 1 - 22 所示，负载 R_L 从电源处所获得的功率应为

$$P_L = U_L I = I^2 R_L = \left(\frac{U_{OC}}{R_{eq}+R_L}\right)^2 R_L \tag{1-15}$$

式（1 - 15）说明：负载从给定电源中获得的功率决定于负载本身。负载 R_L 变化，功率 P_L 也随之改变，而且也不难看出当 $R_L=0$ 时，$U_L=0$，$P_L=0$；当 $R_L=\infty$时，$I=0$，$P_L=0$。

说明 R_L 在 0→∞之间的变化过程中，会出现最大功率的工作状态。这个功率的最大值 P_{Lmax}应发生在$\frac{dP_L}{dR_L}=0$的时候，即

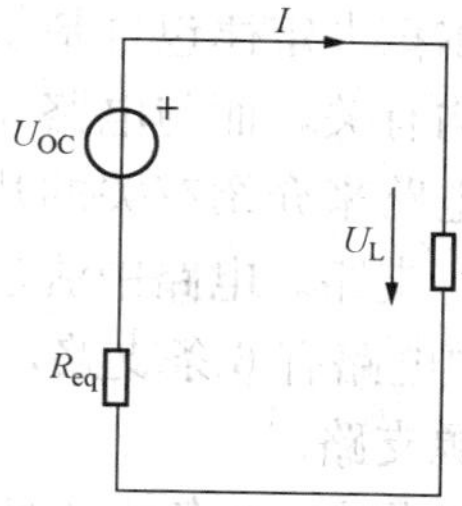

$$U_{OC}{}^2 \frac{(R_{eq}+R_L)^2 - 2R_L(R_{eq}+R_L)}{(R_{eq}+R_L)^4} = 0$$

$$(R_{eq}+R_L) - 2R_L = 0$$

即

$$R_L = R_{eq} \tag{1-16}$$

图 1 - 22　负载获得最大功率示意图

式（1 - 16）表明：负载 R_L 从电源处获得最大功率的条件。电路的这种工作状态叫做负载与电源网络的“匹配”。

负载获得的最大功率为

$$P_{Lmax} = \frac{U_{OC}^2 R_{eq}}{(2R_{eq})^2} = \frac{U_{OC}^2}{4R_{eq}} \tag{1-17}$$

匹配时电路传输功率的效率为

$$\eta = \frac{I^2 R_L}{I^2(R_L+R_{eq})} = \frac{R_L}{2R_L} = 50\%$$

可见，在负载获得最大功率时，传输效率却很低，有一半的功率在电源内部消耗了。这种情况在电力系统中是不允许的。电力系统要求高效率的传输电功率，因此应使 R_L 远大于 R_{eq}。而在无线电技术和通信系统中传输的功率较小，效率属次要问题，通常要求负载工作在匹配条件下，以能获得最大功率。

【例 1 - 10】　某电路的开路电压为 15V，接上 48Ω 的电阻时，电流为 0.3A，该电源接上多大负载时处于匹配工作状态？此时负载的功率是多大？若负载电阻为 8Ω 时，其功率为多大？传输效率是多少？

解　根据已知条件，结合图 1 - 22 所示电路，可得

$$U_{OC} = 15\text{V}, \quad R_{eq} + 48 = \frac{15}{0.3}$$

解得 $R_{eq}=2\Omega$。

所以，电路的匹配条件为 $R_L=2\Omega$。

此时负载得功率为

$$P_{Lmax} = \frac{U_{OC}^2}{4R_{eq}} = \frac{15^2}{4\times 2} = 28.125(\text{W})$$

当 $R_L=8\Omega$ 时，功率和传输效率分别为

$$P_L=\left(\frac{15}{2+8}\right)^2\times 8=18(\text{W})$$

$$\eta=\frac{18}{15\times\dfrac{15}{2+8}}=80\%$$

第五节　基尔霍夫定律

基尔霍夫定律包含基尔霍夫电流定律和基尔霍夫电压定律，它们所描述的关系仅仅与电路的结构有关，而与电路元件的性质无关。在学习基尔霍夫定律前，首先结合图1-23所示的复杂电路来介绍有关的几个名词。

(1) 支路。电路中流过同一电流的一个分支称为一条支路。电路的支路数用b表示。图1-23中电路有6条支路，其中支路内包含电源，叫做有源支路；而支路内不包含有电源，叫做无源支路。

(2) 节点。3条或3条以上支路的连接点称为节点，用n表示节点数。在电路中，如果是用理想导线连接的点可看作是同一节点。图1-23中有4个节点a、b、c、d。

(3) 回路。由若干支路组成的闭合路径，其中每个节点只经过一次，这条闭合路径称为回路，用L表示回路数，图1-23中有7个回路。

(4) 网孔。网孔是回路的一种，将电路画在平面，在回路内部不另含有支路的回路称为网孔，用m表示网孔数。很明显，电路中，m数量比L少，只有3个网孔。网孔又称为独立回路。

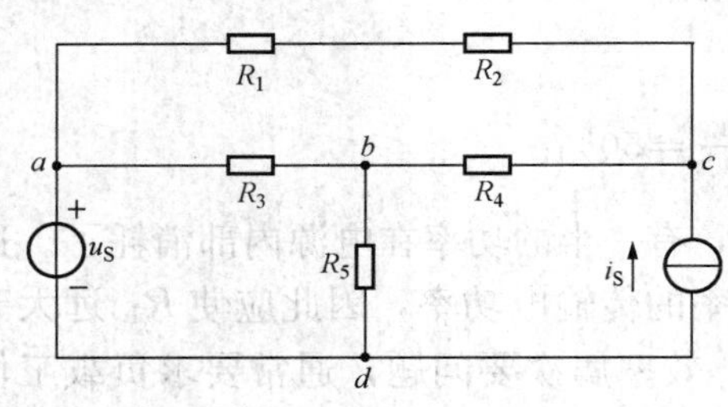

图1-23　复杂电路举例

综上所述，图1-23中有6条支路，4个节点，7个回路，3个网孔。

只有一个回路的无分支电路，或者电路虽有分支，但所包含的电阻元件可按串、并联等关系进行等效变换，从而化简为一个回路的都称为简单电路；而不能简化为一个回路的有分支电路称为复杂电路。上述图1-23所示的电路是复杂电路，复杂电路的分析计算是本节的重点。

一、基尔霍夫电流定律（KCL）

基尔霍夫电流定律又称基尔霍夫第一定律，其基本内容是：在任意时刻，电路的任一节点中，流入该节点的电流之和等于流出该节点的电流之和。其数学表达式为

$$\sum i_o=\sum i_i \tag{1-18}$$

以图1-24所示为例分析节点电流，对于节点A共有5个电流经过，其电流关系式可以表示为

$$I_1+I_3=I_2+I_4+I_5 \tag{1-19}$$

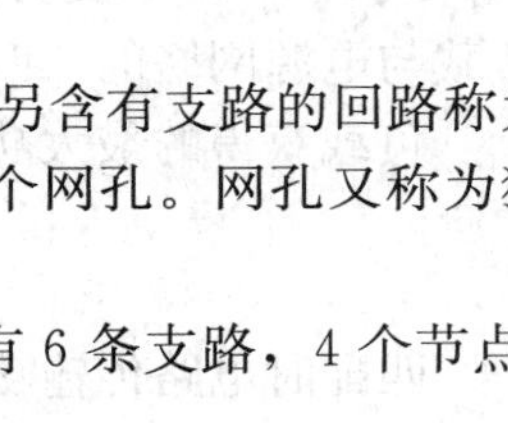

图1-24　节点电流

基尔霍夫电流定律反映的是电流的连续性，电荷在电路中流动，不会消失，也不会堆积。因此，在任一时刻，流入节点的电荷等于流出该节点的电荷，也就是流入和流出节点的电流相等。

式（1-19）可以改写为

$$I_1+(-I_2)+I_3+(-I_4)+(-I_5)=0$$

若规定流入节点的电流取正号，流出节点的电流取负号，则 KCL 也可表述为：对于电路中的任意节点，在任意时刻，流入或流出该节点的电流的代数和为零，其数学表达式为

$$\sum i=0 \tag{1-20}$$

因为 KCL 是针对电路的节点而言的，因此也称节点电流定律。

事实上 KCL 不仅适用于电路中的节点，对电路中任一假设的闭合曲面它也是成立的，如图 1-25 所示电路，对闭合 S 曲面，有

$$i_1-i_2+i_4-i_5-i_6=0$$

【例 1-11】　如图 1-26 所示的电桥电路，已知 $I_1=25\text{mA}$，$I_3=16\text{mA}$，$I_4=12\text{mA}$，试求其余各电阻中的电流。

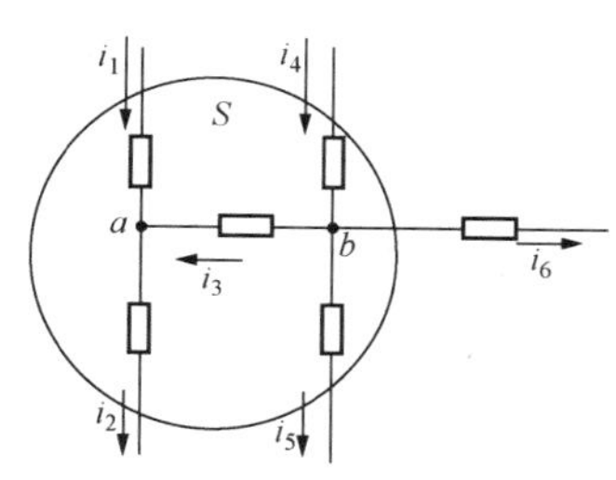

图 1-25　闭合 S 曲面

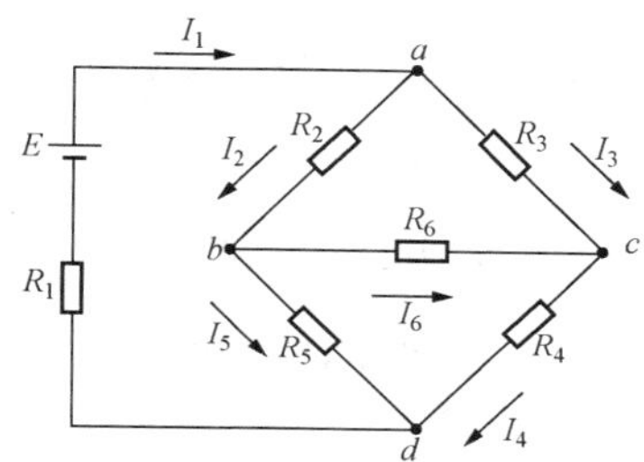

图 1-26　[例 1-11] 图

解　先任意标定未知电流 I_2、I_5、和 I_6 的参考方向。

根据基尔霍夫电流定律对节点 a，b，c 分别列出节点电流方程式：

a 点　$I_1=I_2+I_3$；$I_2=I_1-I_3=25-16=9$（mA）

b 点　$I_2=I_5+I_6$；$I_5=I_2-I_6=9-(-4)=13$（mA）

c 点　$I_4=I_3+I_6$；$I_6=I_4-I_3=12-16=-4$（mA）

结果得出 I_6 的值是负的，表示 I_6 的实际方向与标定的参考方向相反。

二、基尔霍夫电压定律（KVL）

基尔霍夫电压定律又称基尔霍夫第二定律，它表示任何时刻，沿电路的任一回路，各支路电压的代数和等于零。因为该定律是针对电路的回路而言的，所以也称回路电压定律，其数学式为

$$\sum U=0 \tag{1-21}$$

基尔霍夫电压定律反映的是电位单值性，根据电场的性质，两点间的电位差与路径无关，作为零电位点的参考点选定之后，电路中各点的电位都有固定的数值，与到达该点的路径无关。因此在电路中沿任一回路绕行一周，电位不变，也就是沿任一回路的电位降即电压的代数和等于零。如图 1-27 所示为以回路 $acda$ 为例，列式如下

$$U_{ac}+U_{cd}-U_{ad}=(V_a-V_c)+(V_c-V_d)-(V_a-V_d)=0$$

在建立方程时，首先要选定回路的绕行方向，当回路中电压的参考方向与回路的绕行方向相同时，电压前取正号；电压的参考方向与回路的绕行方向相反时，电压前取负号。

在电源是用电压源表示的电路中，基尔霍夫电压定律还可以表示为

$$\sum U_S = \sum (IR) \quad (1-22)$$

它的含义是：在电路中沿任一回路绕行一周，电压源电压 U_S 的代数和等于电阻电压降的代数和。仍以 $acda$ 为例基尔霍夫电压定律表达式为

$$U_{S3} - U_{S4} = -R_2 I_2 + R_3 I_3 + R_4 I_4 \quad (1-23)$$

其中，U_S（$+\rightarrow-$）方向与回路绕行方向一致时取负号，反之取正号；电流在参考方向与回路绕行方向一致时，所产生的电阻电压降取正号，反之取负号。

【例 1-12】 试求图 1-28 所示电路中的 I_2、I_3 和 U_4。

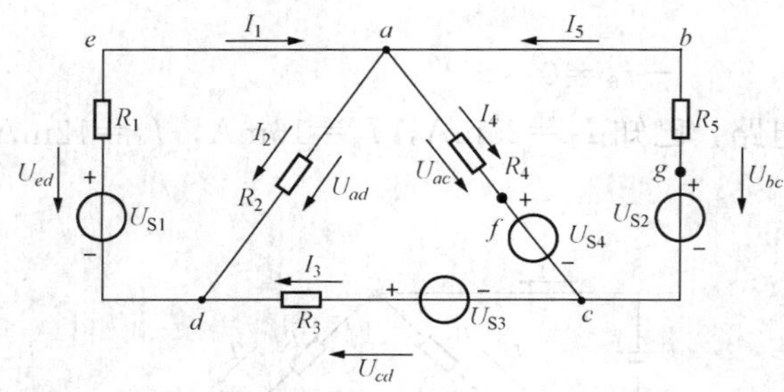

图 1-27 复杂电路及其电压关系

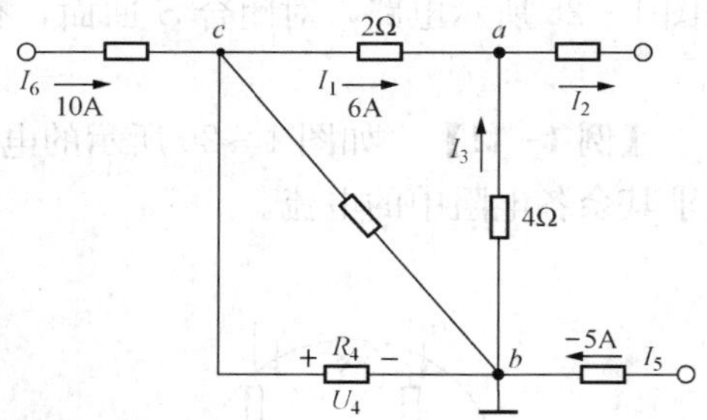

图 1-28 ［例 1-12］图

解 利用广义节点的 KCL，得

$$I_2 = I_5 + I_6 = -5 + 10 = 5(\mathrm{A})$$

对节点 a

$$I_3 = I_2 - I_1 = 5 - 6 = -1(\mathrm{A})$$

对回路 $abca$

$$U_4 = I_1 \times 2 - I_3 \times 4 = 6 \times 2 - (-1) \times 4 = 16(\mathrm{V})$$

【例 1-13】 如图 1-29 所示，已知 $U=10\mathrm{V}$，$U_{S1}=4\mathrm{V}$，$U_{S2}=2\mathrm{V}$，$R_1=4\Omega$，$R_2=2\Omega$，$R_3=5\Omega$，1、2 两点间处于开路状态，试计算开路电压 U_o。

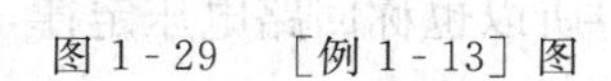
图 1-29 ［例 1-13］图

解 假设电流和电压的参考方向如图 1-29 所示，对左边回路应用基尔霍夫电压定律可列出

$$U - U_{S1} - U_1 - U_2 = 0$$

即

$$U - U_{S1} - IR_1 - IR_2 = 0$$

解得 $I = 1\mathrm{A}$。

对右边电路利用两点间电压的求取方法，可列出

$$U_o = -U_{S2} + U_1 + U_{S1} + U_3$$

由于 1、2 点开路，所以 $I_3=0$，即 $U_3=0$，所以

$$U_o = -U_{S2} + U_1 + U_{S1} = -U_{S2} + IR_1 + U_{S1}$$
$$= -2 + 1 \times 4 + 4 = (6\mathrm{V})$$

综上所述，利用基尔霍夫电压定律列写回路电压方程的步骤如下：

(1) 首先选定各支路电流的正方向。

(2) 任意选定沿回路的绕行方向。

(3) 若通过电阻的电流方向与绕行方向一致，则该电阻上的电压取正，反之取负。

（4）电压源电压方向与绕行方向一致时，则该电压源电压取正，反之取负。

小　　结

（1）电路由电路部件组成，一般包括电源、负载和中间环节三个部分，主要作用是传输和变换电能与传递和处理电信号。实际电路可由理想电路元件组成的电路模型表示，以便分析计算。电路有空载、负载和短路三种状态。

（2）电路的基本物理量及其参考方向。

1）电流及其参考方向，正电荷运动的方向为电流方向，电流的单位有：安培（A）、毫安（mA，10^{-3}A）和微安（μA，10^{-6}A）。

2）电压及其参考方向，电路中两点间的电位差。电压的方向由高电位端指向低电位端，通常“+”表示高电位端，“−”表示低电位端；或用双下标，如 U_{ab} 表示 a、b 两点间的电压。

3）电动势及其参考方向，电动势为单位正电荷从负极经电源内部转移到正极非电场力所做的功。其方向与电压相反。电位、电压和电动势的单位：伏特（V），千伏特（kV），毫伏（mV），微伏（μV）。

电压与电位关系：$V_A=U_{AO}$，$U_{AB}=V_A-V_B$，参考点是可以任意选定的，一经选定，电路中其他各点的电位也就确定了，参考点选择得不同，电路中同一点的电位会随之而变，但任意两点的电位差即电压是不变的。

实际问题中电流、电压的真实方向有时难以判定，这时可引入参考方向这一概念。电流电压的参考方向可以任意选定，并规定：如果电流的实际方向与参考方向一致，电流取正值；如果两者相反，电流取负值。通常把元件的电压参考极性和流过元件的电流参考方向相一致时为关联方向。参考方向是分析电路的重要工具，使用时应注意：

1）参考方向一旦选定，电流、电压均为代数量，解题时要把待求量的参考方向在电路中标出，否则计算结果无意义。

2）在单独分析电流之间或电压之间的关系时，参考方向可以任意选定，而在分析某元件的电压与电流关系时，应考虑参考方向关联问题。

3）许多公式和定律、定理（如欧姆定律）是在规定的参考方向下得到的，当参考方向改变时，公式应作相应变化。

（3）电路的基本定律：欧姆定律和基尔霍夫定律（基尔霍夫电流定律和基尔霍夫电压定律）。

1）欧姆定律：①电阻元件上 $U=IR$（U、I 的参考方向一致时）；②一段有源支路上 $U_{AB}=\pm U_S\pm IR$。

2）基尔霍夫电流定律：流入（或流出）节点的电流的代数和等于零，即$\sum I=0$。

3）基尔霍夫定律电压定律：绕任一闭合回路一周，各段电路电压降的代数和等于零（写作$\sum U=0$），用于求电路中两点间电压时写作 $U=\sum U_k$，即总电压等于分电压的代数和。

实际电路中的电气设备，器件和导线都有一定的额定值（额定电流 I_N，额定电压 U_N 和额定功率 P_N 等），使用时要注意，不要出现不正常的情况和事故。

思考题

1-1 什么是电路？一个最简单的电路有哪些基本组成部分？各部分的作用有什么不同？

1-2 画出基本理想电路元件的电路符号。

1-3 某元件的两端电压U为10V，它可以表示为$U=10V$或$U=-10V$，试问这两种表示方式有何不同？

1-4 如图1-30所示，若$U_1=10V$，$U_2=6V$，试用电位差的概念计算电压U。若$U_1=10V$，而$U_2=-6V$，那么电压U又为多少伏？

1-5 如图1-31所示，直流电流表的读数是3A，电流的实际方向如何？若选电流的参考方向由b指向a，试问$I=$？

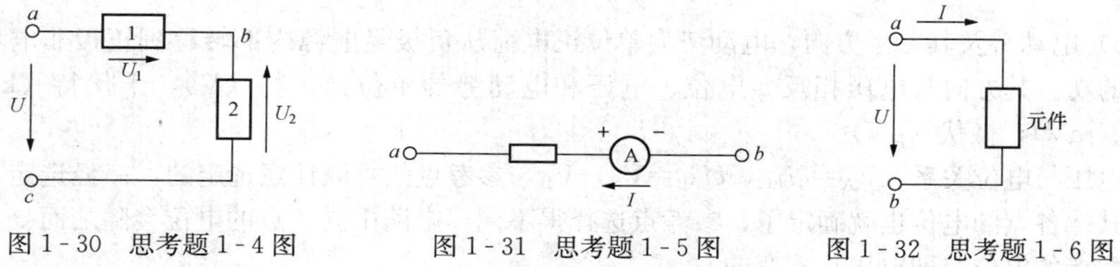

图1-30 思考题1-4图　　图1-31 思考题1-5图　　图1-32 思考题1-6图

1-6 如图1-32所示，$U=-10V$，$I=2A$，试问：（1）a、b两点，哪点电位高？（2）该元件是发出电功率还是吸收电功率？

1-7 计算图1-33中B点电位。已知：$R_1=75k\Omega$，$R_2=50k\Omega$。

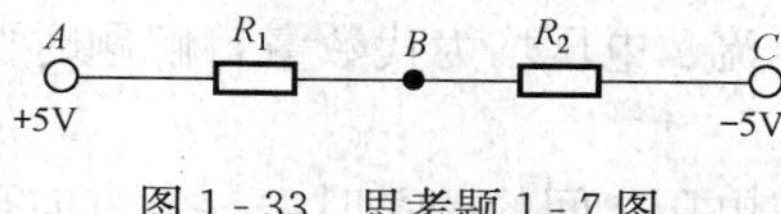

图1-33 思考题1-7图

1-8 计算图1-34中的电阻值，已知$U_{ab}=-12V$。

1-9 额定电压为220V、额定功率为100W的白炽灯，它的额定电流是多少？如果接到380V和127V电源上使用，各有什么问题？

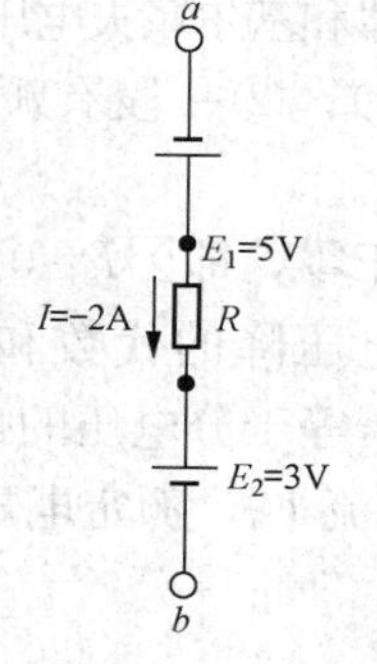

图1-34 思考题1-8图

1-10 一支内阻为0.01Ω的10A电流表能否接到36V电源的两端？有什么问题？

1-11 一盏220V/40W的日光灯，每天点亮5h，问每月（按30天计算）消耗多少度电？若每度电电费为0.45元，问每月需付电费多少元？

1-12 指出图1-35所示两电路各有几个节点？几条支路？几个回路？几个网孔？

1-13 如图1-36所示，$I_C=1.5mA$，$I_E=1.54mA$，求I_B。

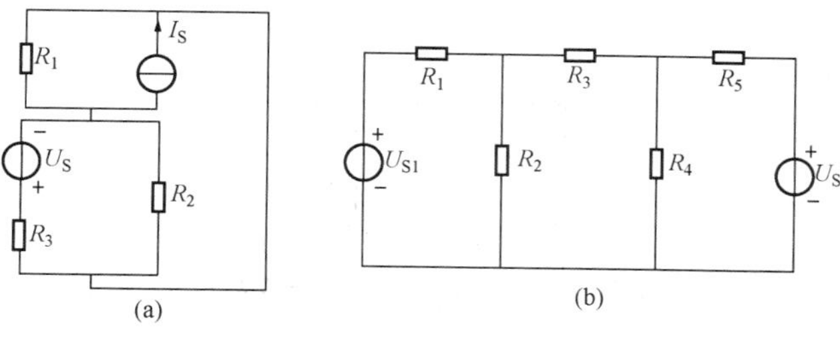

图 1 - 35 思考题 1 - 12 图

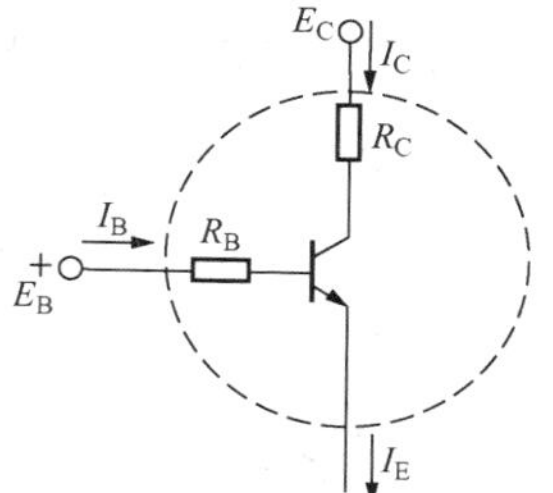

图 1 - 36 思考题 1 - 13 图

习　　题

1 - 1 试求图 1 - 37 所示电路中，元件 A、B、C、D 的功率。并思考：哪个元件为电源？哪个元件为负载？哪个元件在吸收功率？哪个元件在产生功率？电路是否满足功率平衡条件？（已知 $U_A=30V$，$U_B=-10V$，$U_C=U_D=40V$，$I_1=5A$，$I_2=3A$，$I_3=-2A$。）

1 - 2 试求图 1 - 38 所示电路的电压 U。

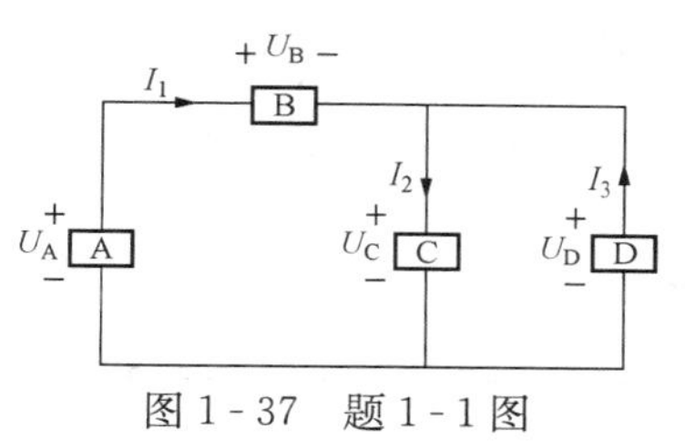

图 1 - 37 题 1 - 1 图

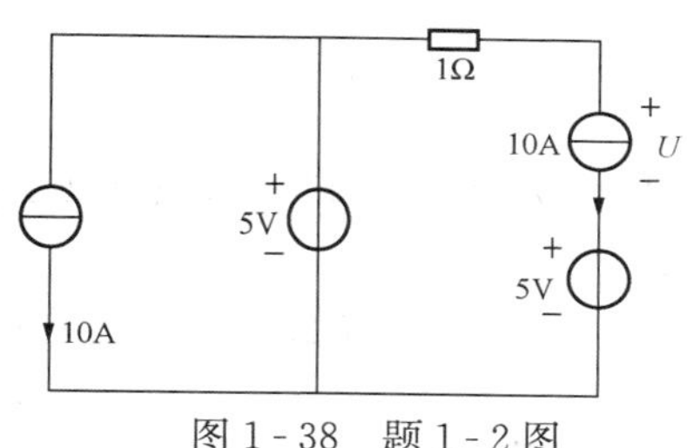

图 1 - 38 题 1 - 2 图

1 - 3 现有 100W 和 15W 两盏白炽灯，额定电压均为 220V，它们在额定工作状态下的电阻各为多少？可否把它们串联起来接到 380V 电源上使用？

1 - 4 电路如图 1 - 39 所示。试问：

（1）电路的参考点在何处？画出具有参考点的电路原型。

（2）当可变电阻 R 减小时，A 点和 B 点的电位升高还是降低？

（3）当 $R=6\Omega$ 时，V_A 和 V_B 各为多少？

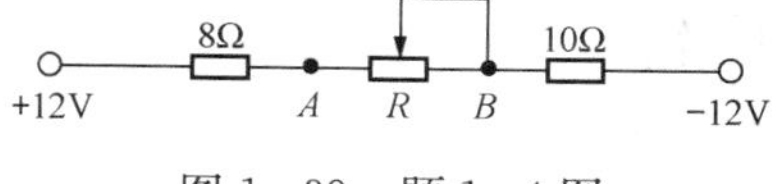

图 1 - 39 题 1 - 4 图

1 - 5 如图 1 - 40 所示，已知电源电动势 $E_1=18V$，$E_3=5V$，内电阻 $r_1=1\Omega$，$r_2=1\Omega$，外电阻 $R_1=4\Omega$，$R_2=2\Omega$，$R_3=6\Omega$，$R_4=10\Omega$，伏特表的读数是 28V。试求电源电动势 E_2 和 A、B、C、D 各点的电位。

1 - 6 如图 1 - 41 所示，已知 $I_1=0.01\mu A$，$I_2=0.3\mu A$，$I_5=9.61\mu A$，试求电流 I_3、I_4 和 I_6。

1 - 7 如图 1 - 42 所示，已标明各支路电流的参考方向，试用基尔霍夫电压定律写出回路的电压方程。

1 - 8 如图 1 - 43 所示，有源支路 $E=12V$，$R_1=2k\Omega$，电流 I 和电压 U 的参考方向如图 1 - 44 所示，试写出此有源支路的电压、电流关系表达式，并画出其伏—安特性曲线。

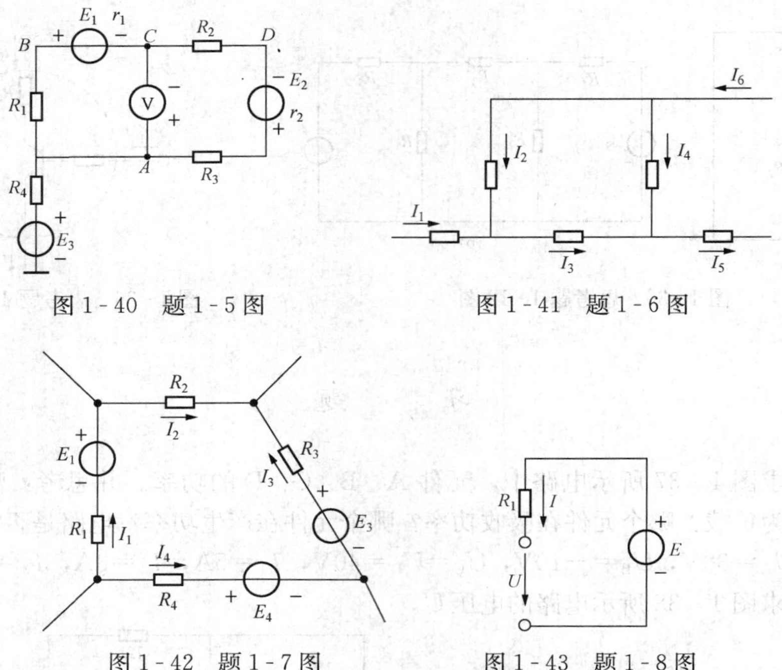

图 1-40　题 1-5 图　　　　图 1-41　题 1-6 图

图 1-42　题 1-7 图　　　　图 1-43　题 1-8 图

1-9　如图 1-44 所示电路，欲使灯泡上的电压 U_3 和电流 I_3 分别为 12V 和 0.3A，求外加电压应为多少？

1-10　求图 1-45 所示电路中每个元件的功率。

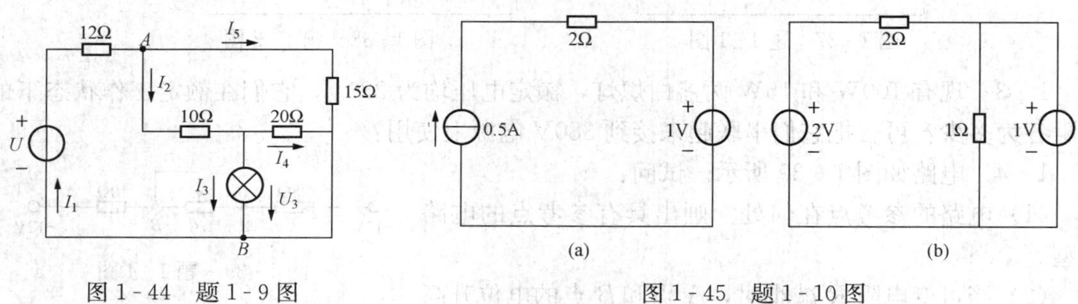

图 1-44　题 1-9 图　　　　图 1-45　题 1-10 图

1-11　求图 1-46 所示电路中的电压 U。

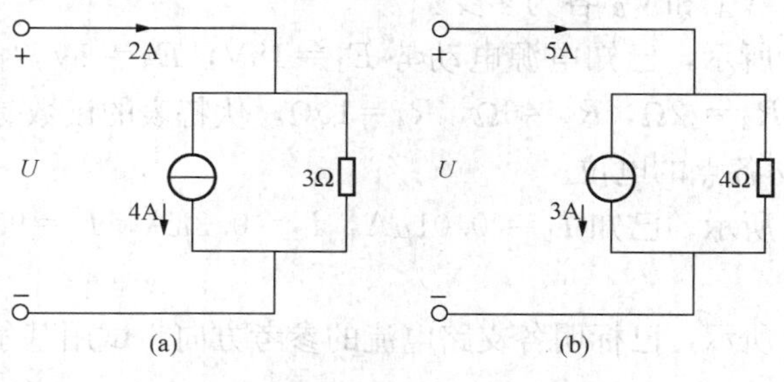

图 1-46　题 1-11 图

第二章 电路的等效变换

本章提要 本章主要介绍电路的等效变换。通过电路的等效变换，可以将一个复杂电路变换为简单电路，这种方法包括无源电路的等效变换法和有源电路的等效变换法。无源电路的等效变换有电阻的串、并联变换和电阻的Y—△变换；有源电路的等效变换有电压源与电流源的等效变换。

第一节 电阻的串并联及其等效变换

在电路中，总有许多电阻连接在一起。连接的方式多种多样，最常见的是电阻的串联、并联和混联（串并联的组合）。对于这种电路，在进行分析与计算时，有时可以把电路中的某一部分通过串、并联的等效变换方法来使电路简化，即用一个简单的电路来替代原电路。

一、电阻的串联

1. 电阻串联电路的特点

几个电阻一个接一个地串接起来，中间没有分支，这种连接方式，称为电阻的串联（Series Connection），图 2 - 1（a）所示为两个电阻的串联电路。

电阻的串联电路有下列几个特点：

（1）根据基尔霍夫电流定律（KCL），通过各电阻的电流为同一电流，因此各电阻中的电流相等。

（2）根据基尔霍夫电压定律（KVL），外加电压等于各个电阻上的电压之和，即

$$U=U_1+U_2=IR_1+IR_2=I(R_1+R_2)=IR$$

式中：U_1、U_2 分别为电阻 R_1、R_2 两端的电压。

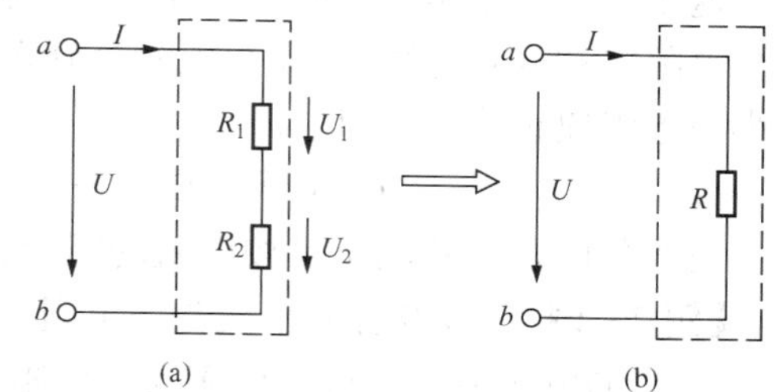

图 2 - 1 串联电阻的等效变换
（a）两个电阻的串联电路；（b）等效电阻

（3）电源供给的功率等于各个电阻上消耗的功率之和，即

$$P=UI=U_1I+U_2I=I^2R_1+I^2R_2=I^2(R_1+R_2)=I^2R$$

2. 电阻串联电路的等效电阻

在上面的分析和计算中，都用到了等效电阻的概念，即

$$R=R_1+R_2 \tag{2 - 1}$$

式（2 - 1）说明：几个电阻串联可以用一个等效电阻（Equivalent Resistance）来替代，几个电阻串联的等效电阻等于各个电阻之和，如图 2 - 1（b）所示。

在电路分析中，"等效"是一个非常重要的概念。所谓等效就是效果相等，也就是电路的工作状态不变。如图 2 - 2 所示，若用一个网络 N 去等效代替另一个网络 M，条件很简单：只要满足端口处的伏安特性（电压和电流的关系）不变，这两个网络对外就是等效的，

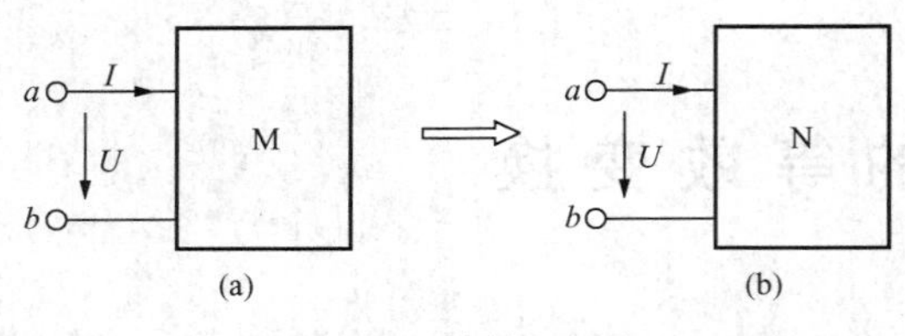

图 2 - 2　等效的概念
(a) 网络 M；(b) 网络 N

而对于网络内部因电路结构发生了改变是不等效的。这种“等效”概念以后还会用到。

图 2 - 2（a）所示电路中方框内电阻的串联电路，利用“等效”的概念变换为图 2 - 2（b）后，电路得到了简化，而方框外部电路的工作状态并没有改变，电流、电压、功率都和变换之前完全相同。只要 $R=R_1+R_2$，则有 $U=IR$，$P=I^2R$。

推而广之，当有 n 个电阻 R_1、R_2、R_3、…、R_n 串联时，其等效电阻为

$$R=R_1+R_2+R_3+\cdots+R_n=\sum_{i=1}^{n}R_i \tag{2 - 2}$$

几个电阻串联后的等效电阻比每一个电阻都大，端口 a、b 间的电压一定时，串联电阻越多，电流越小，所以串联电阻可以“限流”。

3. 电阻串联电路的分压公式

在图 2 - 1（a）所示的电阻串联电路中，流过各电阻的电流相等，因此各电阻上的电压分别为

$$\left.\begin{aligned}U_1=IR_1=\frac{R_1}{R_1+R_2}U\\U_2=IR_2=\frac{R_2}{R_1+R_2}U\end{aligned}\right\} \tag{2 - 3}$$

这就是两个电阻串联时的分压公式，推广到几个电阻串联，分压公式中“分母”就是这几个电阻之和（总电阻），哪个电阻分到多少电压，“分子”就对应那个电阻。这说明分压的大小与电阻成正比。即有

$$U_1:U_2:U_3:\cdots:U_n=R_1:R_2:R_3:\cdots:R_n \tag{2 - 4}$$

说明各电阻上的电压是按电阻的阻值大小进行分配。

【例 2 - 1】　假设有一个表头，电阻 $R_g=1\text{k}\Omega$，满偏电流 $I_g=100\mu\text{A}$。要把它改装成量程是 10V 的电压表，应该串联多大的电阻？

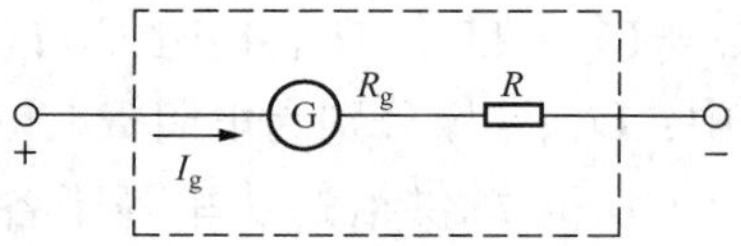

图 2 - 3　［例 2 - 1］图

解　电表指针偏转到满刻度时它两端的电压为 $U_g=I_gR_g=0.1\text{V}$，这是它能承担的最大电压。现在要让它测量最大为 10V 的电压，则分压电阻 R 必须分担 9.9V 的电压。根据串联电路中电压与电阻成正比，即

$$\frac{U_g}{U_R}=\frac{R_g}{R}$$

则　$R=\dfrac{U_R}{U_g}R_g=\dfrac{9.9}{0.1}\times1000=99$（kΩ）。

可见，串联 99kΩ 的分压电阻后，就把这个表头改装成了量程为 10V 的电压表。

说明：常用的电压表是用微安表头或毫安表头改装成的。表头的电阻值 R_g 为几百到几千欧，允许通过的最大电流 I_g 为几十微安到几毫安。每个表头都有它的 R_g 值和 I_g 值，当通过它的电流为 I_g 时，它的指针偏转到最大刻度，所以 I_g 也叫满偏电流。如果电流超过满偏电流，不但指针指示不出数值，还会烧毁表头。因此，不能直接用表头来测较大的电压，

只有给表头串联一个电阻，分担一部分电压，才可以用来测较大电压。

二、电阻的并联

1. 电阻并联电路的特点

将几个电阻的一端在一起，另一端也连在一起，这种连接方法称为电阻的并联（Parallel Connection），图 2 - 4（a）所示为两个电阻的并联电路。

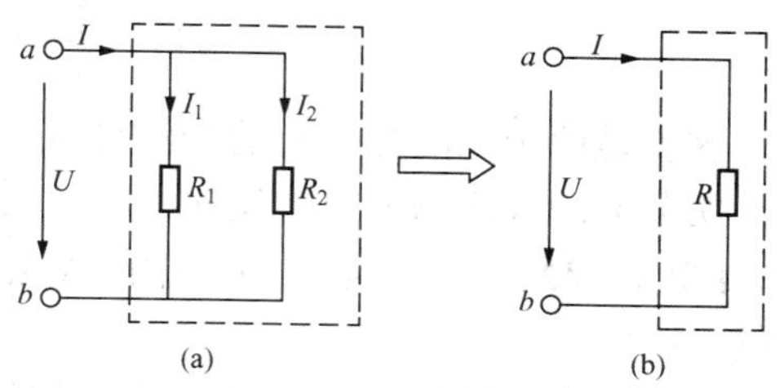

图 2 - 4 并联电阻的等效变换

（a）两个电阻并联；（b）等效电阻

电阻的并联电路有下列几个特点：

（1）加在各电阻两端的电压为同一电压，因此各电阻上的电压相等。

（2）根据基尔霍夫电流定律（KCL），外加的总电流等于各个电阻中的电流之和，即

$$I=I_1+I_2=\frac{U}{R_1}+\frac{U}{R_2}=U\left(\frac{1}{R_1}+\frac{1}{R_2}\right)=U\ \frac{1}{R}$$

式中：I_1、I_2 分别为电阻 R_1、R_2 中的电流。

（3）电源供给的功率等于各个电阻上消耗的功率之和，即

$$P=UI=UI_1+UI_2=\frac{U^2}{R_1}+\frac{U^2}{R_2}=U^2\ \frac{1}{R}$$

2. 电阻并联电路的等效电阻

在上面的分析和计算中，都用到了等效电阻的概念，即

$$\frac{1}{R}=\frac{1}{R_1}+\frac{1}{R_2} \tag{2-5}$$

或

$$R=\frac{R_1R_2}{R_1+R_2} \tag{2-6}$$

式（2 - 5）说明：几个电阻的并联电路可以用一个等效电阻来替代，电阻并联电路的等效电阻的倒数等于各个电阻的倒数之和，如图 2 - 4（b）所示。

电阻的倒数又称为电导，所以也可以用等效电导来表示，其表达式为

$$G=G_1+G_2 \tag{2-7}$$

即几个电阻并联时的等效电导等于各个电导之和。

图 2 - 4（a）所示电路中虚线框内的电阻并联电路，变换为图 2 - 4（b）后，电路得到了简化，而虚线框外部电路的工作状态并没有改变，电流、电压、功率都与变换之前完全相同。只要 $G=G_1+G_2$，则有 $I=UG$，$P=U^2G$。

推而广之，当有 n 个电阻 R_1、R_2、R_3、…、R_n 并联时，其等效电导为

$$G=G_1+G_2+G_3+\cdots+G_n=\sum_{i=1}^{n}G_i \tag{2-8}$$

几个电阻并联后的等效电阻比每一个电阻都小，端口 a、b 间的电压一定时，并联电阻越多，总电阻就越小，电源提供的电流就越大，功率也越大。

3. 电阻并联电路的分流公式

在图 2 - 4（a）所示的电阻并联电路中，加在各电阻上的电压相等，因此各电阻中的电流分别为

$$\left.\begin{aligned} I_1=\frac{U}{R_1}=I\frac{R}{R_1}=\frac{R_2}{R_1+R_2}I \\ I_2=\frac{U}{R_2}=I\frac{R}{R_2}=\frac{R_1}{R_1+R_2}I \end{aligned}\right\} \tag{2-9}$$

这就是两个电阻并联时的分流公式。注意：分子中的电阻，求 I_1 用 R_2，求 I_2 用 R_1。这说明分流的大小与电阻成反比。电阻大的支路分的电流小；电阻小的支路分的电流大。

【例 2-2】 若［例 2-1］中的表头，要把它改装成量程是 1A 的电流表，应该并联多大的电阻？

解 电表指针偏转到满刻度时它所能测量的最大电流是 $I_g=100\mu A$。

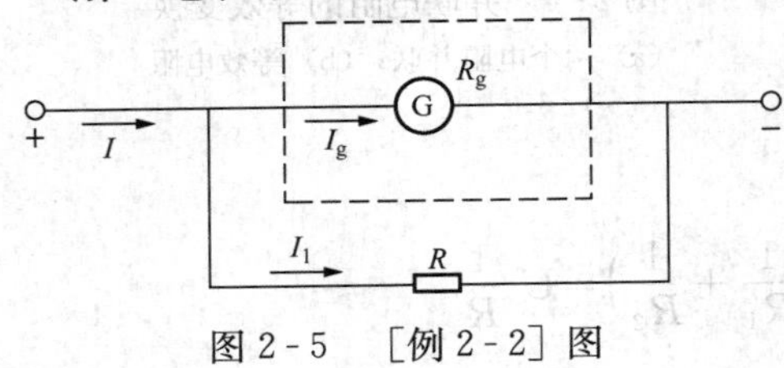

图 2-5 ［例 2-2］图

现在要用它来测量最大为 1A 的电流，则分流电阻 R 必须分担 I_1 的电流

$$I_1=1-0.0001=0.9999(A)$$

根据并联电路中电流与电阻成反比，即

$$\frac{I_1}{I_g}=\frac{R_g}{R}$$

则 $R=\dfrac{I_R}{I_1}R_g=\dfrac{0.0001}{0.9999}\times1000=0.1\ (\Omega)$。

【例 2-3】 如图 2-6（a）所示是 500 型万用表的直流电流测量挡电路的一部分，表头满偏值电流 $I_g=40\mu A$，内阻 $R_g=18k\Omega$。欲使量程扩大为 1、10、100mA。试计算分流电阻 R_1，R_2 及 R_3。

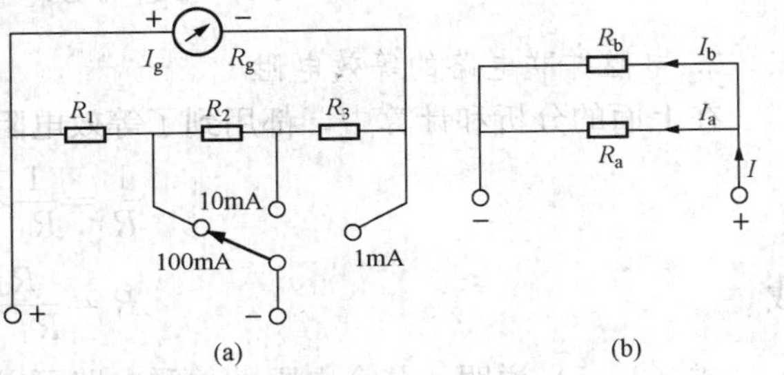

解 万用表直流电流挡的电路模型如图 2-6（b）所示，即等效为两个电阻 R_a、R_b 并联的形式。则按照并联电路的分流公式可得

图 2-6 500 型万用表的直流电流测量挡
（a）500 型万用表的直流电流测置挡电路的一部分；
（b）万用表直流电流挡的电路模型

$$I_a=I-I_g=\frac{R_b}{R_a+R_b}I \qquad ①$$

（1）当电流表工作在 1mA 量程时 $I=1mA$，$R_b=R_g=18k\Omega$，$R_a=R_1+R_2+R_3$

代入式①可得 $R_a=R_1+R_2+R_3=0.75k\Omega$

所以 $R_a+R_b=R_g+R_1+R_2+R_3=18.75k\Omega$。

（2）当电流表工作在 10mA 量程时 $I=10mA$，$R_b=R_g+R_3$，$R_a=R_1+R_2$

代入式①可得 $R_b=R_g+R_3=18.675k\Omega$

则 $R_3=R_b-R_g=0.675k\Omega$。

（3）当电流表工作在 100mA 量程时 $I=100mA$，$R_b=R_g+R_2+R_3$，$R_a=R_1$

代入式①可得 $R_b=R_g+R_2+R_3=18.7425k\Omega$

则 $R_2=R_b-R_g-R_3=0.0675k\Omega$。

因为 $R_1+R_2+R_3=0.750k\Omega$，所以 $R_1=0.750-R_2-R_3=0.0075k\Omega$。

三、电阻的混联电路

电阻的混联电路，是指串联和并联电阻组合成的二端电阻网络。

一般情况下，电阻混联电路所组成的无源二端网络，总可以先分别将串联和并联部分用上述等效电阻的概念逐步简化，最后简化为一个等效电阻。

凡是能用串联与并联办法逐步化简的电路，无论有多少个电阻，连接有多么复杂，仍属简单电路。所谓简单电路就是指可以用电阻的串并联等效变换等效为一个电阻的电路。否则，凡是不能用电阻的串并联等效变换化简的电路，无论结构如何简单也叫做复杂电路。

【例 2-4】　电路如图 2-7（a）所示，分别计算开关 S 断开与合上时 a、b 两端的等效电阻 R_{ab}。

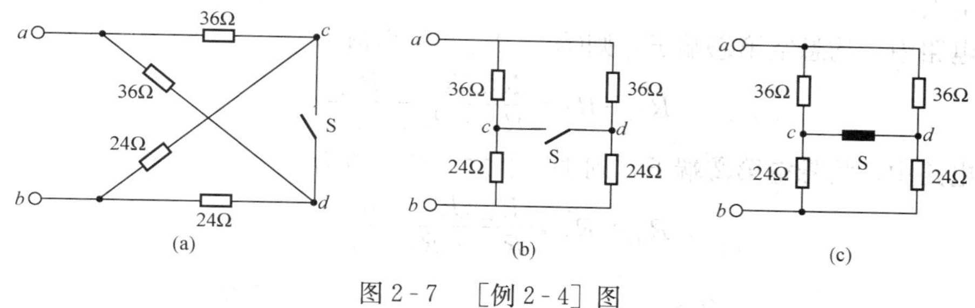

图 2-7　［例 2-4］图

解　当开关 S 断开时，电路如图 2-7（b）所示，等效电阻 R_{ab} 为

$$R_{ab}=\frac{(36+24)\times(36+24)}{(36+24)+(36+24)}=30(\Omega)$$

当开关 S 闭合时，电路如图 2-7（c）所示，等效电阻 R_{ab} 为

$$R_{ab}=\frac{36\times 36}{36+36}+\frac{24\times 24}{24+24}=30(\Omega)$$

第二节　电阻的Y—△连接及其等效变换

一、电阻的 Y 形连接和△形连接

在计算电路时，将串联与并联的电阻化简为等效电阻，最为简便。但有时电路中的电阻既非串联，又非并联，如图 2-8（a）所示是一个由 5 只电阻组成的桥式电路，当电路参数不对称，要计算电路中的电流 I 时，就无法用电阻的串、并联关系来化简电路。

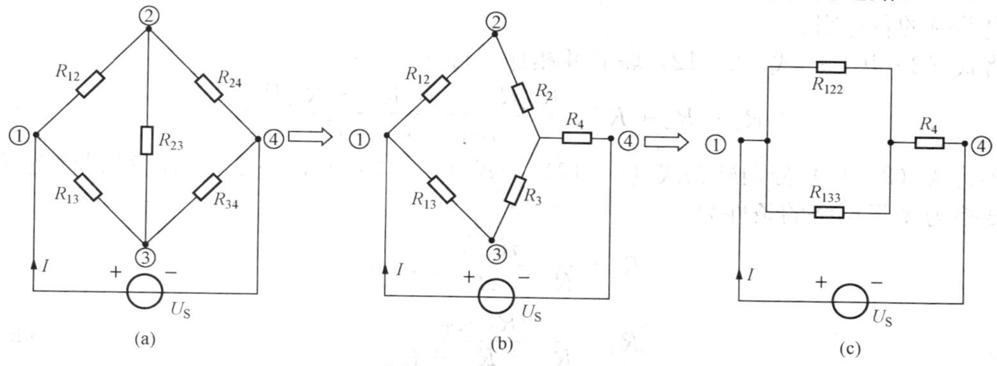

图 2-8　Y—△连接电路的等效变换

（a）由 5 只电阻组成桥式电路；（b）等效变换为 Y 形连接电路；（c）简化后电路

但是，如果能将连接在②、③、④三个端子间的 R_{23}、R_{24}、R_{34} 所构成的△（三角形）连接电路，等效变换为图 2－8（b）所示的由 R_2、R_3、R_4 所构成的Y（星形）连接电路，则可方便地应用串并联化简的方法求得①、④端口的等效电阻 $R_{①④}$，进而就可很容易地求得电路中的总电流的大小，这就提出了Y—△电路的等效变换问题。

Y形连接电路如图 2－9（a）所示，△形连接电路如图 2－9（b）所示。当要求两电路对外等效时，在Y形连接和△形连接电路中，对应的任意两端间的等效电阻也必然相等。根据这一特性，则Y形连接的三个电阻 R_1、R_2、R_3 与△形连接的 3 个电阻 R_{12}、R_{23}、R_{31} 之间有如下关系：

在两电路中，均悬空第③端子，则①、②之间的阻值为

$$R_1+R_2=\frac{R_{12}(R_{23}+R_{31})}{R_{12}+R_{23}+R_{31}} \tag{2-10}$$

在两电路中，均悬空第②端子，则①、③之间的阻值为

$$R_3+R_1=\frac{R_{31}(R_{12}+R_{23})}{R_{12}+R_{23}+R_{31}} \tag{2-11}$$

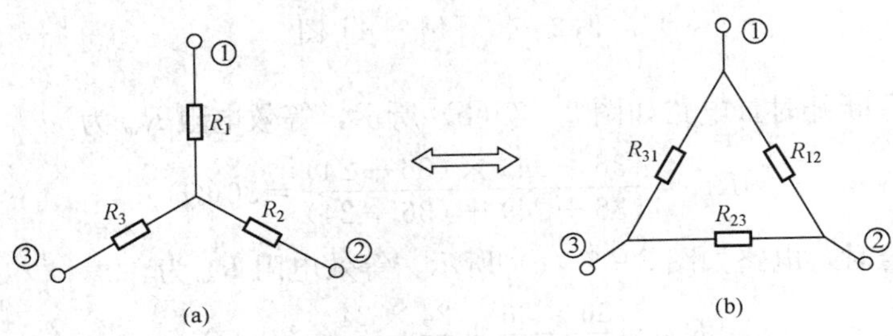

图 2－9　Y形与△形连接网络的等效变换

（a）Y形连接电路；（b）△形连接电路

在两电路中，均悬空第①端子，则②、③之间的阻值为

$$R_2+R_3=\frac{R_{23}(R_{12}+R_{31})}{R_{12}+R_{23}+R_{31}} \tag{2-12}$$

二、电阻的Y形网络和△形网络的等效变换

1. 将△形网络变换为Y形网络

将△形网络等效变换为Y形网络，就是已知△形网络的 3 个电阻，求等效变换成Y形网络电路时的各电阻。

将式（2－10）～式（2－12）联立并相加，再除以 2 得

$$R_1+R_2+R_3=\frac{R_{12}R_{23}+R_{23}R_{31}+R_{31}R_{12}}{R_{12}+R_{23}+R_{31}} \tag{2-13}$$

然后再将式（2－13）分别减去式（2－10）～式（2－12）的每一个，从而得到将△形网络等效变换为Y形网络的条件为

$$\left.\begin{aligned}R_1&=\frac{R_{12}R_{31}}{R_{12}+R_{23}+R_{31}}\\R_2&=\frac{R_{12}R_{23}}{R_{12}+R_{23}+R_{31}}\\R_3&=\frac{R_{23}R_{31}}{R_{12}+R_{23}+R_{31}}\end{aligned}\right\} \tag{2-14}$$

为了便于记忆，可将式（2－14）的等效变换公式归纳为

$$\text{星形电阻}=\frac{\text{三角形网络中相邻两电阻的乘积}}{\text{三角形网络中各电阻之和}} \tag{2-15}$$

若△形的3个电阻相等，出现$R_{12}=R_{23}=R_{31}=R_{\triangle}$时，则有$R_1=R_2=R_3=R_{Y}$，并有

$$R_{Y}=\frac{1}{3}R_{\triangle} \tag{2-16}$$

2．将Y形网络变换为△形网络

将Y形网络等效变换为△形网络，就是已知Y形网络的三个电阻，求等效变换成△形网络电路时的各电阻。

将式（2－14）三式分别两两相乘，然后再相加可得

$$R_1R_2+R_2R_3+R_3R_1=\frac{R_{12}R_{23}R_{31}(R_{12}+R_{23}+R_{31})}{(R_{12}+R_{23}+R_{31})^2}=\frac{R_{12}R_{23}R_{31}}{R_{12}+R_{23}+R_{31}} \tag{2-17}$$

再将式（2－17）分别除以式（2－14）三式中的每一个，就得到将Y形网络等效变换为△形网络的公式

$$\left.\begin{aligned}R_{12}&=\frac{R_1R_2+R_2R_3+R_3R_1}{R_3}\\R_{23}&=\frac{R_1R_2+R_2R_3+R_3R_1}{R_1}\\R_{31}&=\frac{R_1R_2+R_2R_3+R_3R_1}{R_2}\end{aligned}\right\} \tag{2-18}$$

为了便于记忆，式（2－18）等效变换的公式可写成

$$\text{三角形电阻}=\frac{\text{星形网络中各电阻两两乘积之和}}{\text{星形网络中的对角端电阻}} \tag{2-19}$$

同样，由式（2－18）可知，当$R_1=R_2=R_3=R_{Y}$时，有$R_{12}=R_{23}=R_{31}=R_{\triangle}$，并有

$$R_{\triangle}=3R_{Y} \tag{2-20}$$

【例2-5】　求图2－10（a）所示电路a、b两端间的电阻。

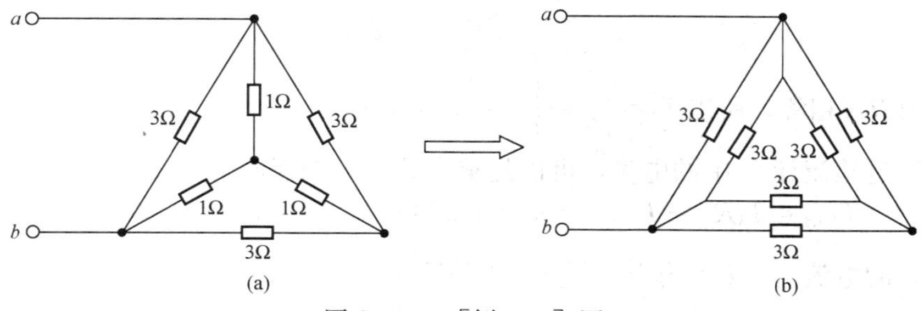

图2－10　［例2－5］图

（a）Y形连接电路；（b）△形连接电路

解　将3个1Ω电阻组成的Y形连接电路，等效变换为△形连接电路，可得到图2－10（b）所示电路，因$R_{\triangle}=3R_{Y}$，由此可得

$$R_{ab}=\frac{3\times1.5}{3+1.5}=1(\Omega)$$

【例2-6】　图2－11所示为一直流电桥电路，已知$R_1=30\Omega$，$R_2=50\Omega$，$R_3=294\Omega$，

$R_x=290\Omega$，检流计的电阻 $R_G=20\Omega$，外接电压源电压 $U_S=3.3V$，求此时通过检流计 G 的电流。

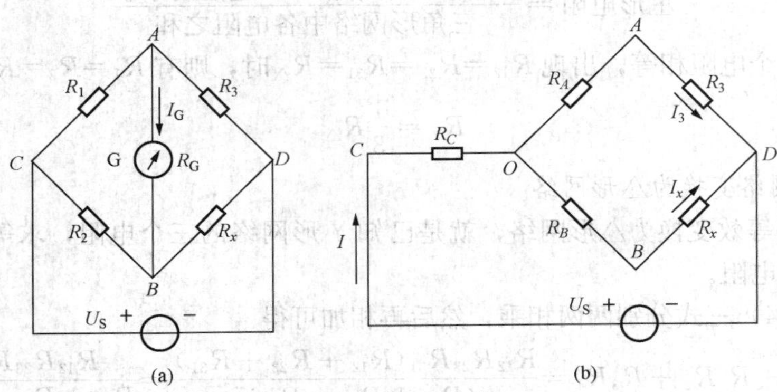

图 2-11 ［例 2-6］图

(a) R_1、R_2 和 R_G 组成△形；(b) R_A、R_B 和 R_C 组成 Y 形

解 将 R_1、R_2 和 R_G 组成的△形用 R_A、R_B 和 R_C 组成的 Y 形等效代替，如图 2-11 (b) 所示，其中

$$R_A=\frac{R_1R_G}{R_1+R_2+R_G}=\frac{30\times20}{30+50+20}=6(\Omega)$$

$$R_B=\frac{R_2R_G}{R_1+R_2+R_G}=\frac{50\times20}{30+50+20}=10(\Omega)$$

$$R_C=\frac{R_1R_2}{R_1+R_2+R_G}=\frac{30\times50}{30+50+20}=15(\Omega)$$

R_A 和 R_3 串联 $\quad R_{A3}=6+294=300\ (\Omega)$

R_B 和 R_x 串联 $\quad R_{Bx}=10+290=300\ (\Omega)$

R_{A3} 和 R_{Bx} 并联 $\quad R_{OD}=\dfrac{R_{A3}R_{Bx}}{R_{A3}+R_{Bx}}=\dfrac{300\times300}{300+300}=150\ (\Omega)$

总等效电阻 $\quad R=R_C+R_{OD}=15+150=165\ (\Omega)$

总电流 $\quad I=\dfrac{U_S}{R}=\dfrac{3.3}{165}=0.02\ (A)$

因 R_{A3} 和 R_{Bx} 相等，所以 $I_3=I_x=\dfrac{1}{2}I=0.01\ (A)$。

要计算通过检流计 G 中的电流，可以先求出 A、B 两点间的电压

$$U_{AB}=I_3R_3-I_xR_x=0.01\times294-0.01\times290=0.04(V)$$

则通过检流计的电流为 $\quad I_G=\dfrac{U_{AB}}{R_G}=\dfrac{0.04}{20}=0.002\ (A)\ =2mA$

I_G 的方向从 A 流向 B。

注意，当桥式电路满足电桥平衡条件时，流过检流计中的电流为零。此时求等效总电阻不必进行 Y—△等效变换。电桥平衡的条件为：对臂电阻乘积相等，即 $R_1R_x=R_2R_3$。

第三节 实际电源模型及其等效变换

线性电阻元件的伏安特性为过坐标原点的直线。当电阻元件两端的电压为零时，元件中

的电流也为零；反之，当电阻元件中的电流为零时，其端电压也必为零。电阻元件不会在电路中自动产生电压或电流，是一种无源元件。要想在电路中形成稳定的电流，必须要有给电路提供稳定电压或电流的元件，这样的元件叫做有源元件，如理想电压源和理想电流源。

一、电压源

常用的电池、发电机和各种信号源都可近似看作实际电压源，它们由理想电压源 U_S 和内阻 R_S 串联组成，实际电压源表示为图 2 - 12 所示虚线框内的电路。图中，U 是电源端电压，R_L 是负载电阻，I 是负载电流。根据图 2 - 12 所示电路，可得出

$$U=U_S-R_SI \tag{2-21}$$

由此可作出电压源的外特性曲线，如图 2 - 13 所示。当实际电压源开路时，$I=0$，$U=U_0=U_S$；当短路时，$U=0$，$I=I_S=\dfrac{U_S}{R_S}$，内阻 R_S 越小，则直线越平坦。

在实际电压源中，当 $R_S=0$ 时，端电压 U 恒等于 U_S，是一个定值，而其中的电流 I 则是任意的，是由外电路（负载电阻 R_L）和 U_S 决定的。这样的电源称为理想电压源或恒压源，其符号及电路如图 2 - 14 所示。它的外特性是与横轴平行的一条直线，如图 2 - 13 所示。

理想电压源是理想的电源。如果一个电源的内阻远小于负载电阻，即 $R_S \ll R_L$，则内阻压降 $R_SI \ll U_S$，于是 $U \approx U_S$，基本上恒定，可以认为是理想电压源。常用的稳压电源也可认为是一个理想电压源。

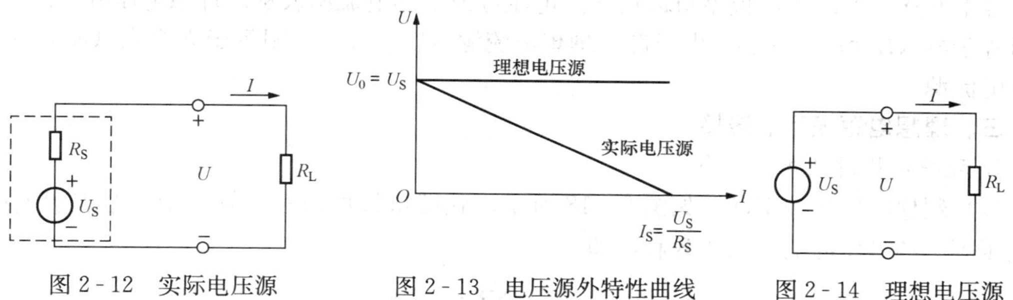

图 2 - 12　实际电压源　　图 2 - 13　电压源外特性曲线　　图 2 - 14　理想电压源

二、电流源

实际电源除用理想电压源 U_S 和内阻 R_S 串联组成的电路模型来表示外，还可以用另一种电路模型来表示。

如将式（2 - 21）两端除以 R_S，则得

$$\frac{U}{R_S}=\frac{U_S}{R_S}-I=I_S-I$$

即

$$I_S=\frac{U}{R_S}+I \tag{2-22}$$

其中，$I_S=\dfrac{U_S}{R_S}$为电源的短路电流，I 是负载电流，而$\dfrac{U}{R_S}$是引出的另一个电流，如图 2 - 15 虚线框内电路所示。这就是用电流来表示的实际电源的电路模型，即实际电流源。两条支路并联，其中电流分别为 I_S 和$\dfrac{U}{R_S}$。对负载电阻 R_L，与图 2 - 12 是一样的，其电压 U 和通过的电流 I 未有改变。

由式（2－22）可作出电流源的外特性曲线，如图 2－16 所示。当实际电流源开路时，$I=0, U=U_0=I_S R_S$；当短路时，$U=0$，$I=I_S$。内阻 R_S 越大，则直线越陡。

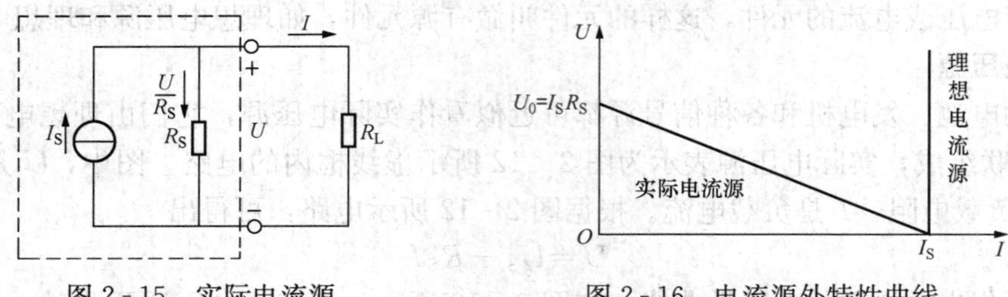

图 2－15　实际电流源　　图 2－16　电流源外特性曲线

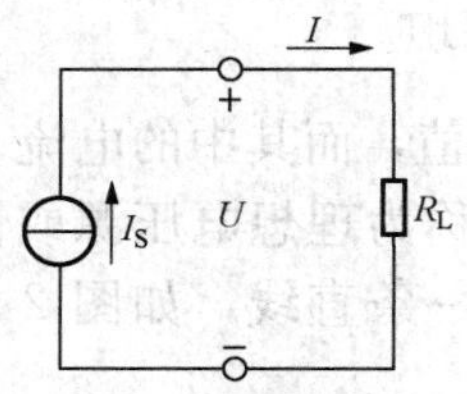

图 2－17　理想电流源

实际电流源中，当 $R_S=\infty$（相当于并联支路 R_S 断开）时，I 恒等于 I_S，电流是一定值，而其两端的电压 U 则是任意的，由负载电阻 R_L 及电流 I_S 本身确定。这样的电源称为理想电流源或恒流源，如图 2－17 所示。它的外特性曲线将是与纵轴平行的一条直线，如图 2－16 所示。

理想电流源也是理想的电源。如果一个电源的内阻远大于负载电阻，即 $R_S \gg R_L$ 时，则 $I \approx I_S$，基本上恒定，可以认为是理想电流源。

综上所述，实际电源模型可以用实际电压源或实际电流源表示。理想电压源可以看成是内阻等于零（$R_S \approx 0$）的实际电压源；理想电流源可以看成是内阻等于无穷大（$R_S \approx \infty$）的实际电流源。

三、理想电源模型的连接

1. 理想电压源的串、并联

（1）理想电压源的串联。如图 2－18 所示，就端口特性而言，等效于一个理想电压源，其电压等于各电压源电压的代数和，即

$$U_S = \sum_{k=1}^{n} U_{Sk} \tag{2－23}$$

其中与 U_S 参考方向相同的电压源 U_{Sk} 取正号，相反则取负号。

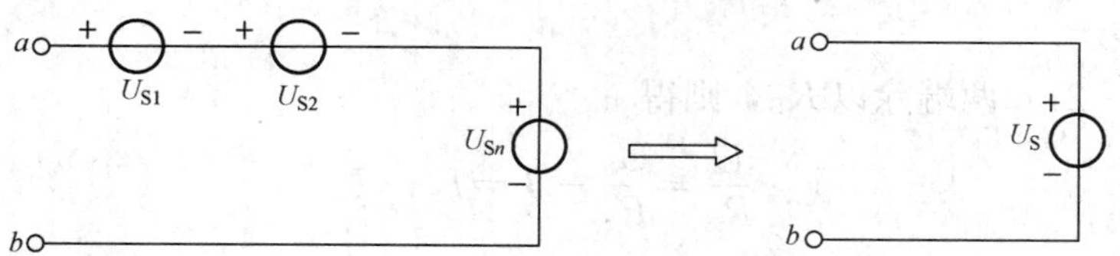

图 2－18　理想电压源的串联

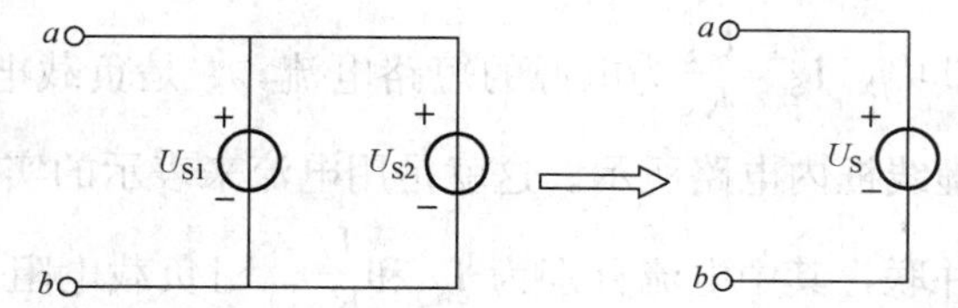

图 2－19　理想电压源的并联

（2）理想电压源的并联。如图 2－19 所示，只有几个理想电压源的大小和方向均相同，才允许并联，且等效的理想电压源与并联的理想电压源相同，即 $U_S=U_{S1}=U_{S2}$。

若并联的几个理想电压源的大小不相等

或方向不同（反极性并联），则会在电源内部产生很大的电流，将烧毁电源。

2. 理想电流源的串、并联

（1）理想电流源的并联。如图 2-20 所示，就端口特性而言，等效于一个理想电流源，其电流等于各电流源电流的代数和，即

$$I_S = \sum_{k=1}^{n} I_{Sk} \tag{2-24}$$

其中，与 I_S 参考方向相同的电流源 I_{Sk} 取正号，相反则取负号。

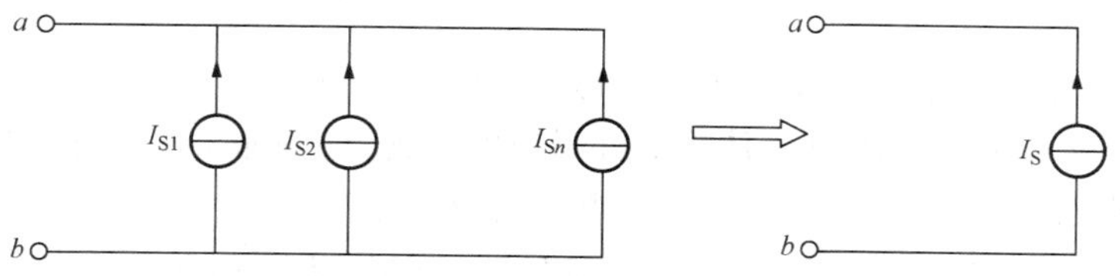

图 2-20　理想电流源的并联

（2）理想电流源的串联。如图 2-21 所示，只有几个理想电流源的大小和方向均相同，才允许串联，且等效的理想电流源与串联的理想电流源相同，即 $I_S = I_{S1} = I_{S2}$。

3. 理想电压源与任一元件或支路并联

理想电压源的端电压为恒定值，与它供出的电流无关，其供出的电流根据外电路的需要决定。因此，当理想电压源 U_S 与任一元件（电阻元件或电流源）并联时，此电路电压由理想电压源 U_S 确定，该电路就等效成一个理想电压源 U_S，如图 2-22 所示。

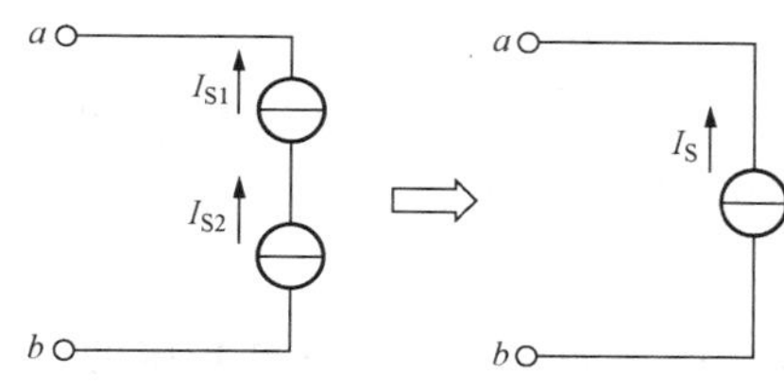

图 2-21　理想电流源的串联

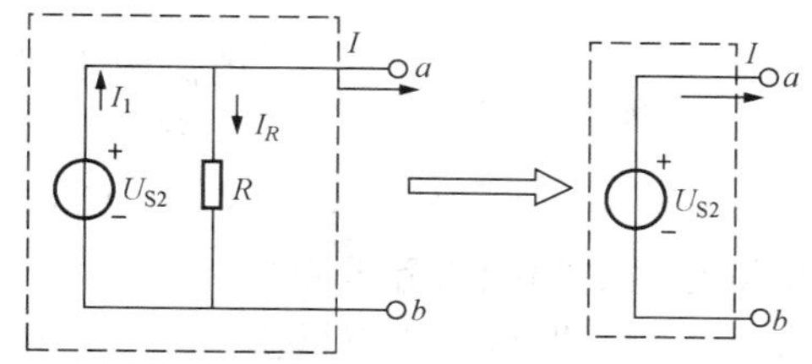

图 2-22　理想电压源与任一元件或支路并联

4. 理想电流源与任一元件或支路串联

理想电流源供出的电流为恒定值，与它的端电压无关，其端电压则由外电路决定。因此，当理想电流源 I_S 与任何元件（电阻元件或电压源）串联时，此支路电流由理想电流源 I_S 确定，该支路就等效成一个理想电流源 I_S，如图 2-23 所示。

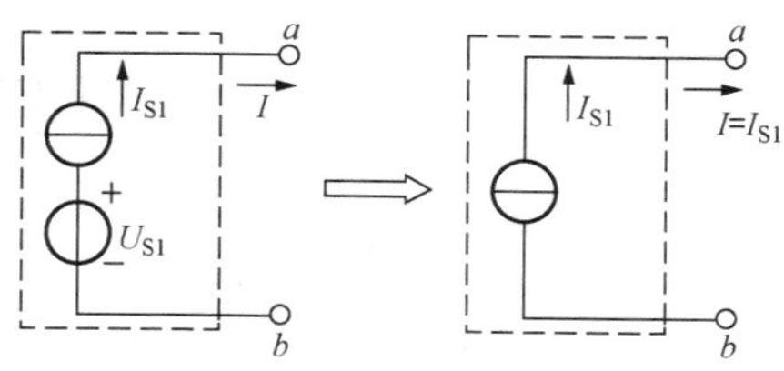

图 2-23　理想电流源与任一元件或支路串联

【例 2-7】　图 2-24（a）所示电路中，若将一理想电压源 U_S 与电路中的理想电流源 I_S 串联或并联，分别如图 2-24（b）、图 2-24（c）所示，试问电路中负载 I_1、I_2 是否改变？并通过计算说明。已知：$I_S=2\text{A}$，$U_S=8\text{V}$，$R_1=2\Omega$，$R_2=2\Omega$。

解　在图 2-24（a）中，因 $R_1=R_2=2\Omega$，所以 $I_1=I_2=I_S/2=1\text{A}$。

在图 2-24（b）中，理想电流源 I_S 与理想电压源 U_S 串联，因此该串联支路等效成理

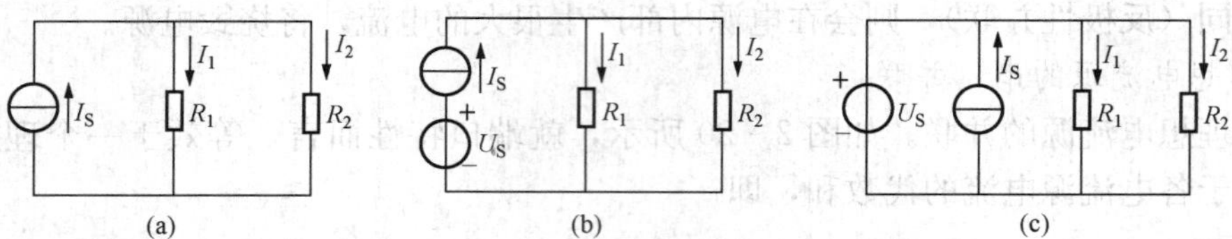

图 2-24 ［例 2-7］图

（a）电路图；（b）将理想电压源与电路中理想电流源串联；（c）将理想电压源与电路中理想电流源并联

想电流源 I_S，$I_1=I_2=I_S/2=1A$，故 I_1、I_2 未变。

在图 2-24（c）中，理想电压源 U_S 与理想电流源 I_S 并联，因此该并联电路等效成理想电压源 U_S，所以 $I_1=I_2=U_S/R_1=4A$，故 I_1、I_2 改变了。

【例 2-8】 电路如图 2-25 所示。已知 $U_{S1}=10V$，$I_{S1}=1A$，$I_{S2}=3A$，$R_1=2\Omega$，$R_2=1\Omega$。求电压源和各电流源的功率。

解 先求出电压源的电流和电流源的电压。根据 KCL 求得

$$I_1=I_{S2}-I_{S1}=3-1=2(A)$$

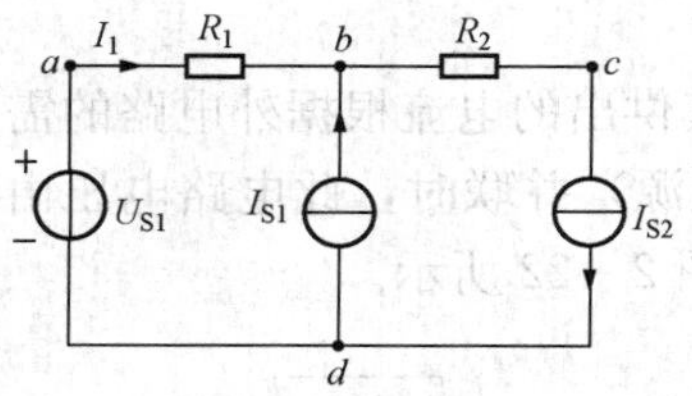

根据 KVL 求得

$$U_{bd}=-R_1I_1+U_{S1}=-2\times2+10=6(V)$$

$$U_{cd}=-R_2I_{S2}+U_{bd}=-1\times3+6=3(V)$$

图 2-25 ［例 2-8］图

电压源 U_S 的功率为

$$P=-U_{S1}I_1=-10\times2=-20(W)(\text{发出 }20W)$$

电流源 I_{S1} 和 I_{S2} 的功率为

$$P_1=-U_{bd}I_{S1}=-6\times1=-6(W)(\text{发出 }6W)$$

$$P_2=U_{cd}I_{S2}=3\times3=9(W)(\text{吸收 }9W)$$

四、实际电源的模型与等效变换

一个实际电源，既可以用电压源来表示，也可以用电流源来表示。这两种电源对外电路来讲，应该是等效的，也就是说当接上任一负载 R（其值可以为 0～∞）时，R 中的电流 I 和 R 上的电压 U 都应该是相等的。一个实际电源的两种电路模型如图 2-26 所示。

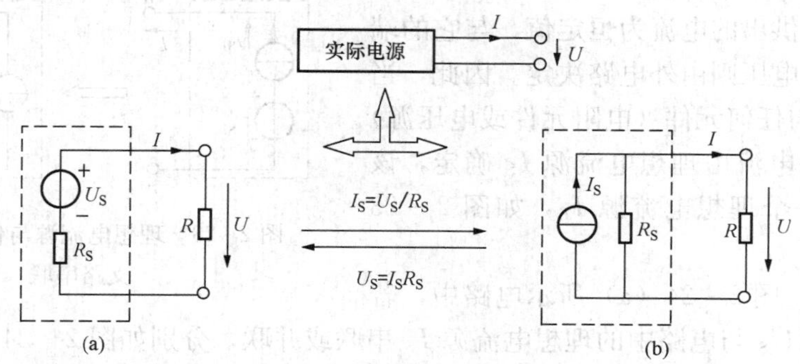

图 2-26 实际电压源与实际电流源的等效变换

（a）实际电压源；（b）实际电流源

如果将负载短路（$R=0$），则实际电压源的输出为 $I=U_S/R_S$，$U=0$；实际电流源的输

出为 $I=I_S$，$U=0$。

由此可见，这两种电源的等效变换条件为

$$I_S=\frac{U_S}{R_S} \quad 或 \quad U_S=I_SR_S \tag{2-25}$$

同样，如果将负载开路（$R\to\infty$），则实际电压源的输出为 $U=U_S$，$I=0$；实际电流源的输出为 $U=I_SR_S$，$I=0$。由此也同样可得到这两种电源的等效变换条件为 $U_S=I_SR_S$ 或 $I_S=U_S/R_S$。

总结其等效变换的条件是：

（1）实际电压源变换为等效的实际电流源 $I_S=U_S/R_S$，I_S 方向与 U_S 极性相反；同值电阻 R_S 与电流源 I_S 并联。

（2）实际电流源变换为等效的实际电压源 $U_S=I_SR_S$，U_S 极性与 I_S 方向相反；同值电阻 R_S 与电压源 U_S 串联。

需要特别说明的是：理想电压源的内阻为 0，理想电流源的内阻为∞，它们之间不能进行等效变换；等效变换只是对外电路等效，而电源的内部是不等效的。以负载开路为例，电压源模型的内阻消耗功率为 0，而电流源模型的内阻消耗功率为 $I_S^2R_S$。

五、有源支路的简化

在电路等效变换时，常常遇到几个电压源支路串联，几个电流源支路并联，或者是若干个电压源与电流源支路既有串联又有并联所构成的二端网络。这些网络对外电路而言，都可以根据 KCL、KVL 和电源的等效变换来简化电路。简化的原则是：简化前后，端口处的电压与电流关系不变。

1. 电压源串联支路的简化

几个电压源支路串联时，可以简化为一个等效的电压源支路。图 2-27（a）所示为两个电压源支路的串联电路，图 2-27（b）所示为其等效电路。

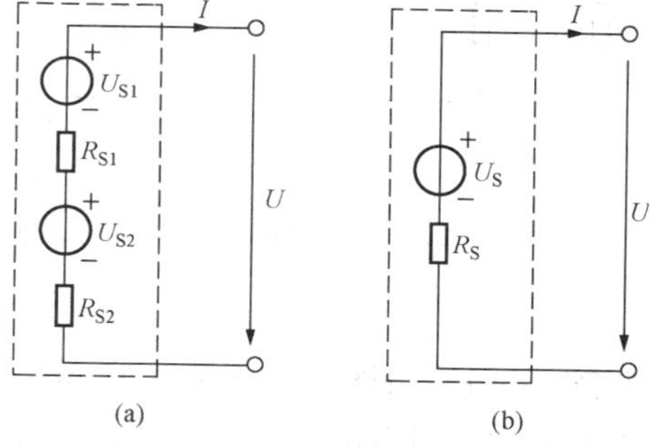

图 2-27　电压源串联支路的简化

（a）两个电压源支路的串联电路；（b）等效电路

对图 2-27（a）所示的端口而言，根据 KVL 可得

$$U=U_{S1}-R_1I+U_{S2}-R_2I=(U_{S1}+U_{S2})-(R_1+R_2)I$$

对图 2-27（b）所示的端口来说，有 $U=U_S-RI$。要使两者等效，则需满足

$$U_S=U_{S1}+U_{S2}, \quad R_S=R_{S1}+R_{S2}$$

2. 电流源并联电路的简化

几个电流源并联时，可以简化为一个电流源。图 2-28（a）所示为两个电流源的并联电路。同样，根据 KCL 和端口的电压电流关系不变的原则，可将其等效变换为图 2-28（b）所示电路。其中

$$I_S=I_{S1}+I_{S2}$$

$$\frac{1}{R_S}=\frac{1}{R_{S1}}+\frac{1}{R_{S2}} \quad 或 \quad G_S=G_{S1}+G_{S2}$$

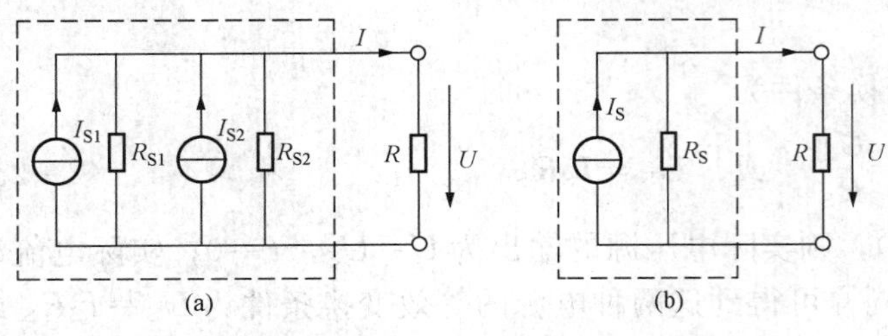

(a) (b)

图 2-28 电流源并联电路的简化

(a) 两个电流源的并联电路；(b) 等效电路

3. 电压源并联电路的简化

几个实际电压源支路并联时，可先将各实际电压源都变换为实际电流源，这样就把几个实际电压源的串联电路变换成几个实际电流源的并联电路，然后再利用实际电流源并联电路的简化方法解决，最后变换为单一电源的电路。

4. 电流源串联电路的简化

几个实际电流源串联时，可先将各实际电流源都变换为实际电压源，这样就把几个电流源的串联电路变换成几个电压源的串联电路，然后再利用电压源串联电路的简化方法解决，最后变换为单一电源的电路。

【例 2-9】 电路如图 2-29（a）所示，已知 $U_{S1}=12V$，$U_{S2}=18V$，$R_1=3\Omega$，$R_2=6\Omega$，$R_3=5\Omega$，试用电源等效变换法求 R_3 支路中的电流 I_3 的大小。

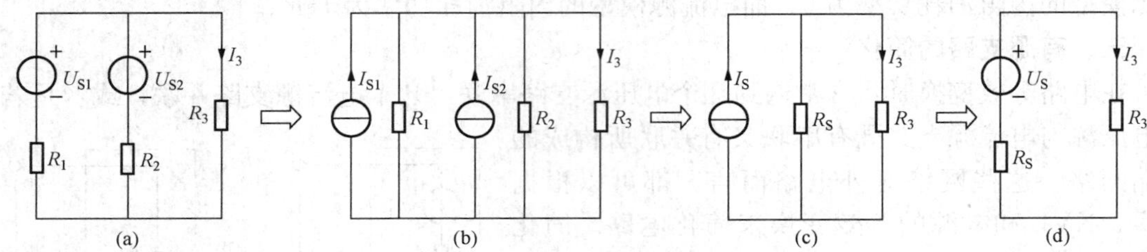

(a) (b) (c) (d)

图 2-29 ［例 2-9］图

(a) 电路图；(b) 两个电压源变换为电流源；(c) 利用电流源并联电路的简化方法；(d) 将电流源变换为电压源

解 （1）将图 2-29（a）所示电路中的两个电压源变换为电流源，得图 2-29（b），$I_{S1}=U_{S1}/R_1=12/3=4$（A），$I_{S2}=U_{S2}/R_2=18/6=3$（A）。

（2）利用电流源并联电路的简化方法，得图 2-29（c），I_{S1} 与 I_{S2} 的方向相同，$I_S=I_{S1}+I_{S2}=4+3=7$（A），$R_S=R_1R_2/(R_1+R_2)=3\times6/(3+6)=2$（Ω）。

（3）由图 2-29（c）可直接根据分流公式［式（2-9）］计算出 I_3，也可以再将电流源变换为电压源，得图 2-29（d），$U_S=I_SR_S=7\times2=14$（V），则 $I_3=U_S/(R_S+R_3)=14/(2+5)=2$（A）。

【例 2-10】 电路如图 2-30（a）所示，利用电源的等效变换计算 I 的大小。

解 利用实际电源等效变换对图 2-30（a）所示电路进行简化的过程如图 2-30（b）～（d）所示。经过简化，原电路最后变换为图 2-30（d）所示的单回路电路，根据图 2-30（d）可求得电流为

$$I=\frac{9-4}{1+2+7}=0.5(\text{A})$$

【例 2-11】 用电源模型等效变换的方法求图 2-31（a）所示电路的电流 I_1 和 I_2。

解 利用实际电源等效变换对图 2-31（a）所示电路进行简化的过程如图 2-31（b）和（c）所示。经过简化，原电路最后变换为图 2-31（c）所示的电路，根据图 2-31（c）

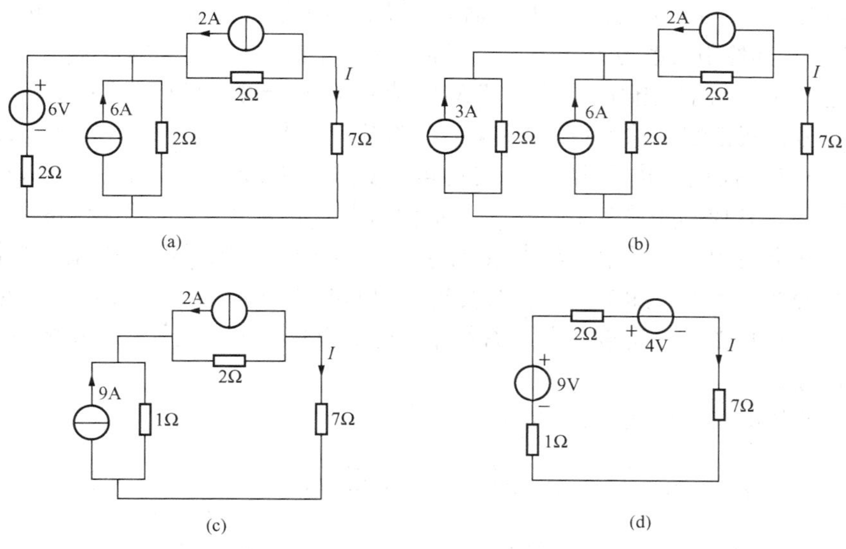

图 2-30 [例 2-10] 图

(a) 电路图；(b) 将电压源转化为电流源；(c) 将两个电流源简化；(d) 单回路电路图

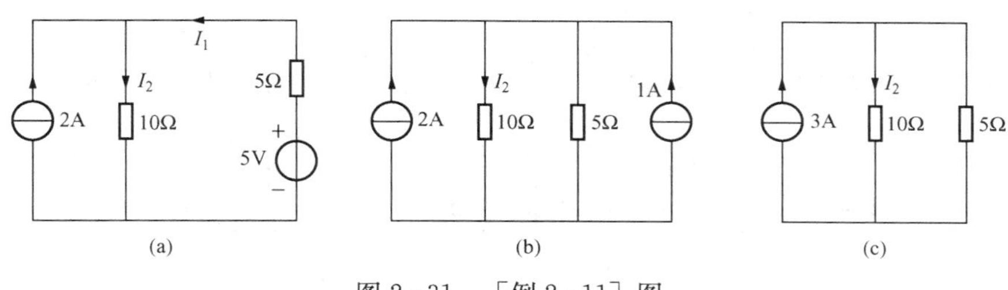

图 2-31 [例 2-11] 图

(a) 电路图；(b) 将电压源转化为电流源；(c) 单回路电路图

可求得电流为

$$I_2=\frac{5}{10+5}\times 3=1(\mathrm{A}),\quad I_1=I_2-2=1-2=-1(\mathrm{A})$$

第四节 受控源及其等效变换

受控源也是电源，有电压源和电流源之分，但它供出的电压或电流，是要受到电路中其他支路的电压或电流的控制，不像独立电源那样可以独立地对外电路提供能量。因此，受控源又称非独立电源。当控制的电压或电流消失或等于零时，受控电源的电压或电流也将为零，这是受控电源与独立电源的区别之处。

一、受控源的类型

受控源根据被控量是电流源还是电压源以及控制量是电压 U 还是电流 I 来分，有四种类型：

(1) 受电流 I_1 控制的电流源 I_2，简称电流控制电流源（Current Controlled Current Source，CCCS)，其控制关系为 $I_2=\beta I_1$，β 称为电流放大倍数，为无量纲的纯数。

（2）受电压 U_1 控制的电流源 I_2，简称电压控制电流源（Voltage Controlled Current Source，VCCS），其控制关系为 $I_2=gU_1$，g 称为控制跨导，具有电导的量纲（S，西门子）。

（3）受电流 I_1 控制的电压源 U_2，简称电流控制电压源（Current Controlled Voltage Source，CCVS），其控制关系为 $U_2=rI_1$，r 称为控制电阻，具有电阻的量纲（Ω，欧姆）。

（4）受电压 U_1 控制的电压源 U_2，简称电压控制电压源（Voltage Controlled Voltage Source，VCVS），其控制关系为 $U_2=\mu U_1$，μ 称为电压放大倍数，为无量纲的纯数。

在上述四种类型的受控源中，其参数 β、μ、g、r 分别反映了四种类型的受控电源的控制关系与控制特性。此外，如果一个含有受控电源的电路中去除独立源时，则受控源的电压或电流也为零，此时受控源就是一个无源器件，这说明受控源不仅具有电源的特性，还会表现出电阻的特性。

理想受控源的电路模型如图 2－32 所示。

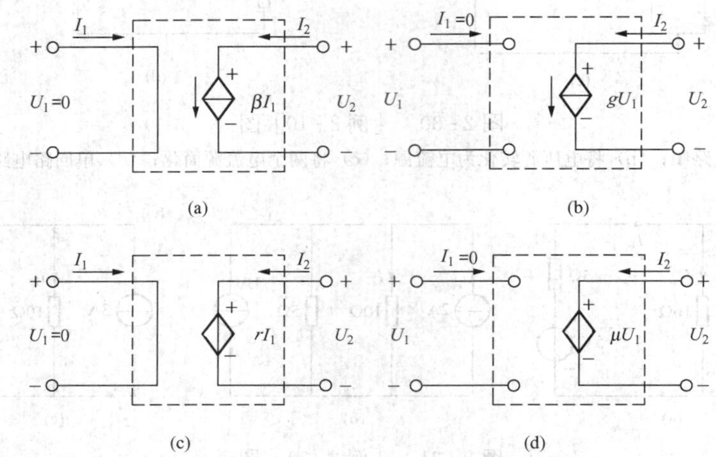

图 2－32　理想受控电源的电路模型

(a) CCCS；(b) VCCS；(c) CCVS；(d) VCVS

二、含有受控源电路的分析方法

在含有受控电源的电路中，前面介绍的各种分析方法，都可以用来分析和计算含有受控源的电路。但受控源又有其特殊的地方，需要引起注意，如下：

（1）受控电源既有电源性质，又有电阻性质，这是受控电源的最主要特征。受控源的电源性质与独立电源的性质相同，在电路分析时可以当电源对待；但受控电源又具有电阻性质，这一点与独立源不同，在电路分析中，当需要计算含有受控源电路的阻值时，必须考虑受控电源所呈现的阻值，这是尤其需要特别注意的。

（2）对含有受控电源的二端网络，求其等效电阻时，方法有两种：①采用“电压—电流法”来计算，即在端口处外加电压 U 求其电流 I，或外加电流 I 求其电压 U，然后再根据电压与电流的比值（U/I）求得含有受控电源二端口网络的等效电阻 R_o，$R_o=U/I$；②求出含独立源二端网络的开路电压 U_o 和短路电流 I_s，则等效电阻为 $R_o=U_o/I_s$。

（3）含有受控电源的二端口网络的等效电阻，可能为负值，这表明该网络向外部电路发出功率。

（4）受控电压源与受控电流源可以互相进行等效变换，其方法与独立源的等效变换方法相同。但变换过程中要保留控制量所在的支路不被变换，也就是在变换过程中要保留控制量，否则，若受控源的控制量消失则将无法算出结果。

【例 2-12】 求图 2-33（a）所示电路的等效电阻。

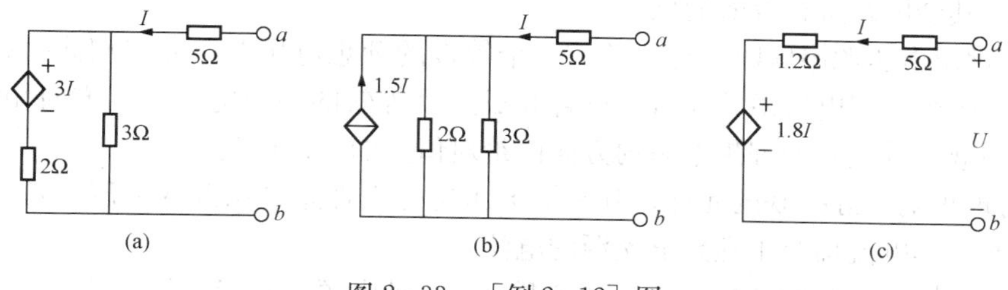

图 2-33 ［例 2-12］图

（a）电路图；（b）将最左边支路进行电源变换；（c）进行电源变换后的电路图

解 对图 2-33（a）所示电路最左边支路进行电源变换得图 2-33（b）所示电路，再将图 2-33（b）进行电源变换后得图 2-33（c）电路，在电路的变换过程中，受控源的控制量仍然存在。

在图 2-33（c）所示电路端口 ab 外加电压 U 后有

$$U=(5+1.2)I+1.8I=8I$$

所以，该二端网络的等效电阻为 $R_o=U/I=8I/I=8\Omega$。

【例 2-13】 如图 2-34 所示的电路中，试求电路中的电压 U_2。

解 如图 2-34 所示，含有一个电压控制电流源，即 g 为图中的 $\frac{1}{6}$，其单位为 S。在求解时，它与其他电路元件一样，可按基尔霍夫定律列出方程，即

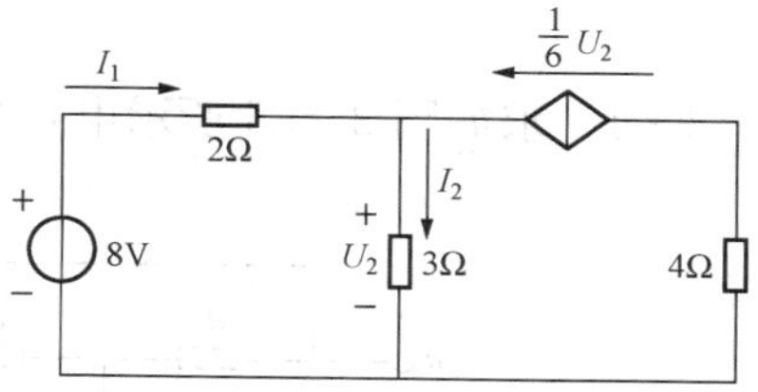

$$\left.\begin{aligned}I_1-I_2+\frac{1}{6}U_2=0\\2I_1+3I_2=8\end{aligned}\right\}$$

图 2-34 ［例 2-13］图

因 $U_2=3I_2$，故

$$\left.\begin{aligned}I_1-I_2+\frac{1}{2}I_2=0\\2I_1+3I_2=8\end{aligned}\right\}$$

解之，得 $I_2=2\text{A}$，$U_2=3I_2=3\times2=6$（V）。

小 结

（1）电阻的串联、并联、混联的简化。电阻串联的等效电阻等于各电阻的和，总电压按各个串联电阻的阻值进行分配；电阻并联的等效电阻的倒数等于各电阻的倒数之和，总电流按各个并联电阻的电导值进行分配。利用分压原理可以扩大电压表的量程，利用分流原理可以扩大电流表的量程。

（2）电阻的 Y—△等效变换。利用电阻的 Y—△变换，可以将一个复杂的电阻网络，变换为一个串并联和混联关系的简单的电阻网络。当 Y 形连接的三个电阻相等时，等效变换

后的△形连接的电阻值为 $R_{\triangle}=3R_{Y}$；反之，$R_{Y}=（1/3）R_{\triangle}$。

（3）电压源与电流源的等效变换。这两种电源的等效变换条件为 $U_S=I_SR_S$，或 $I_S=U_S/R_S$。当电路中只需求某一支路的电流或电压时，可以利用电压源与电流源的等效变换将该支路以外的其余电路进行等效简化。

1）多个理想电压源串联时，可合并成一个等效的理想电压源，方向相同时相加，方向相反时相减。多个理想电流源并联时，可合并成一个等效的理想电流源，方向相同时相加，方向相反时相减。等效后的理想电源的方向由绝对值大的方向确定。

2）凡与理想电压源并联的元件，其两端电压均等于理想电压源的电压。凡与理想电流源串联的元件，其电流均等于理想电流源的电流。

（4）含有受控源电路的分析方法。受控源也是一种电源，其特点是它的输出电压或输出电流是受电路中其他电压或电流的控制。因而，受控源又不同于独立电源，它不仅具有电源的性质，还具有电阻的性质。这一点，在分析含有受控源的电路时需要特别注意。

含有受控源电路的分析方法与独立源电路的分析方法相同，但要注意的是：用电路的等效变换法来分析电路时，变换过程中要保留控制量或者把控制量转化为不会被消去的量，否则无法计算出结果；在用网络方程法分析电路时，要把控制量用准备求解的变量来表示。此外，在计算含有受控源的电路时等效电阻时，可以采用外加“电压－电流”法来计算。

思 考 题

2-1 求如图 2-35 所示电路的等效电阻（已知 $R_1=3\Omega$，$R=1\Omega$）。

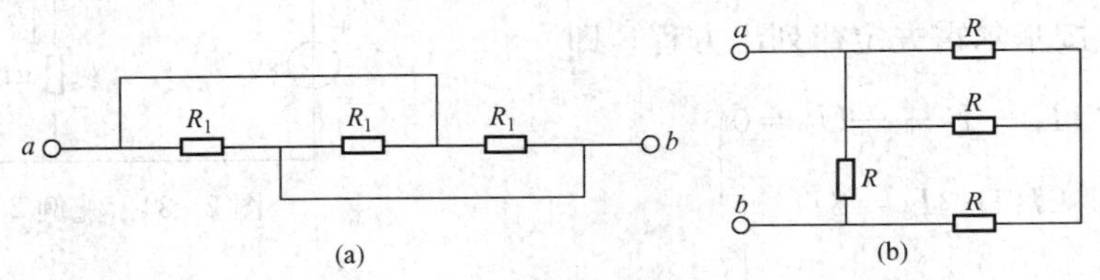

图 2-35 思考题 2-1 图

2-2 通常电灯开得越多，总负载电阻越大还是越小？

2-3 将图 2-36 所示各△形网络变换为 Y 形网络。

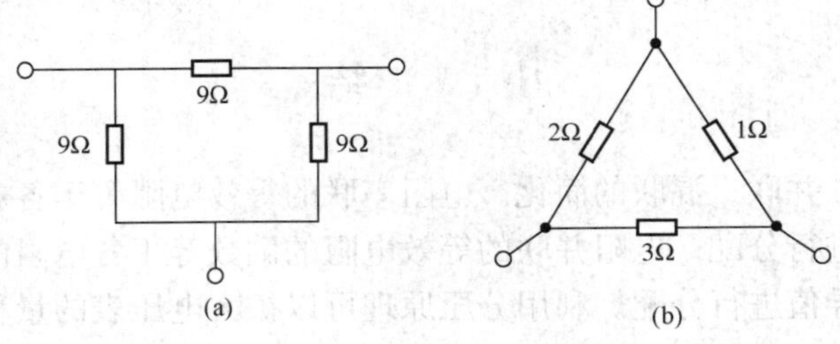

图 2-36 思考题 2-3 图

2-4 将图 2-37 所示各 Y 形网络变换为△形网络。

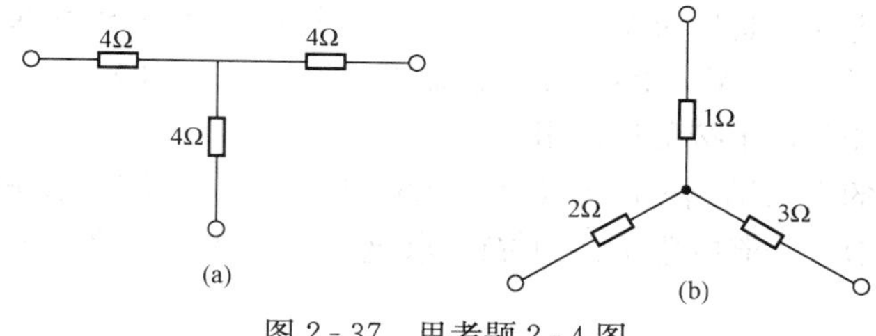

图 2-37　思考题 2-4 图

2-5　如图 2-38 所示，$R_1=3\Omega$，$R_2=6\Omega$，$U_S=12V$。试将该电路等效为一个实际电压源。

2-6　如图 2-39 所示，$R_1=4\Omega$，$R_2=6\Omega$，$I_S=2A$。试将该电路等效为一个实际电流源。

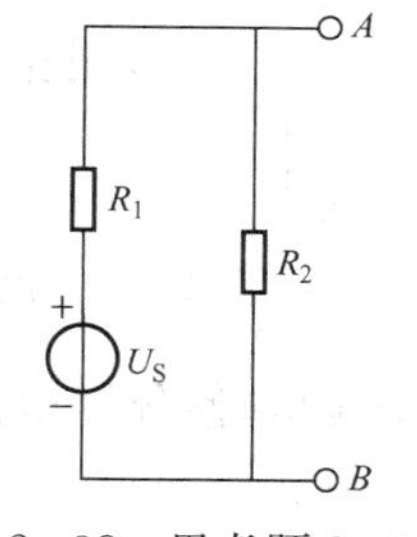

图 2-38　思考题 2-5 图

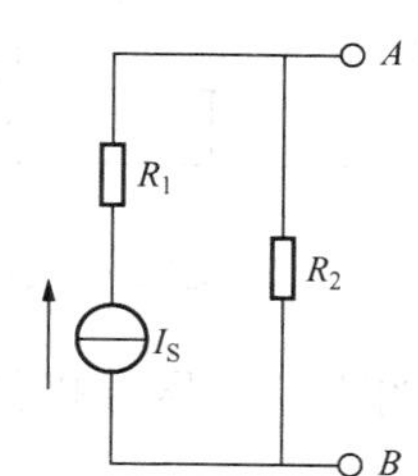

图 2-39　思考题 2-6 图

习　　题

2-1　两个 220V、60W 的白炽灯能不能串联接到电压为 380V 的电源上？一个 220V、15W 和一个 220V、40W 的白炽灯能不能串联接到电压为 380V 的电源上？

2-2　两个电阻串联接到 220V 的电源上时，电流为 5A；并联接在同样的电源上时，电流为 20A。试求这两个电阻阻值。

2-3　如图 2-40 所示，用滑线变阻器接成分压电路来调节负载电阻上电压的高低。R_1 和 R_2 是滑线变阻器的两部分，R_L 是负载电阻。已知整个滑线变阻器的额定值是 100Ω、3A，端钮 a、b 间输入电压 $U_1=150V$，$R_L=50\Omega$。问：(1) 当 $R_2=50\Omega$ 时，输出电压 U_2 是多少？(2) 当 $R_2=75\Omega$ 时，输出电压 U_2 是多少？滑线变阻器能否安全工作？

2-4　计算图 2-41 所示电阻电路的等效电阻 R，并求电流 I 和 I_5。

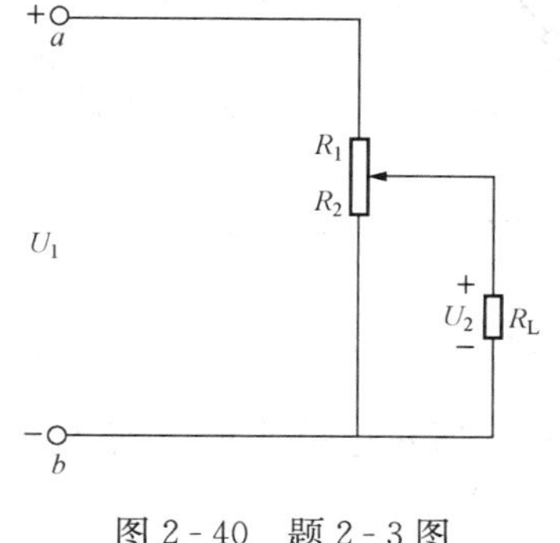

图 2-40　题 2-3 图

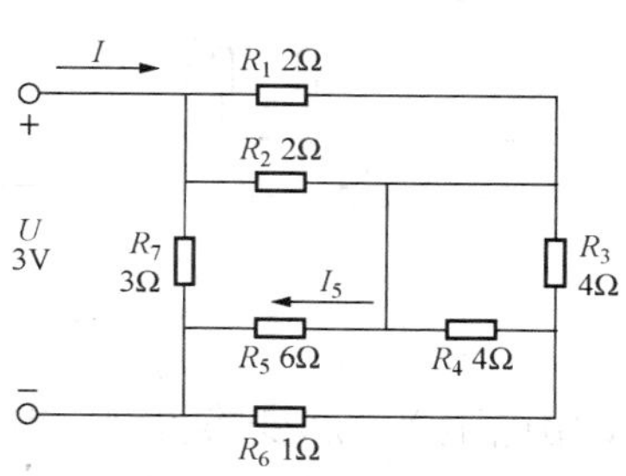

图 2-41　题 2-4 图

2－5　三级分压电路（也叫衰减器）如图 2－42 所示，$R_1=R_2=R_3=R_6=50\Omega$，$R_4=R_5=100\Omega$，输入电压 $U_i=10V$，求：(1) 电流 I_1、I_2、I_3。(2) 三个输出电压 U_{10}，U_{20}，U_{30} 为何值？（输出端开路，未接负载电阻）

2－6　某万用表的表头满刻度电流 $I_b=1mA$，内阻 $R_b=65\Omega$。某测电流挡的电路如图 2－43所示，$R_d=925\Omega$，分流电阻 $R_f=10\Omega$。求这一挡的电流量程（即表头挡满刻度时图 2－43中 I 的数值）。

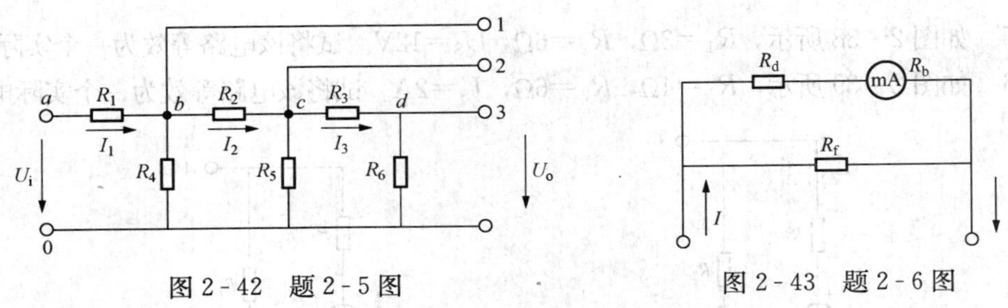

图 2－42　题 2－5 图　　图 2－43　题 2－6 图

2－7　某万用表的直流电压分挡如图 2－44 所示，试计算各分压电阻 R_1、R_2 和 R_3 的数值。

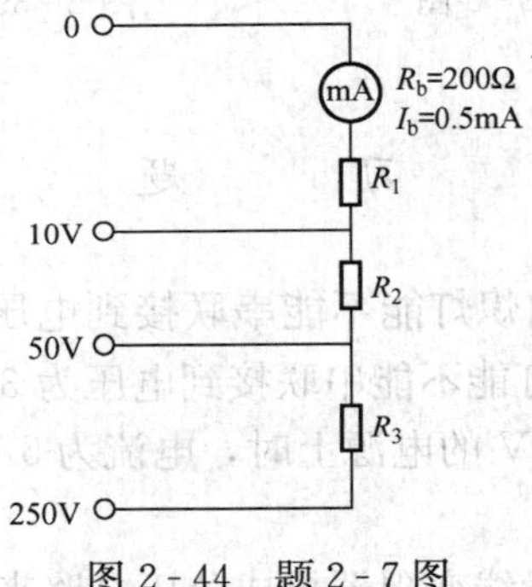

图 2－44　题 2－7 图

2－8　计算图 2－45 所示 A、B 两端之间的等效电阻。图 2－45（a）中，$R_1=3\Omega$，$R_2=6\Omega$，$R_3=R_4=8\Omega$，$R_5=10\Omega$；图 2－45（b）中，$R_1=R_2=R_3=6\Omega$，$R_4=R_5=4\Omega$，$R_6=10\Omega$。

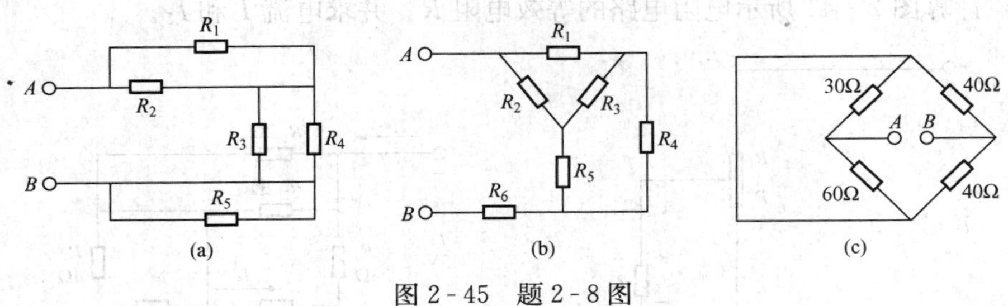

图 2－45　题 2－8 图

2－9　试用电阻 Y—△变换方法，计算如图 2－46 所示电路中的电流 I_1。已知 $R_{12}=4\Omega$，$R_{34}=4\Omega$，$R_{13}=5\Omega$，$R_{24}=8\Omega$，$R_{23}=4\Omega$，$U_S=12V$。

2－10　试用电压源与电流源等效变换的方法，计算图 2－47 中电流 I_3。

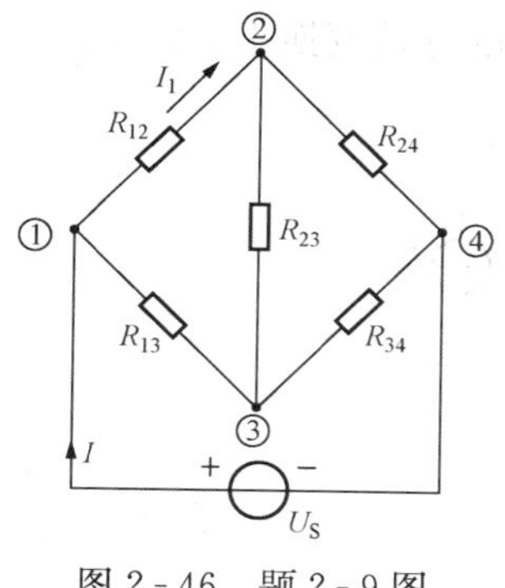

图 2-46 题 2-9 图

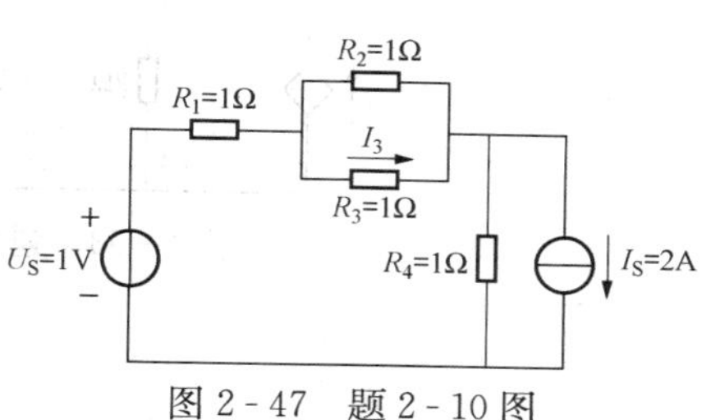

图 2-47 题 2-10 图

2-11 电路如图 2-48 所示，$U_{S1}=110V$，$R_1=1\Omega$，$U_{S2}=90V$，$R_2=2\Omega$，$R_3=20\Omega$，试用电压源与电流源等效变换的方法计算理想电压源 U_{S1} 和 U_{S2} 的输出电流。

2-12 电路如图 2-49 所示，已知 $I_{S1}=50A$，$R_{01}=0.2\Omega$，$I_{S2}=50A$，$R_{02}=0.1\Omega$，$R_3=0.2\Omega$。求：电流 I_3 和电压 U_1 的值。

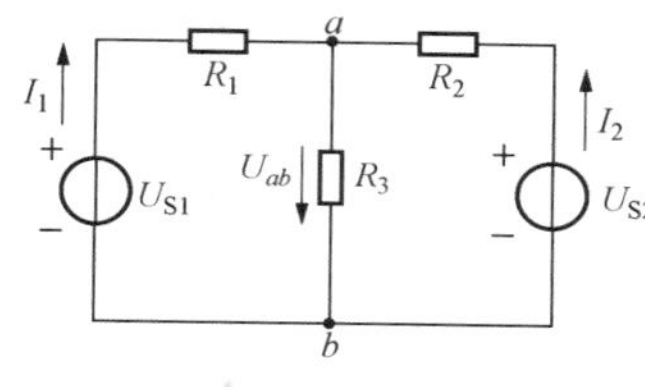

图 2-48 题 2-11 图

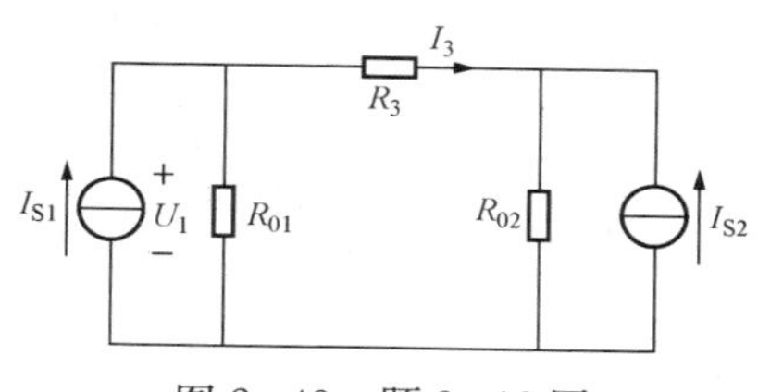

图 2-49 题 2-12 图

2-13 试用电源等效变换法求图 2-50（a）中电阻值为 8Ω 电阻吸收的功率和图 2-50（b）中的 U 值。

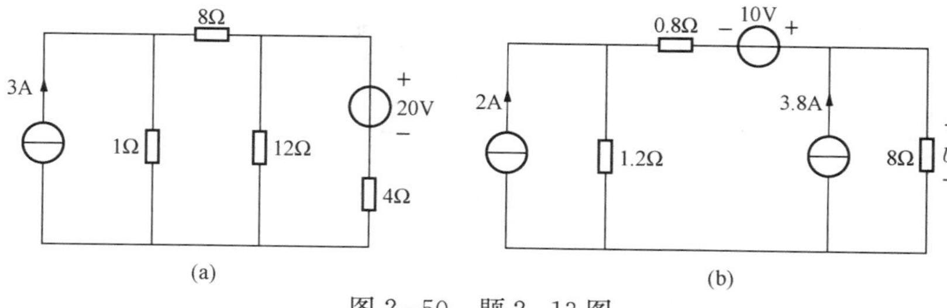

图 2-50 题 2-13 图

2-14 电路如图 2-51 所示，电路中的电流 I_1。

2-15 试求图 2-52 所示电路的等效电路。

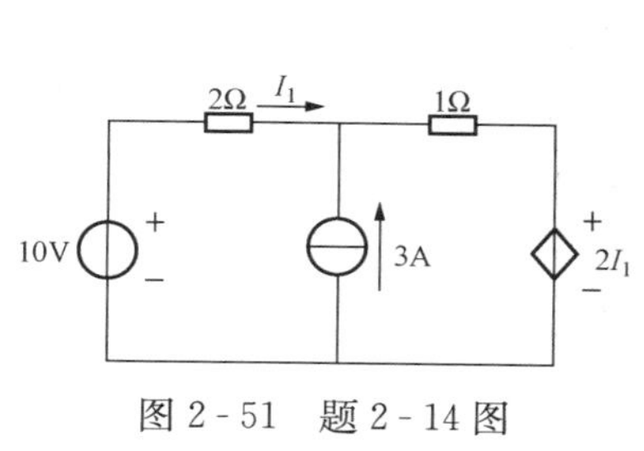

图 2-51 题 2-14 图

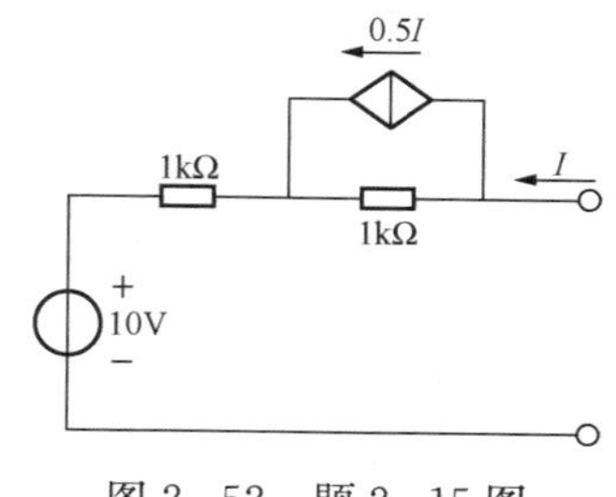

图 2-52 题 2-15 图

2 - 16　如图 2 - 53 所示电路中，用电压源与电流源的等效变换求电流 I。

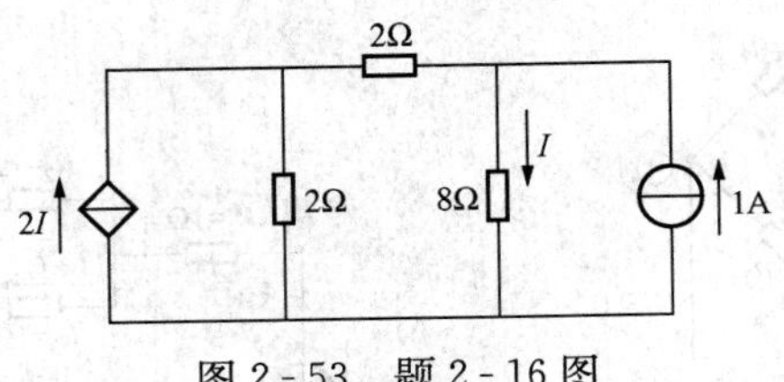

图 2 - 53　题 2 - 16 图

第三章　直流电路的分析方法

本章提要　本章主要介绍支路电流法、节点电压法、叠加定理、戴维南定理解题方法，它们可以在不改变电路结构的情况下建立电路变量的方程，是一些用来解决各种电路问题的基本方法。需要指出的是，在本章中这些方法和定理虽然是在直流电路中引出的，但也同样适用于交流电路。

第一节　支路电流法

以支路电流作为电路变量，根据基尔霍夫电压定律和电流定律列出所需要的方程组，然后解出各个支路电流，这就是支路电流法，简称支路法。

下面通过对图3-1所示电路的分析，介绍支路电流法的思路和解题步骤。

在这个电路中，支路数 $b=5$，各支路电流参考方向如图 3-1 所示。根据数学知识，要求解出 5 个未知支路电流，必须列出 5 个彼此独立的方程。

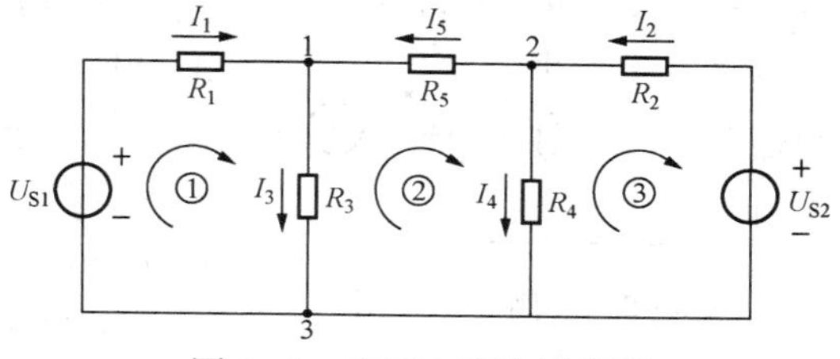

图 3-1　支路电流法示意图

(1) 首先，列出电路的 KCL 方程。图 3-1中，节点数 $n=3$，应用 KCL 定律，对节点 1、节点 2、节点 3 列出电流方程：

节点 1　　$I_1+I_5=I_3$

节点 2　　$I_2=I_4+I_5$

节点 3　　$I_3+I_4=I_1+I_2$

将上述三个方程相加，得恒等式 0=0，说明这三个方程中的任意一个均可以从其余两个推出。因此，对具有 3 个节点的电路，应用电流定律只能列出（3−1）个独立方程。至于选择哪两个节点作为独立节点则是任意的。

一般说来，对于具有 n 个节点的电路，运用基尔霍夫电流定律只能得到 $(n-1)$ 个独立的 KCL 方程。

(2) 其次，列出电路的 KVL 方程。得到两个独立电流方程后，另外需要的 3 个独立方程可以通过基尔霍夫电压定律来获得，通常通过独立回路列出。在图 3-1 中的 3 个网孔中选取如图所示绕行方向，就可得到所需的 3 个电压方程。

网孔 1　　$I_1R_1+I_3R_3-U_{S1}=0$

网孔 2　　$-I_3R_3+I_4R_4-R_5I_5=0$

网孔 3　　$-I_2R_2-I_4R_4+U_{S2}=0$

可以证明：一个电路的网孔数必定是 $b-(n-1)$ 个。

总之，运用基尔霍夫电压定律和电流定律一共可以列出 $(n-1)+[b-(n-1)]=b$ 个独立方程，所以可以解出 b 个支路电流。

结合上面的分析，利用支路电流法求解电路各支路电流的一般步骤是：

1）确定电路的支路数 b、节点数 n 和独立回路数 l；

2）标出各支路电流的参考方向；

3）利用基尔霍夫电流定律对 n 个节点列出 $(n-1)$ 个电流方程；

4）标出独立回路的绕行方向，利用基尔霍夫电压定律对 $b-(n-1)$ 个独立回路列电压方程；

5）联立方程求解，得各支路电流；

6）代入原方程组，检验计算结果。

支路电流法的优点在于思路清晰，方法简单；缺点在于当支路数较多的时候，方程数量多，计算繁琐。现举例说明解题过程。

【例 3-1】 电路如图 3-2 所示，已知 $R_1=10\Omega$，$R_2=20\Omega$，$R_3=30\Omega$，电源 $U_{S1}=5V$，$U_{S2}=1V$，求各支路电流。

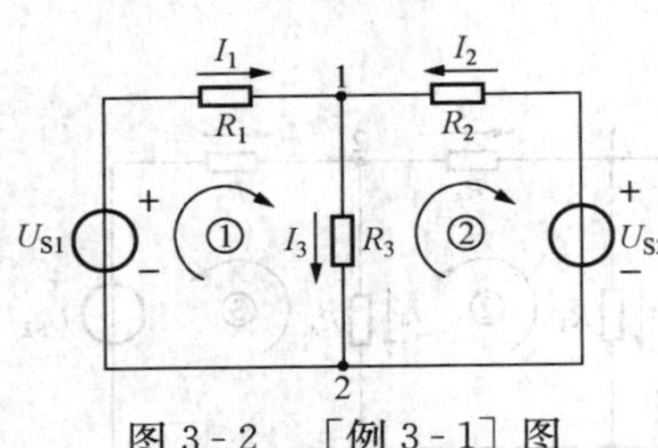

图 3-2 ［例 3-1］图

解 （1）分析电路图可知，电路支路数 $b=3$，各支路电流分别设为 I_1、I_2、I_3，各支路电流参考方向如图 3-2所示。

（2）该电路的节点数 $n=2$，所以独立节点只有 $(n-1)=2-1=1$ 个。这里取节点 1 为独立节点，其 KCL 方程为：

节点 1 $\qquad I_1+I_2=I_3$

（3）选取网孔的绕行方向如图 3-2 所示，可得 KVL 方程为：

网孔 1 $\qquad I_1R_1+I_3R_3-U_{S1}=0$

网孔 2 $\qquad -I_2R_2-I_3R_3+U_{S2}=0$

（4）代入数据，整理后得

$$I_1+I_2=I_3,\quad 10I_1+30I_3=5,\quad 20I_2+30I_3=1$$

解方程组，得 $I_1=0.2A$，$I_2=-0.1A$，$I_3=0.1A$。

计算结果的正负只表明了电流的实际方向和参考方向的关系。

计算完毕后，可以将计算结果代入原方程组进行验算。

如果电路中具有理想电流源，在列写含有电流源的回路电压方程时，必须注意计入电流源的端电压，在设定了该电流源的端电压参考方向后，以此作为电路的一个变量。这样，由于新增加了一个电路变量，则应该补充一个约束关系，这个约束关系就是该个电流源的电流，该电流是已知的。

【例 3-2】 已知 $R_1=10\Omega$，$R_2=10\Omega$，$U_{S1}=4V$，$U_{S2}=2V$，$I_S=1A$，用支路电流法求图 3-3 所示电路中各个电源的功率。

解 选取并设定支路电流 I_1、I_2 的参考方向，网孔的绕行方向，电流源的端电压 U 参考方向如图 3-3 所示。

对节点 1 列 KCL 方程 $\qquad I_1+I_S=I_2 \qquad$ ①

对网孔 1、2 列 KVL 方程

$$I_1R_1+U-U_{S1}=0,\quad I_2R_2+U_{S2}-U=0 \qquad ②$$

补充一个约束关系　$I_S=1A$

将数值代入式①和式②中，解方程组得

$$I_1=-0.4A,\quad I_2=0.6A,\quad U=8V$$

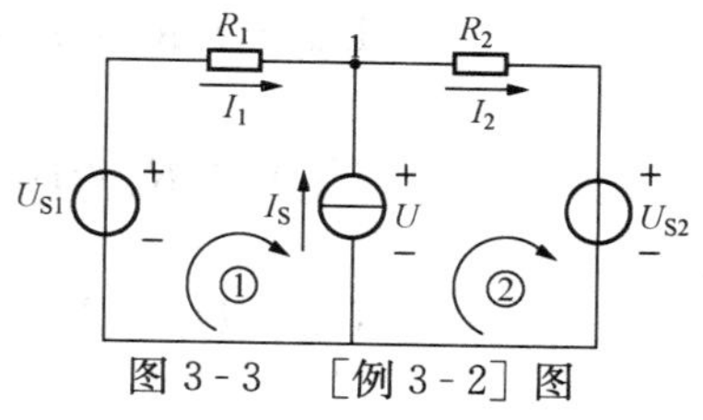

图 3-3　［例 3-2］图

电压源 U_{S1} 的功率为

$$P_1=-U_{S1}I_1=-4\times(-0.4)=1.6(W)$$

电压源 U_{S2} 的功率为

$$P_2=U_{S2}I_2=2\times0.6=1.2(W)$$

电流源 I_S 的功率为

$$P_3=-UI_S=-8\times1=-8(W)$$

有时电路中会含有受控源，此时应用支路电流法解题时，应将受控源当做独立电源对待，然后再找出受控源的控制量与电路变量之间的关系，作为约束关系列写即可。

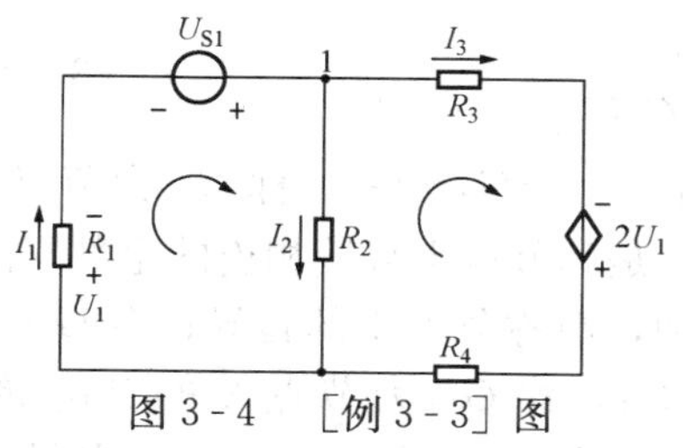

图 3-4　［例 3-3］图

【例 3-3】　图 3-4 所示电路中，已知 $U_{S1}=12V$，$R_1=2\Omega$，$R_2=4\Omega$，$R_3=R_4=1\Omega$，求各支路电流。

解　选取各支路电流参考方向和网孔绕行方向如图 3-4所示。

对节点 1 列 KCL 方程　　$I_1=I_2+I_3$

对网孔列 KVL 方程

$$I_1R_1+I_2R_2-U_{S1}=0$$

$$I_3R_3+I_3R_4-I_2R_2-2U_1=0$$

补充一个约束关系　　$U_1=I_1R_1$

代入数据，整理后得

$$I_1=I_2+I_3,\quad 2I_1+4I_2-12=0,\quad 2I_3-4I_2-4I_1=0$$

解方程组得　$I_1=18A$，$I_2=-6A$，$I_3=24A$。

第二节　节 点 电 压 法

支路电流法解题时同时应用了 KVL 和 KCL，如果在引入变量的时候，使引入的变量先满足 KVL，那就只需要列关于变量的 KCL 方程就行了，而节点电压法的思路与此类似。

任意选定电路中某一节点作为参考节点，其他节点与此参考节点之间的电压称为节点电压。节点电压的参考极性均以参考节点处为负。

以（$n-1$）个节点电压为未知量，运用 KCL 列出（$n-1$）个电流方程，联立解出节点电压，进而求得其他未知电压和电流的分析方法称为节点电压法，简称节点法。

图 3-5 所示电路中有 3 个独立节点，以节点 0 为参考节点，节点 1、2 的节点电压分别记为 U_{10}、U_{20}，各支路电流参考方向如图，应用 KCL，写出节点电流方程如下：

节点 1　　$I_1+I_2+I_3=I_{S1}$

节点 2　　$I_3=I_4+I_5$

利用欧姆定律和基尔霍夫电压定律求出各支路电流

$$\left.\begin{aligned}
U_{10}&=I_1R_1\Rightarrow I_1=\frac{U_{10}}{R_1}=G_1U_{10}\\
U_{10}&=I_2R_2\Rightarrow I_2=\frac{U_{10}}{R_2}=G_2U_{10}\\
U_{12}&=U_{10}-U_{20}=I_3R_3\Rightarrow I_3=\frac{U_{10}-U_{20}}{R_3}=G_3(U_{10}-U_{20})\\
U_{20}&=I_4R_4\Rightarrow I_4=\frac{U_{20}}{R_4}=G_4U_{20}\\
U_{20}&=I_5R_5+U_{S5}\Rightarrow I_5=\frac{U_{20}-U_{S5}}{R_5}=G_5(U_{20}-U_{S5})
\end{aligned}\right\}\quad ①$$

可以看到，在已知各电压源电压和电阻的情况下，只要先求出节点电压 U_{10} 和 U_{20}，就可以计算各支路的电流。将上面求得的支路电流（式①）代入 KCL 方程，整理后得

$$\left.\begin{aligned}
(G_1+G_2+G_3)U_{10}-G_3U_{20}&=I_{S1}\\
-G_3U_{10}+(G_3+G_4+G_5)U_{20}&=G_5U_{S5}
\end{aligned}\right\}\quad(3-1)$$

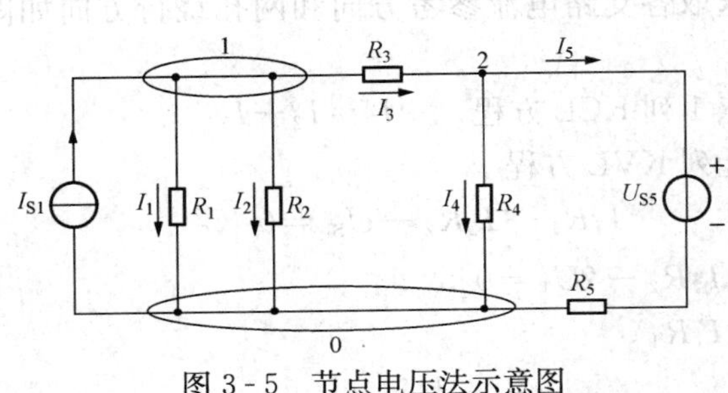

图 3 - 5　节点电压法示意图

令 $G_{11}=G_1+G_2+G_3$，称 G_{11} 为节点 1 的自电导，是和节点 1 直接相连的全部支路的电导之和，简称节点 1 的自导；令 $G_{22}=G_3+G_4+G_5$，称 G_{22} 为节点 2 的自电导，是和节点 2 直接相连的全部支路的电导之和，简称节点 2 的自导；用 G_{12}、G_{21} 表示节点 1、2 之间的互电导，它等于同时和节点 1、2 相连的所有支路电导之和，简称互导。图 3 - 5 所示电路中 $G_{12}=G_{21}=-G_3$。规定，当节点电压的参考方向指向参考节点时，各节点的自导总是正的，互导总是负的。

分析式（3 - 1）不难发现以下规律：

1. 对某一节点列写该节点的节点电压方程式

（1）等号左边是该节点“节点电压”乘以该节点的自导，是“自身部分”；若还有其他节点通过某条支路与该节点相连，则其他节点的节点电压乘以该节点的互导，是“相互部分”，即等号左边是“自身部分”与“相互部分”的代数和。

（2）等号右边是接于该节点的所有“有源支路”电压源电压除以本支路电阻。若电压源 U_S 的正极在靠近该节点的一侧取正号，反之取负号。若为电流源支路，则直接将电流源 I_S 写入方程，I_S 流入该节点为正，反之为负。

（3）方程数量应该为 $n-1$ 个独立节点数。

2. 利用节点电压法求解各支路电流的一般步骤

（1）指定参考节点，一般选电路的接地点或汇集支路多的节点。其他各点和该点之间的电压就是节点电压，节点电压均以参考节点为负极。

（2）按上述原则列出 $n-1$ 个节点电压方程式。注意自导总是正的，互导总是负的。

（3）求解方程得到节点电压。再在电路图中标出各支路电流的参考方向，因各节点电压也是两点间（该节点与参考节点）的电压，再用一段有源支路的欧姆定律即可求解各支路

电流。

【例 3 - 4】　图 3 - 5 所示电路中，$I_{S1}=9A$，$R_1=5\Omega$，$R_2=20\Omega$，$R_3=2\Omega$，$R_4=42\Omega$，$R_5=3\Omega$，$U_{S5}=48V$，试求各支路电流。

解　（1）选节点 0 为参考节点，其余两个节点的电压分别是 U_{10}，U_{20}。

（2）列出该电路的节点电压方程

$$\left(\frac{1}{R_1}+\frac{1}{R_2}+\frac{1}{R_3}\right)U_{10}-\frac{1}{R_3}U_{20}=I_{S1}$$

$$-\frac{1}{R_3}U_{10}+\left(\frac{1}{R_3}+\frac{1}{R_4}+\frac{1}{R_5}\right)U_{20}=\frac{1}{R_5}U_{S5}$$

代入数据得　$$\frac{3}{4}U_{10}-\frac{1}{2}U_{20}=9，\ -\frac{1}{2}U_{10}+\frac{6}{7}U_{20}=16$$

（3）解方程组得　$$U_{10}=40V，U_{20}=42V$$

各支路电流为

$$I_1=\frac{U_{10}}{R_1}=\frac{40}{5}=8(A)，\quad I_2=\frac{U_{10}}{R_2}=\frac{40}{20}=2(A)$$

$$I_3=\frac{U_{10}-U_{20}}{R_3}=\frac{40-42}{2}=-1(A)$$

$$I_4=\frac{U_{20}}{R_4}=\frac{42}{42}=1(A)，\quad I_5=\frac{U_{20}-U_{S5}}{R_5}=\frac{42-48}{3}=-2(A)$$

有时，电路中会出现只含有理想电压源的支路（如图 3 - 6 所示的 U_{S1} 支路）。对于这样的电路，较简单的处理方法是：选取和该电压源所相连的两个节点中的任一个作为参考节点，如图 3 - 6 所示中的 0 点，那么另一节点的节点电压方程就是已知的，如［例 3 - 5］中 $U_{10}=U_{S1}$。

【例 3 - 5】　电路如图 3 - 6 所示，已知 U_{S1} 和 I_S，G_1、G_2、G_3 为三个电阻元件的电导，求节点电压 U_{10}、U_{20}。

解　该电路 U_{S1} 所在支路没有电阻，选取节点 0 为参考节点，则节点电压为 U_{10}、U_{20}，电路的节点电压方程为

$$\left.\begin{aligned}&U_{10}=U_{S1}\\&-G_2U_{10}+(G_2+G_3)U_{20}=I_S\end{aligned}\right\}\quad ①$$

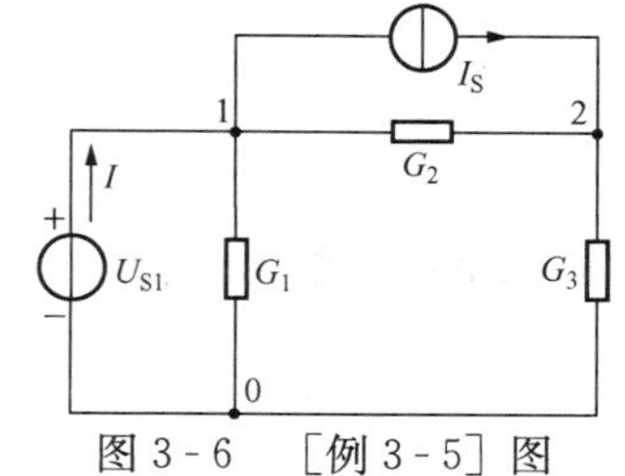

图 3 - 6　［例 3 - 5］图

通过式①，可得节点电压和各支路电流。

当电路中含有受控源的时候，应该将受控源的控制量用节点电压表示，并暂时将受控源当做独立电源看待。

【例 3 - 6】　用节点电压法求图 3 - 7 所示的电流 I。

解　电路中含有受控源，先看作独立电源，以 0 为参考点，则节点电压为 U_{10}、U_{20}，列节点电压方程为

节点 1　$$\left(\frac{1}{2}+\frac{1}{4}\right)U_{10}-\frac{1}{2}U_{20}=2-3U$$

节点 2　$$-\frac{1}{2}U_{10}+\left(\frac{1}{2}+1\right)U_{20}=3U$$

把控制量 U 与节点电压的关系作为约束关系列出　$U=U_{20}$

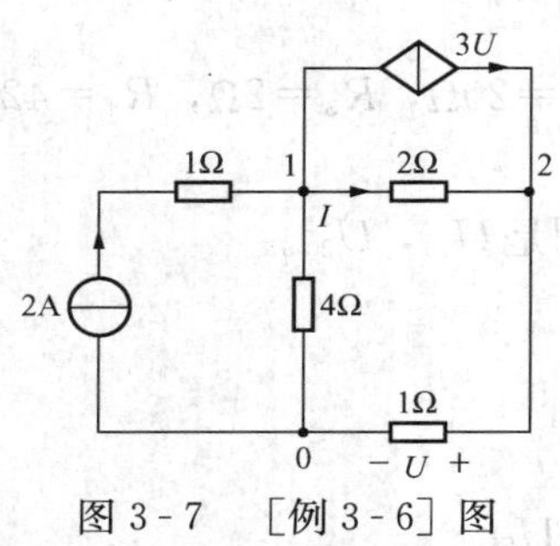

图 3 - 7 ［例 3 - 6］图

联立方程求解得 $U_{10}=-24\text{V}$，$U_{20}=8\text{V}$

所求支路电流为 $I=\dfrac{U_{10}-U_{20}}{2}=-16\text{A}$

值得注意的是，节点 1 的自导是$\left(\dfrac{1}{4}+\dfrac{1}{2}\right)$S，而不是$\left(\dfrac{1}{4}+\dfrac{1}{2}+1\right)$S，也就是说，与电流源串联的电导不应该写入方程，而应该看作短路。这是由于节点电压法分析的实质是电流，不过利用的是节点电压作为变量而已，和电流源串联的电阻不会影响电流源支路的电流，也不会影响节点电压。但用支路电流法列方程时，必须写入方程中。

无论是支路电流法还是节点电压法都是分析电路的基本方法，当电路的独立节点数较少的时候，节点电压法方便一些；如果电路的支路数很多，而节点只有两个时，采用节点电压法将非常简单。

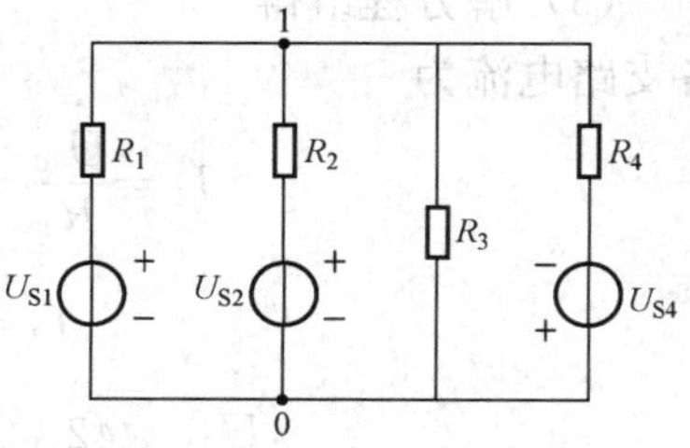

如图 3 - 8 所示电路，有 4 条支路、2 个节点。求解该电路时，如果采用支路电流法，需要列写 4 个方程式；若采用节点电压法只需要列写 1 个方程式。

图 3 - 8 弥尔曼定理示意图

今以节点 0 为参考节点，则节点 1 的节点电压方程为

$$U_{10}\left(\frac{1}{R_1}+\frac{1}{R_2}+\frac{1}{R_3}+\frac{1}{R_4}\right)=\frac{U_{S1}}{R_1}+\frac{U_{S2}}{R_2}-\frac{U_{S4}}{R_4}$$

或者可以写成

$$U_{10}=\frac{\dfrac{U_{S1}}{R_1}+\dfrac{U_{S2}}{R_2}-\dfrac{U_{S4}}{R_4}}{\dfrac{1}{R_1}+\dfrac{1}{R_2}+\dfrac{1}{R_3}+\dfrac{1}{R_4}}$$

归纳成一般形式为

$$U_{n0}=\frac{\sum\dfrac{U_S}{R}}{\sum\dfrac{1}{R}}=\frac{\sum I_S}{\sum G} \tag{3 - 2}$$

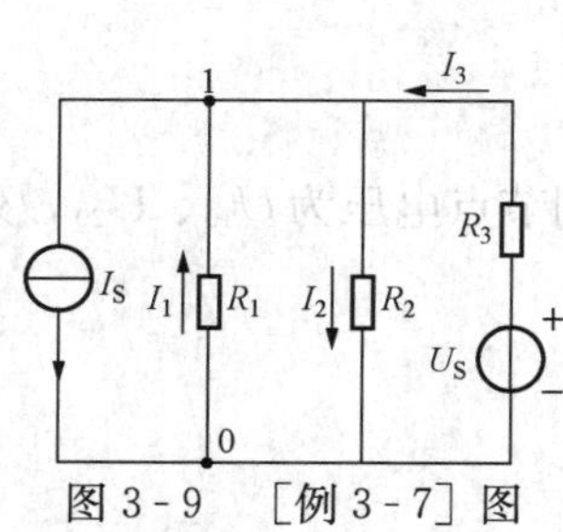

图 3 - 9 ［例 3 - 7］图

式（3 - 2）称为弥尔曼定理，式中分母部分表示所有和该独立节点相连的支路电导之和；分子表示所有和该独立节点相连的含源支路提供的电流代数和，如果该含源支路提供的电流是流入独立节点的，电流前面取正，反之取负。

【例 3 - 7】 电路如图 3 - 9 所示，已知 $U_S=20\text{V}$，$R_1=10\Omega$，$R_2=20\Omega$，$R_3=4\Omega$，$I_S=1\text{A}$。求各支路电流。

解 该电路有两个节点，选 0 点为参考节点，根据弥尔曼定理得

$$U_{10}=\frac{\dfrac{U_S}{R_3}-I_S}{\dfrac{1}{R_1}+\dfrac{1}{R_2}+\dfrac{1}{R_3}} \qquad ①$$

将已知数据代入式①，得

$$U_{10}=\frac{\dfrac{20}{4}-1}{\dfrac{1}{10}+\dfrac{1}{20}+\dfrac{1}{4}}=10(\text{V})$$

各支路电流为

$$I_1=-\frac{U_{10}}{R_1}=-\frac{10}{10}=-1(\text{A}),\qquad I_2=\frac{U_{10}}{R_2}=\frac{10}{20}=0.5(\text{A})$$

$$I_3=\frac{U_S-U_{10}}{R_3}=\frac{20-10}{4}=2.5(\text{A})$$

第三节　叠加定理和齐次定理

叠加定理是反映线性电路基本性质的一个重要定理。叠加定理是：在线性电路中（对直流电阻电路就是电阻为常数），几个电源共同作用下的各支路电流（或各元件上的电压），等于这几个电源分别单独作用下各支路电流（或各元件上的电压）的代数和（叠加）。

下面通过例题来说明叠加定理的解题思路和步骤。

【例 3 - 8】　电路如图 3 - 10（a）所示，已知电源 U_{S1}、U_{S2}和 R_1、R_2、R_3 的大小，求支路电流 I_3?

解　该电路有两个电源，根据叠加定理，考虑每个电源单独作用时的电流，当电源 U_{S1} 单独作用时，可以得到如图 3 - 10（b）所示的电路图。

此时该电源作用在支路 R_3 上的电流假设参考方向如图 3 - 10（b）所示，用 $I_3^{①}$ 表示。利用分流公式，不难求出

$$I_3^{①}=\frac{U_{S1}}{R_1+\dfrac{R_2R_3}{R_2+R_3}}\times\frac{R_2}{R_2+R_3}$$

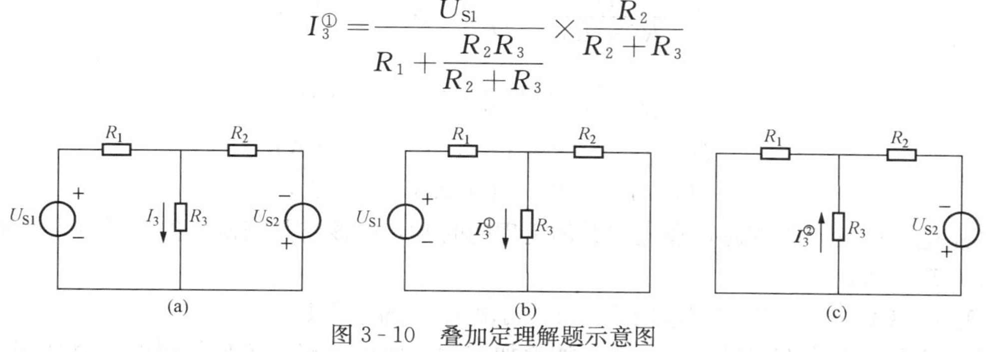

图 3 - 10　叠加定理解题示意图

（a）电路图；（b）当电源 U_{S1} 单独作用时的电路图；（c）当 U_{S2} 单独作用时的电路图

再考虑当电源 U_{S2} 单独作用时，电路如图 3 - 10（c）所示。假设此时电流参考方向如图 3 - 10（c）所示，大小为 $I_3^{②}$，可以求得

$$I_3^{②}=\frac{U_{S2}}{R_2+\frac{R_1R_3}{R_1+R_3}}\times\frac{R_1}{R_1+R_3}$$

所以
$$I_3=I_3^{①}-I_3^{②}$$

将两个电源单独作用时的电流叠加，叠加时要特别注意电流的参考方向：在单独考虑一个电源时，因为只有一个电源，待求支路上的电流（或元件上的电压）应取实际方向。当叠加时，如果电源单独作用下的实际方向与原图中的参考方向一致，在叠加的时候取正号，反之取负。

必须注意的是，叠加定理只适用于线性电路中电压和电流的叠加，而不适用于非线性电路中的电压电流，也不适用于功率的叠加。

【例 3-9】 电路如图 3-11（a）所示，应用叠加定理求支路电流 I_1 和 I_2。

解 按照叠加定理，作出电路图如图 3-11（b）和（c）所示，其中图 3-11（b）所示就是单独考虑电压源，待求的支路电流实际方向如图 3-11（b）所示，则

$$I_1^{①}=I_2^{①}=\frac{U_S}{R_1+R_2}=\frac{10}{6+4}=1(A)$$

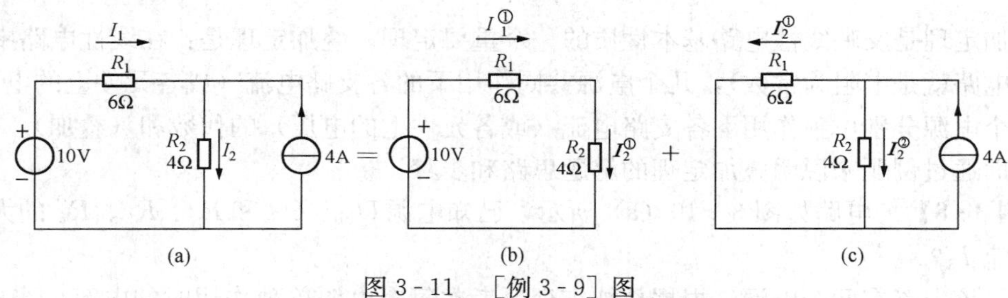

图 3-11 ［例 3-9］图

（a）电路图；（b）单独考虑电压源；（c）单独考虑电流源

图 3-11（c）所示为单独考虑电流源，待求的支路电流实际方向如图 3-11（c）所示，可得

$$I_1^{②}=\frac{R_2}{R_1+R_2}I_S=\frac{4}{6+4}\times 4=1.6(A)$$

$$I_2^{②}=\frac{R_1}{R_1+R_2}I_S=\frac{6}{6+4}\times 4=2.4(A)$$

$$I_1=I_1^{①}-I_1^{②}=1-1.6=-0.6(A)$$

$$I_2=I_2^{①}+I_2^{②}=1+2.4=3.4(A)$$

如果电路中含有受控源，在应用叠加定理的时候，应该将其当做元件来看待，而不能当做独立电源分析。

【例 3-10】 用叠加定理求图 3-12 所示电路中的电压 U_1。

解 这是一个含有受控源的电路。按叠加定理，作出电流源单独作用的电路如图 3-12（b）所示；电压源单独作用时的电路如图 3-12（c）所示。必须注意到，图 3-12（b）和图 3-12（c）中都保留了受控电压源且控制量也分别标为 $U_1^{①}$，$U_1^{②}$。

在图 3-12（b）中，可用节点电压法列方程为

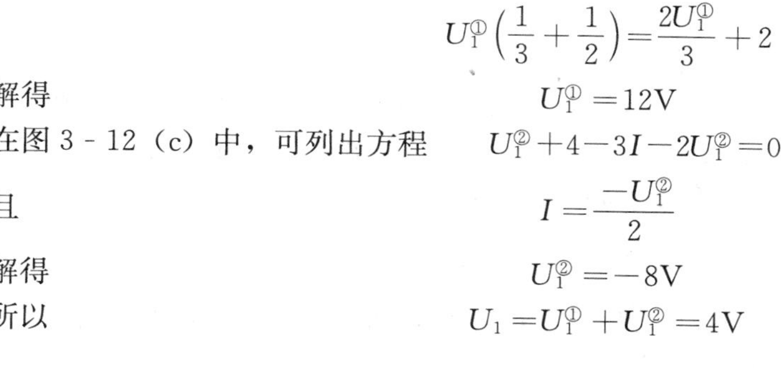

$$U_1^{①}\left(\frac{1}{3}+\frac{1}{2}\right)=\frac{2U_1^{①}}{3}+2$$

解得
$$U_1^{①}=12\text{V}$$

在图 3 - 12（c）中，可列出方程
$$U_1^{②}+4-3I-2U_1^{②}=0$$

且
$$I=\frac{-U_1^{②}}{2}$$

解得
$$U_1^{②}=-8\text{V}$$

所以
$$U_1=U_1^{①}+U_1^{②}=4\text{V}$$

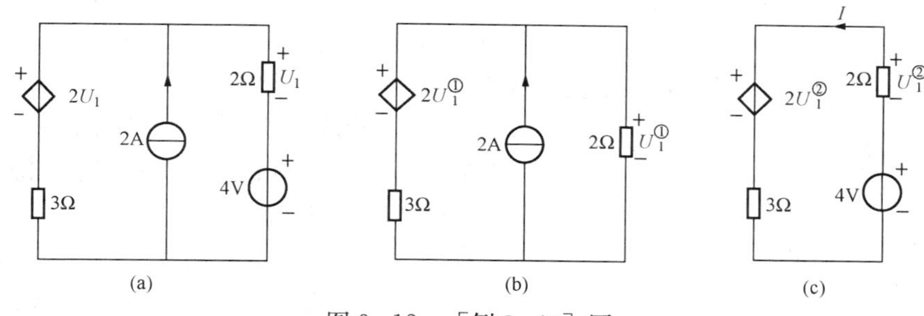

图 3 - 12　［例 3 - 10］图

（a）含有受控源的电路图；（b）电流源单独作用的电路图；（c）电压源单独作用时的电路图

当电路中某一个电源发生变化时，如果用支路电流法或者节点电压法都必须重新建立方程组。但是学习了叠加定理后，可以将电源的变化部分看成是一个单独电源作用并进行计算，将计算结果叠加到原结论中，使分析简化。

【例 3 - 11】　用叠加定理求图 3 - 13（a）所示电路中的电流 I_L。若电流源的电流由原来的 1A 增加到 3A，求 ΔI_L。

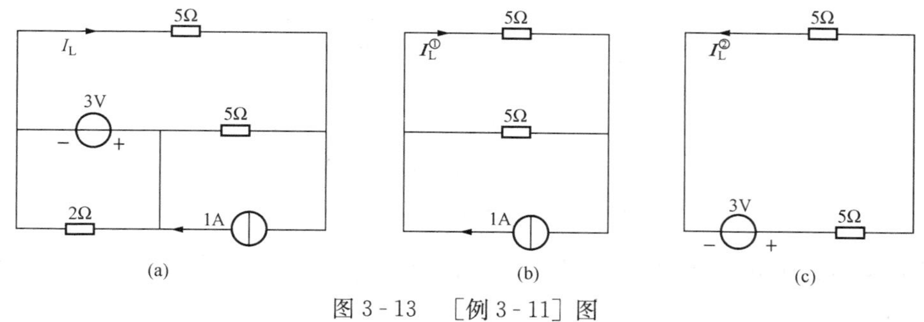

图 3 - 13　［例 3 - 11］图

（a）电路图；（b）考虑电流源单独作用；（c）考虑电压源单独作用

解　电路由两个独立源共同作用。考虑电流源单独作用时，则电压源用短路代替，此时电路如图 3 - 13（b）所示，可得

$$I_L^{①}=1\times\frac{5}{5+5}=0.5(\text{A})$$

考虑电压源单独作用时，电流源用开路代替，此时电路如图 3 - 13（c）所示，可得

$$I_L^{②}=\frac{3}{5+5}=0.3(\text{A})$$

叠加后得

$$I_{L}=I_{L}^{①}-I_{L}^{②}=0.5-0.3=0.2(A)$$

当电流源的电流由原来的1A增加到3A时，就相当于在原来1A电流源两端再并上一个与原来方向相同的大小为2A的电流源，根据叠加定理，ΔI_{L}就是这个增加电流源单独作用时产生的电流，将图3-13（b）中的电流源换为2A，可得

$$\Delta I_{L}=2\times\frac{5}{5+5}=1(A)$$

在线性电路中，当所有的电压源和电流源都增大或缩小k倍时，由这些电源所引起的电路中的电压和电流也将同样增大或缩小k倍。这一定理称为齐次定理。必须指出的是，只有当全部独立电压源和电流源同时增大或缩小k倍，该定律才适用，否则将导致错误。显然，如果电路只有一个电源的时候，各支路的电量将与电源的变化成正比。

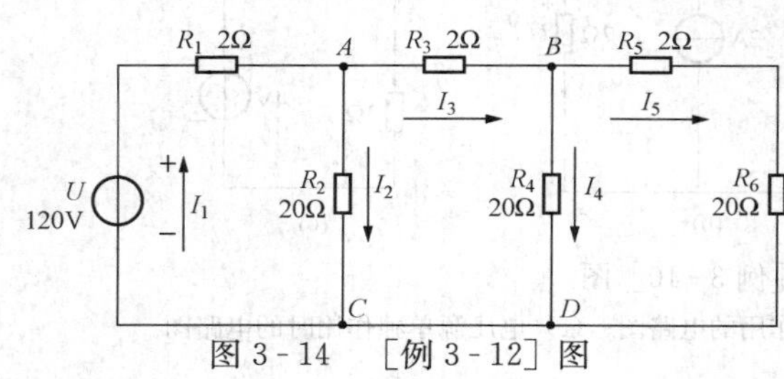

图3-14 ［例3-12］图

【例3-12】 电路如图3-14所示，求各支路电流？如果将电压源改为80V，求各支路电流。

解 求本题有很多方法，如果直接利用已知条件120V，当然也可以求，但是由于电路结构比较繁琐，并且电压还要发生变化，计算会比较麻烦。所以可以这样解决：

设$I_5{}'=1A$，则有

$$U_{BD}=(R_5+R_6)I_5{}'=22V$$

$$I_4{}'=\frac{U_{BD}}{R_4}=1.1A$$

$$I_3{}'=I_4{}'+I_5{}'=2.1A$$

$$U_{AC}=R_3I_3{}'+U_{BD}=26.2V$$

$$I_2{}'=\frac{U_{AC}}{R_2}=1.31A$$

$$I_1{}'=I_2{}'+I_3{}'=3.41A$$

$$U=R_1I_1{}'+U_{AC}=33.02V$$

若给定电压为120V，这相当于将电压增加了$\frac{120}{33.02}=3.63=k$倍，故各支路电流也同样增加3.63倍，即

$$I_1=kI'_1=12.38A,\quad I_2=kI_2{}'=4.76A,\quad I_3=kI_3{}'=7.62A$$

$$I_4=kI_4{}'=3.99A,\quad I_5=kI_5{}'=3.63A$$

若电压变为80V，则相当于将电压增加了$\frac{80}{33.02}=2.42=k$倍，故各支路电流也同样增加2.42倍，即

$$I_1=kI_1{}'=8.25A,\quad I_2=kI_2{}'=3.17A,\quad I_3=kI_3{}'=5.08A$$

$$I_4=kI_4{}'=2.66A,\quad I_5=kI_5{}'=2.42A$$

利用叠加定理可以将复杂电路转换为具有单一电源的简单电路进行计算，然后叠加。但

是，在电源较多，电路结构复杂的电路中，应用叠加定理不一定比节点电压法或支路电流法简单。因此直接用叠加定理解题并不多。有时在一些特殊情况下，如某电路已经全部计算完毕，在新的情况下，要求在某一支路中增加一个电源（或某一电源的数值需要调整为另一数值）时，为了避免对电路全部重新求解，这时利用叠加定理是比较合适的。只要将增加值或调整值作为一个单独电源电路进行计算，将计算结果叠加到原电路已求出的数据上就可以了。

用叠加定理分析计算电路时，应注意以下几点：

（1）定理只适用于线性电路中电流、电压的计算，对非线性电路不适用，对线性电路中功率的计算也不适用。

（2）每个独立电源单独作用时，其他独立电源不作用，其相应的电流、电压为零（即电压源用短路代替，电流源用开路代替）。电路的连接结构不变，电阻的位置及阻值保持不变，受控源也要保留在电路中。

（3）将同一响应的分量叠加时，若分量的实际方向与原电路中该响应的参考方向一致，则该分量取正号，否则取负号。

第四节　戴维南定理

一、二端网络

任何一个具有两个端钮与外电路相连接的网络，不管其内部结构如何，都称为二端网络，也称为一端口网络。图 3 - 15（a）、（b）所示的两个网络都是二端网络。

根据网络内部是否含有独立电源，二端网络又可以分为有源二端网络和无源二端网络。图 3 - 15（a）所示为无源二端网络，图 3 - 15（b）所示则是有源二端网络。在以后的叙述当中，用一个带字母 P 的方框表示无源二端网络，如图 3 - 16（a）所示。用一个带字母 A 的方框表示有源二端网络，如图 3 - 16（b）所示，由于受控源不是独立电源，在网络中应与无源元件一样对待。

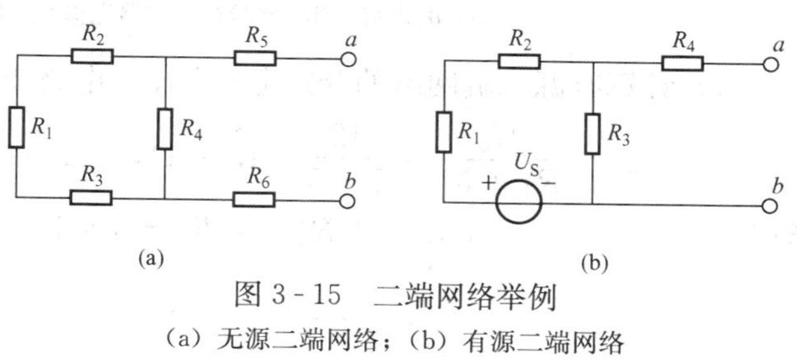

图 3 - 15　二端网络举例

（a）无源二端网络；（b）有源二端网络

当二端网络中只含有线性电阻时，可以将它等效成一个电阻，但如果在这样的一端口电路中不仅含有电阻，还含有电源的话，它是否可以等效成简单电路，如何等效呢？

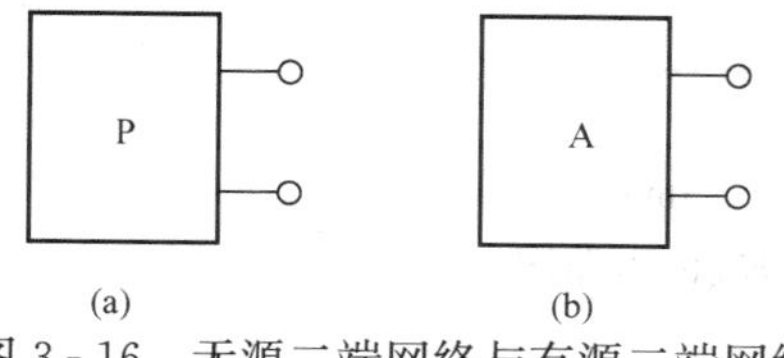

图 3 - 16　无源二端网络与有源二端网络

（a）无源二端网络；（b）有源二端网络

二、戴维南定理

戴维南定理指出：一个有源二端网络对外电路来说，可以用一个电压源和电阻的串联组合（即实际电压源模型）来等效代替，此电压源的电压等于二端网络的开路电压，而电阻等于二端网络的全部独立电源置零后的输入电阻。此电阻称为戴维南等效电阻。

应用戴维南定理可以给解题带来很多方便，尤其是在复杂电路中，当只要研究其中一条支路的电压或电流时，可以将除这条支路以外的其他部分等效成一个简单的电路来考虑，由于是等效，虽然整体看来电路发生了变化，但对于待研究的支路来说，其两端的电压和电流关系是保持不变的，所以等效后，只要将该支路放在等效电路上研究就可以。

戴维南定理解题的关键是求出一端口的开路电压 U_{OC} 和戴维南等效电阻 R_{eq}。下面举例说明如何应用戴维南定理。

【例 3 - 13】 如图 3 - 17（a）所示电路，已知 $U_S=12V$，$R_1=R_2=R_4=5\Omega$，$R_3=10\Omega$，电路中间支路为一支检流计，其电阻 $R_G=10\Omega$。试求检流计中的电流 I_G。

解 由于本题只要求一条支路的电流，所以采用戴维南定理解题简单一些。其思路是：将检流计支路先移开，其余部分构成一个有源二端网络，如图 3 - 17（b）所示。求出该有源二端网络的戴维南等效电路，再与检流计支路相连，如图 3 - 17（c）所示，并从中计算出检流计的电流。

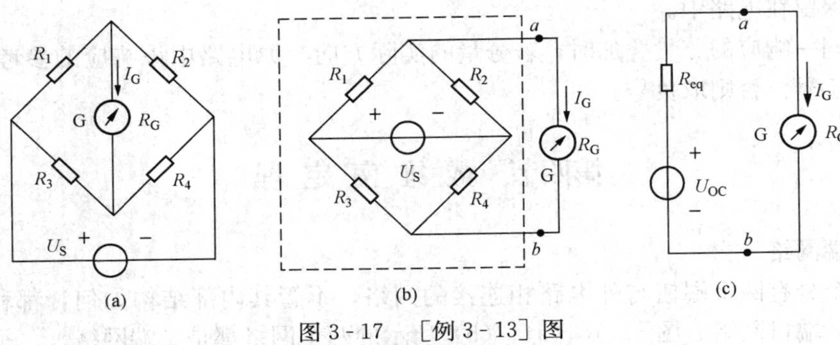

图 3 - 17 ［例 3 - 13］图

（a）电路图；（b）将检流计支路先移开；（c）再与检流计支路相连

（1）计算有源二端网络的开路电压 U_{OC}。电路图如图 3 - 18（a）所示

$$I_1=\frac{U_S}{R_1+R_2}=\frac{12}{5+5}=1.2(A),\qquad I_2=\frac{U_S}{R_3+R_4}=\frac{12}{10+5}=0.8(A)$$

所以

$$U_{OC}=I_1R_2-I_2R_4=5\times1.2-5\times0.8=2(V)$$

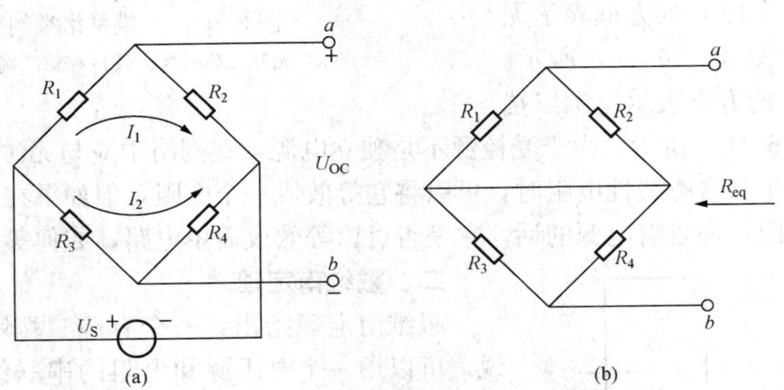

图 3 - 18 ［例 3 - 13］解题中求 U_{OC} 和 R_{eq} 的电路图

（a）计算 U_{OC}；（b）计算 R_{eq}

（2）计算二端网络的戴维南等效电阻 R_{eq}，如图 3 - 18（b）所示

$$R_{eq}=\frac{R_1R_2}{R_1+R_2}+\frac{R_3R_4}{R_3+R_4}=\frac{5\times5}{5+5}+\frac{10\times5}{10+5}=5.8(\Omega)$$

(3) 画出等效电路图，求 I_G，如图 3-17 (c) 所示

$$I_G=\frac{U_{OC}}{R_{eq}+R_G}=\frac{2}{5.8+10}=0.126(A)$$

当电路中含有受控源的时候，求解开路电压可以采用前面介绍的方法，求解戴维南等效电阻时必须注意，其相应的去源等效电路只是将所有的独立电源视为零，而受控源必须保留。一般可以采用外加电源法。

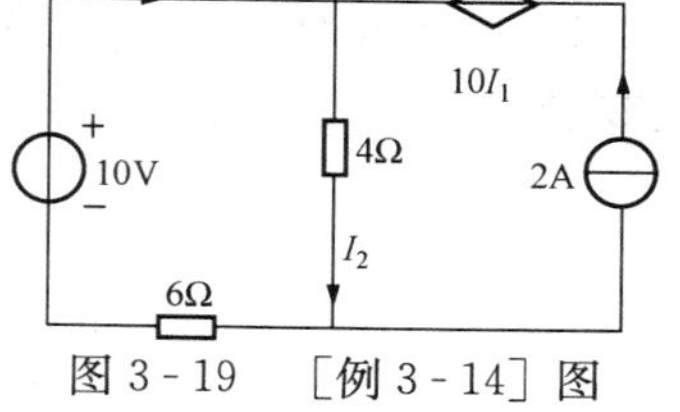

图 3-19　[例 3-14] 图

【例 3-14】　电路如图 3-19 所示，参数见图中标注，试用戴维南定理求电流源两端的电压。

解　首先移去待研究的电流源所在支路，求得有源二端网络，则有源二端网络的开路电压为 U_{OC}，如图 3-20 (a) 所示。

$$I_1'=I_2'=\frac{10}{6+4}=1(A);\quad U_{OC}=-10I_1'+4I_2'=-6(V)$$

在图 3-20 (a) 所示的电流的参考方向下求戴维南等效电阻 R_{eq}，注意在图 3-20 (b) 中，保留了受控源。此时，可以采用外加电源法，假设在端口 a，b 之间施加一电压源 U_S，其向电路提供的电流为 I''

$$I_1''=-I''\frac{4}{6+4}=-0.4I''$$

$$U_S=-10I_1''-6I_1''=-16I_1''=6.4I''$$

$$\frac{U_S}{I''}=R_{eq}=6.4\Omega$$

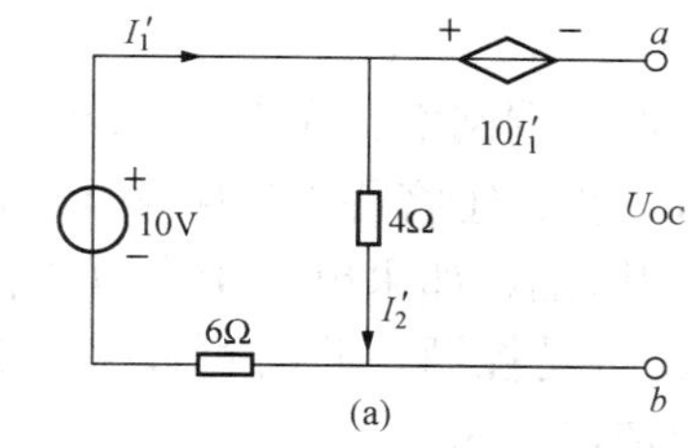

(a)

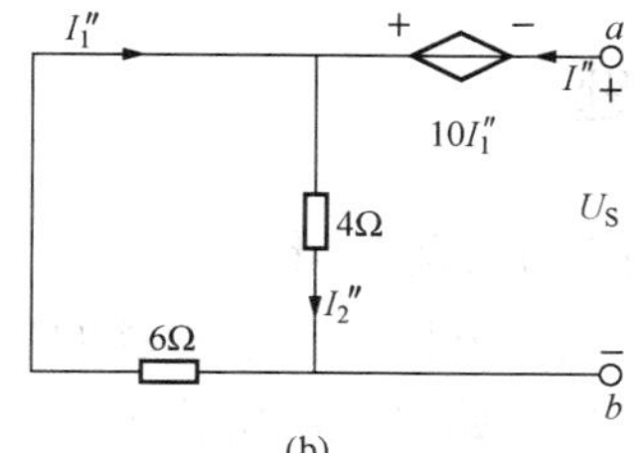

(b)

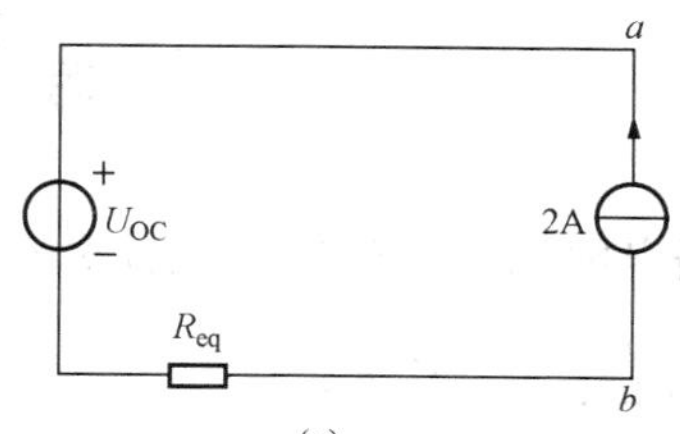

(c)

图 3-20　[例 3-14] 解题用图

(a) 有源二端网络；(b) 求 R_{eq}；(c) 戴维南等效电路

画出戴维南等效电路，如图 3-20 (c) 所示，计算得

$$U_{ab}=U_{OC}+2R_{eq}=-6+12.8=6.8(V)$$

综上所述，分析戴维南定理应用解题时的步骤可以归纳如下：

1) 将所求变量所在的支路（待求支路）与电路的其他部分断开，形成一个有源二端

网络。

2）求有源二端网络的开路电压 U_{OC}（注意该电压的参考方向）。

3）将有源二端网络中的所有电压源用短路代替、电流源用断路代替，得到无源二端网络，求该无源二端网络的等效电阻 R_{eq}。

4）画出戴维南等效电路，并与待求支路相连，得到一个无分支闭合电路，再用 KVL 求变量（电压或电流）。

小　结

本章所学方法或者定理都是用来在不改变电路结构情况下对电路进行求解，尤其是支路电流法和节点电压法，它们并无技巧可言，只有牢记方程组的一般形式。

（1）支路电流法是以支路电流为变量来列方程组求解的一种方法，是以基尔霍夫定律为依据。即用 KCL 列写 $n-1$ 个节点电流方程。用 KVL 列写每一个网孔（独立回路）的电压方程，从而求得各支路的电流。

（2）节点电压法是以节点电压为变量来列方程组求解的一种方法。

1）对于只含理想电压源（即没有电阻与之串联）的支路，可以采用选取理想电压源的一端为参考节点。

2）对于含受控源的电路，应寻找控制量与节点电压的关系。

3）对于与理想电流源串联的电阻不能写入节点电压方程式中。

（3）叠加定理只适用于线性电路中电压电流的计算，并不适用于功率。叠加时一定要注意电压或电流的方向。如果电路中含有受控源，不能将其当做独立电源看待，而应该作为元件来进行分析。

（4）戴维南定理适用于线性有源二端网络。在求解复杂电路中某一条支路上的电压或电流的时候很方便。求解的时候可分三步：①将待求支路移开，形成有源二端网络；②求有源二端网络的开路电压 U_{OC} 和等效电阻 R_{eq}，如果电路中含有受控源，在求等效电阻时，不能将受控源看作独立电源，而应该保留受控源，此时可以采用外加电源法来计算等效电阻；③画等效电路图，求解待求支路电流或电压。

思　考　题

3-1　支路电流法解题的依据是什么？如何确定方程的数量？

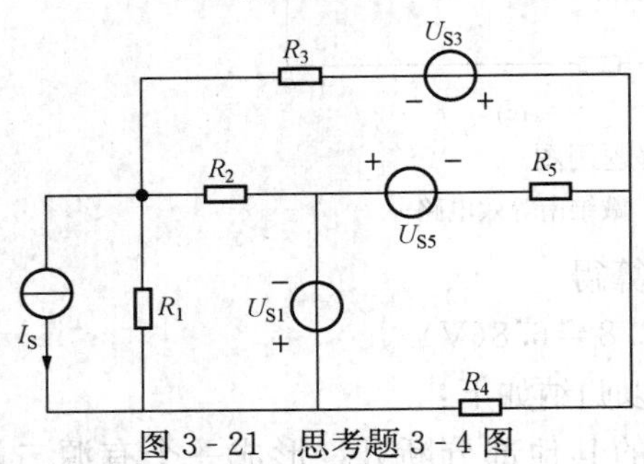

图 3-21　思考题 3-4 图

3-2　简述支路电流法解题的步骤。

3-3　用支路电流法解出的支路电流必定为正，否则就是计算有误，这样说对吗？

3-4　已知电路如图 3-21，该电路有几条支路？在图中标明支路电流，并选定参考方向，列出求解各支路电流所需的电路方程。

3-5　什么是自导和互导？它们的正负号如何规定的？

3－6　节点电压法的方程两边各表示什么意义？如何确定各项的正负号？

3－7　含有理想电压源支路的电路，在列写节点电压方程式时，如何处理？如果电路中含有受控源，又该如何处理？

3－8　试列出图 3－22 所示电路中的节点电压方程式。

3－9　叠加定理的内容是什么？使用该定理时应注意哪些问题？

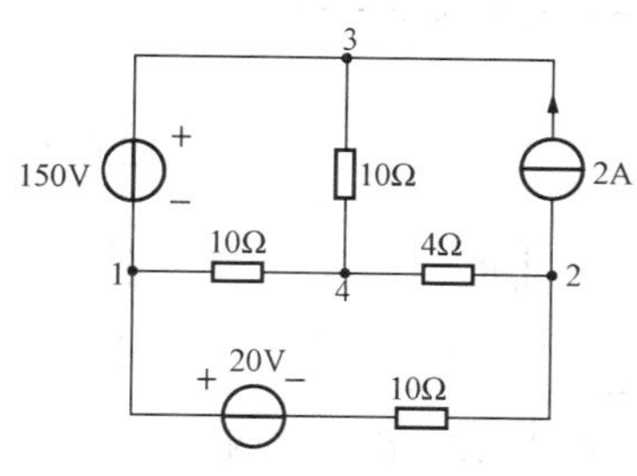

图 3－22　思考题 3－8 图

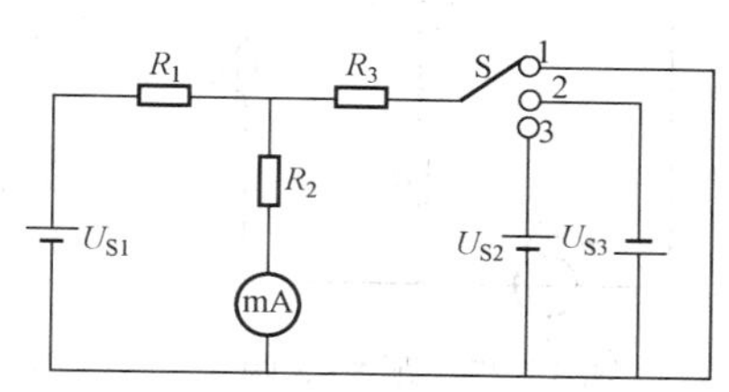

图 3－23　思考题 3－10 图

3－10　电路如图 3－23 所示，已知 $U_{S2}=6V$，$U_{S3}=4V$，当开关 S 在位置 1 时毫安表的读数为 80mA，开关在位置 2 时读数为－120mA。求当开关位于位置 3 时毫安表的读数是多少？

3－11　一有源二端网络，端口开路电压为 6V，短路电流为 2A，则该电路的等效电压源的电压为______，等效电阻为______。

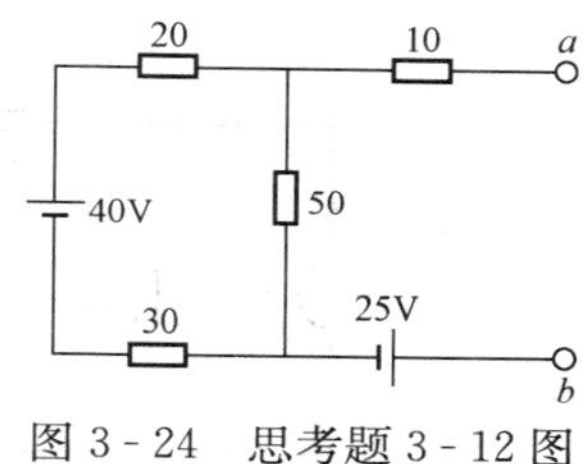

图 3－24　思考题 3－12 图

3－12　试求图 3－24 所示电路的戴维南等效电路。

习　　题

3－1　用支路电流法求图 3－25 所示电路中各支路电流。

3－2　用支路电流法求图 3－26 所示电路中各支路的电流，并求电流源和电压源的功率。

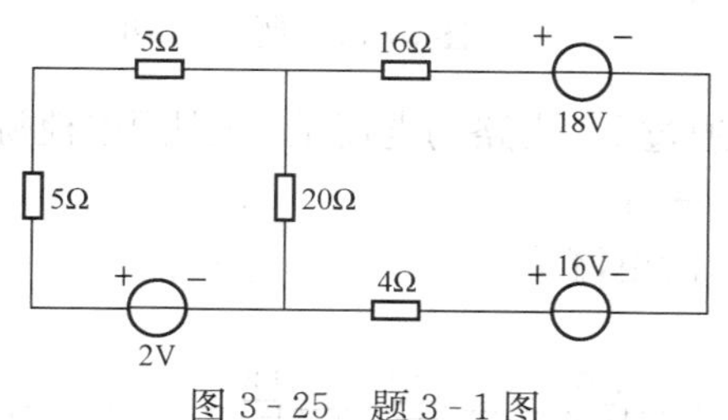

图 3－25　题 3－1 图

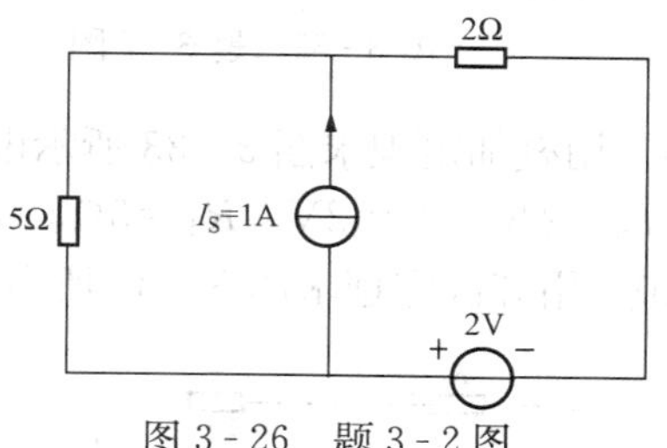

图 3－26　题 3－2 图

3－3　电路如图 3－27 所示，已知 $R_1=40\Omega$，$R_2=15\Omega$，$R_3=10\Omega$，$U_S=100V$，$I_S=3A$，试计算各支路的电流，并用功率平衡法验证结果是否正确。

3－4　用支路电流法列出图 3－28 所示的求解各支路电流的全部方程式（要求方程式个数不多不少，不必求解）。

3 - 5　用节点电压法求图 3 - 29 所示电路中各电流源提供的功率。

3 - 6　用节点电压法分析图 3 - 30 所示电路中的电流 I 以及电压 U。

3 - 7　用节点电压法计算图 3 - 31 电路中各支路的电流。

3 - 8　试用节点电压法计算图 3 - 32 所示电路中各支路的电流。

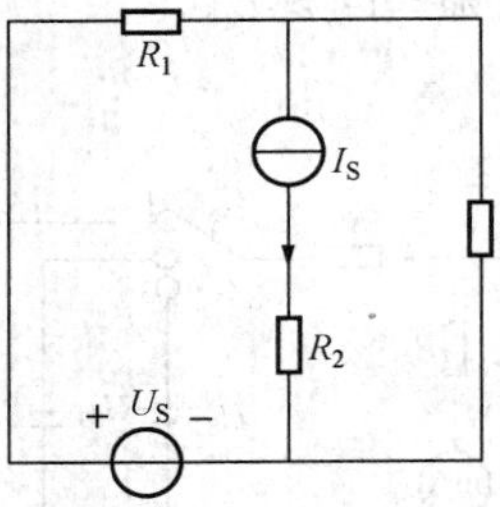

图 3 - 27　题 3 - 3 图

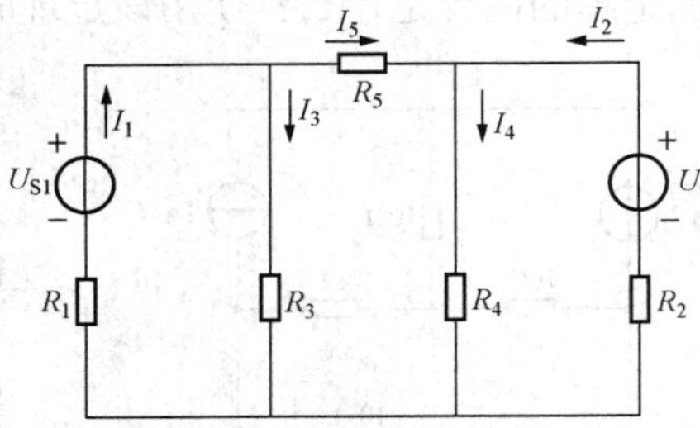

图 3 - 28　题 3 - 4 图

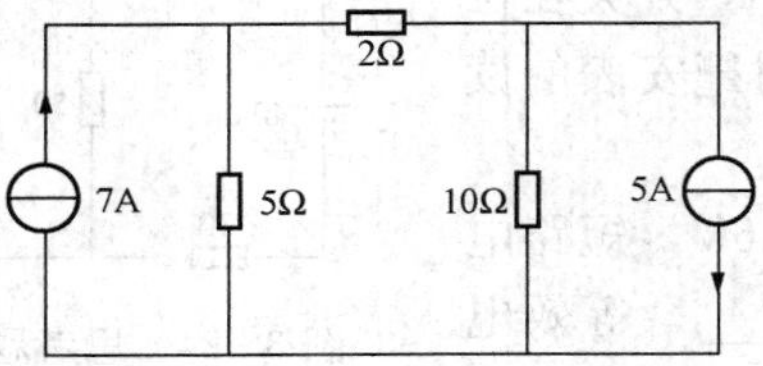

图 3 - 29　题 3 - 5 图

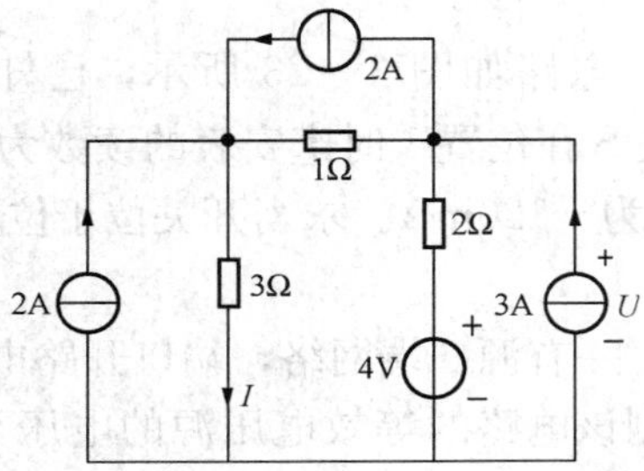

图 3 - 30　题 3 - 6 图

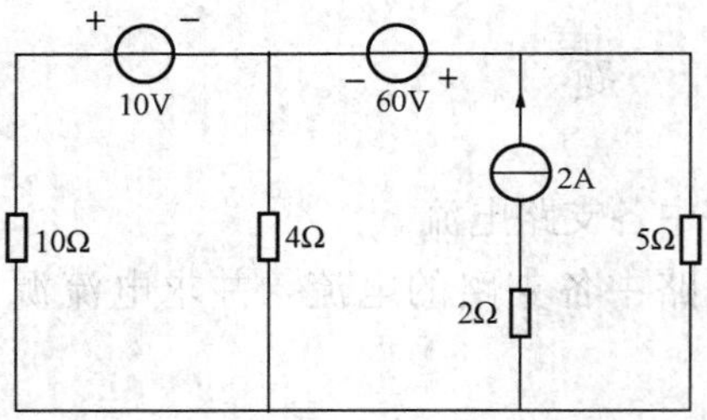

图 3 - 31　题 3 - 7 图

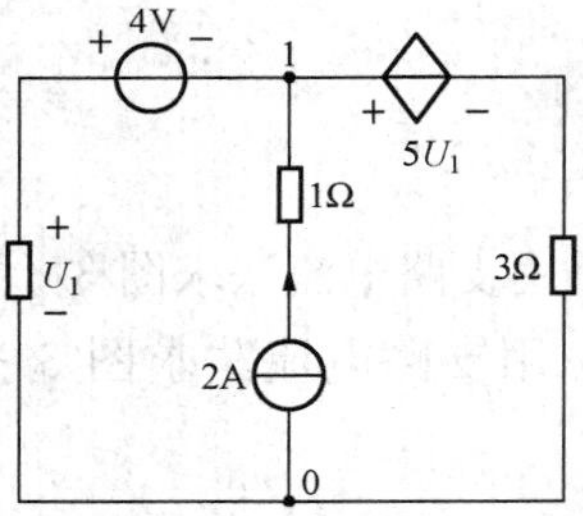

图 3 - 32　题 3 - 8 图

3 - 9　用叠加定理求图 3 - 33 所示电路中通过 R_3 支路的电流 I_3 及理想电流源的端电压 U。图中 $I_S=2A$，$U_S=2V$，$R_1=3\Omega$，$R_2=R_3=2\Omega$。

3 - 10　用齐次定理求图 3 - 34 所示电路中的电流 I。

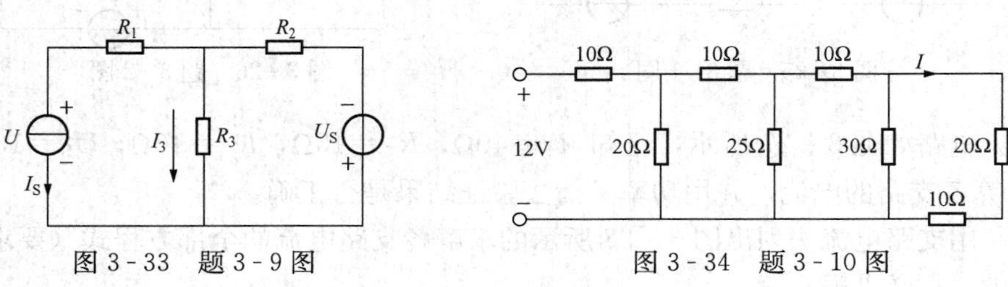

图 3 - 33　题 3 - 9 图　　图 3 - 34　题 3 - 10 图

3 - 11　用叠加定理求图 3 - 35 所示电路中的电压 U。

3 - 12　用戴维南定理图 3 - 36 所示电路中的电压 I。

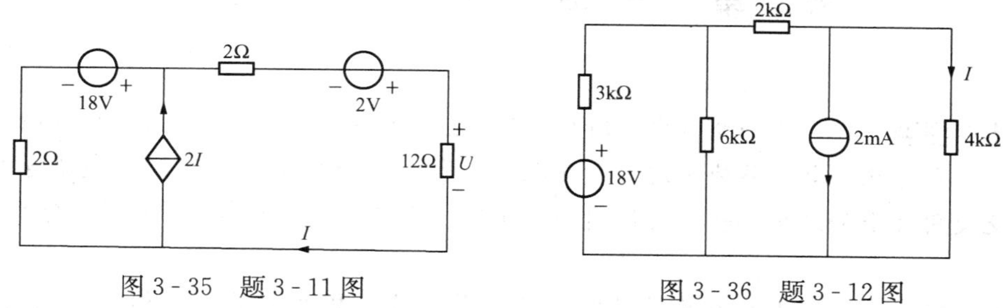

图 3 - 35　题 3 - 11 图　　　图 3 - 36　题 3 - 12 图

3 - 13　用戴维南定理求出图 3 - 37 所示各电路的等效电路。

3 - 14　用戴维南定理计算图 3 - 38 所示电路中的电流 U。

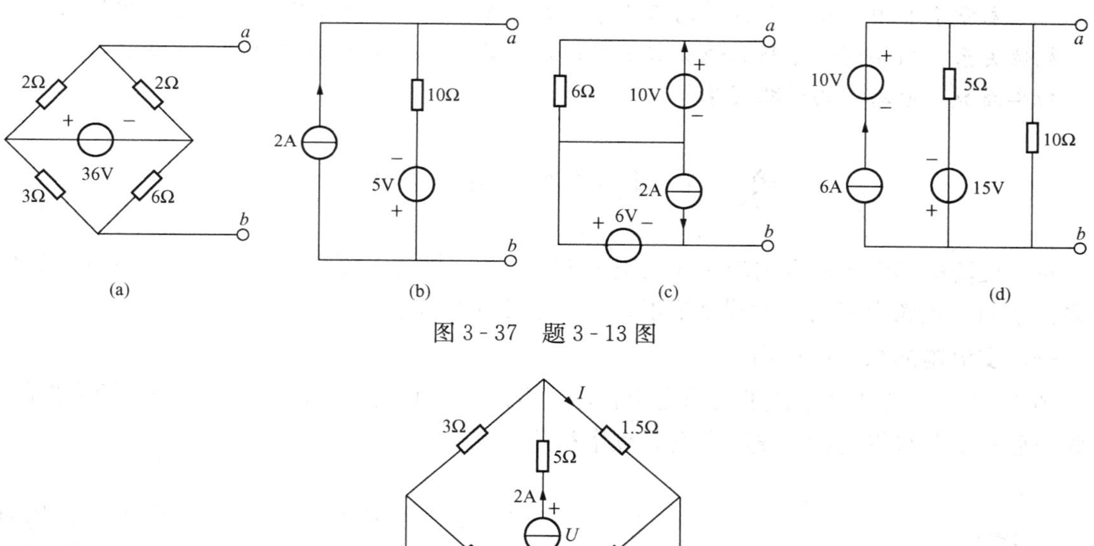

图 3 - 37　题 3 - 13 图

图 3 - 38　题 3 - 14 图

第四章 单相正弦交流电路

本章提要 在前面的章节中，所介绍的电压、电流，其大小和方向都不随时间变化，这种电压、电流称为直流电。在人们日常生产和生活中，除使用直流电外，还广泛使用大小和方向按一定规律周期性变化、且在一个周期内其平均值为零的交流电。

在交流电中，应用最多的是随时间按正弦规律变化的交流电，称为正弦交流电。正弦电流、正弦电压、正弦电动势简称为正弦量。工程中一般所说的交流电，通常都指正弦交流电。

本章主要内容有：正弦量的三要素及其相量表示；电路元件上电压电流数值及相位关系；用相量法分析正弦交流电路；电路的有功功率、无功功率、视在功率及功率因数；电路中的谐振现象等。

第一节 正弦交流电的基本概念

正弦交流电的大小和方向随时间按正弦规律变化，因此，正弦量的描述要比直流量复杂得多。下面以正弦交流电流为例介绍正弦交流电的有关概念。

一、交流电的频率和周期

图 4-1 所示为正弦电流的波形曲线，可以看出电流的大小和方向是随时间周期变化的。反映正弦量变化快慢的物理量有周期、频率和角频率。

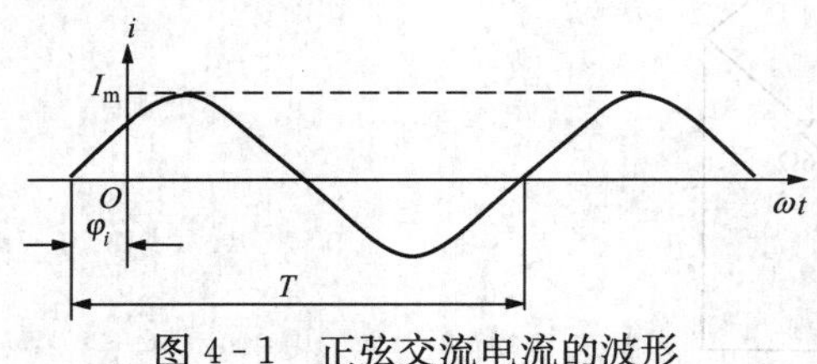

图 4-1 正弦交流电流的波形

1. 周期 T

周期 T 为正弦量交变一个循环所需要的时间。即图 4-1 中一个完整正弦波所对应的时间，用字母 T 表示。它的基本单位是秒（s），还有常用单位是毫秒（ms）、微秒（μs）、纳秒（ns）。

周期的长短反映了交流电变化的快慢。周期越长，表示交流电变化越慢；周期越短，则表示交流电变化越快。

2. 频率 f

衡量交流电变化快慢的，还有一个物理量，即频率。频率是正弦量在单位时间内交变的次数，用字母 f 表示。它的基本单位是赫兹（Hz），还有常用单位千赫（kHz）、兆赫（MHz）、吉赫（GHz）。

$$1\text{GHz}=10^3\text{MHz}=10^6\text{kHz}=10^9\text{Hz}$$

可见周期和频率是互为倒数的关系，即

$$f=\frac{1}{T} \tag{4-1}$$

我国普遍采用的交流电周期是 0.02s，频率是 50Hz。工厂中的交流电动机、家庭中的大多数电器，都是使用 50Hz 的正弦交流电，即所谓的“工频”交流电。一般电信号变化快，周期非常短暂，常用频率来表示较方便。在不同领域还用到其他频率，如有线通信中使用的频率为几百到几千赫，常见收音机的中波段一般为 525～1605kHz 等。

3. 角频率 ω

角频率表示在单位时间内正弦量所经历的电角度，用 ω 表示。角频率的单位为弧度每秒（rad/s）。在一个周期 T 内，正弦量经历的电角度为 2π 弧度，则角频率为

$$\omega=\frac{2\pi}{T}=2\pi f \tag{4-2}$$

式（4-2）表示了 T，f，ω 三个量之间的关系，它们从不同的方面反映正弦量变化的快慢，只要知道其中的一个量，就可求出其他两个量。

二、交流电的最大值

反映正弦量大小的物理量有最大值、有效值等。

1. 瞬时值

正弦量的瞬时值表示每一瞬间正弦量的值。在选定参考方向后，可以用带有正、负号的数值来表示正弦量在每一瞬间的大小和方向。一般用小写字母表示，如用 i、u、e 表示瞬时电流、瞬时电压和瞬时电动势。瞬时值的大小和方向随时间不断变化，为了表示每一瞬间的数值及方向，必须指定参考方向，这样正弦量就用代数量来表示，并根据其正值、负值确定正弦量的实际方向。

2. 最大值

正弦量的最大值表示正弦量在一个周期的变化过程中，出现的最大瞬时值，又称峰值或振幅，用大写字母下角标以“m”来表示，如 I_m、U_m、E_m 分别表示电流、电压和电动势的“最大值”。应注意最大值和瞬时值在书写上的区别。

3. 有效值

交流电的瞬时值随时间不停地变化，这对用电工仪表测量其值带来一定困难，因此常常要用到有效值。

在实际电路中，无论是交流电还是直流电都有将电能转换成其他形式能量的问题。以交流电流为例，它的有效值定义是：设一个交流电流 i 通过电阻 R，在一个周期 T 内所产生的热量和直流 I 通过同一电阻 R 在同等时间内所产生的热量相等，则这个直流 I 的数值称为该交流 i 的有效值。根据定义有

$$I^2RT=\int_0^T i^2R\mathrm{d}t$$

则

$$I=\sqrt{\frac{1}{T}\int_0^T i^2\mathrm{d}t} \tag{4-3}$$

式（4-3）中 I 就是交流电流的有效值，其值为其瞬时值的平方在一个周期内积分的平均值的平方根。因此，有效值也称均方根值。该定义式适用于任何周期性交流量。有效值要用大写字母来表示。如 U、I、E。

当交变电流为正弦交流时，即

$$i=I_m\sin(\omega t+\varphi_i) \tag{4-4}$$

则其有效值

$$I=\sqrt{\frac{1}{T}\int_{0}^{T}I_{m}{}^{2}\sin^{2}(\omega t+\varphi_{i})\mathrm{d}t}$$

$$=\sqrt{\frac{1}{T}\int_{0}^{T}I_{m}{}^{2}\frac{1-\cos2(\omega t+\varphi_{i})}{2}\mathrm{d}t}$$

$$=\sqrt{\frac{I_{m}^{2}}{2T}T}=\frac{I_{m}}{\sqrt{2}}=0.707I_{m}$$

即

$$I_{m}=\sqrt{2}I \tag{4-5}$$

正弦量的有效值等于其最大值除以$\sqrt{2}$，或者说正弦量的最大值等于其有效值的$\sqrt{2}$倍，因此，式（4 - 4）表示的正弦交流电流也可写成 $i=\sqrt{2}I\sin(\omega t+\varphi_{i})$。

上述结论同样用于正弦电压、正弦电动势，即

$$U_{m}=\sqrt{2}U,\quad E_{m}=\sqrt{2}E$$

常用的测量交流电压和交流电流的各种仪表，所指示的数字均为有效值。各种电器的铭牌上所标明的一般也都是有效值。平常所说的电灯电压为 220V，就是指照明用电电压的有效值。但表示各种器件和电气设备的绝缘水平的耐压值，则按最大值考虑。

【例 4 - 1】 生产车间的动力电源电压为 380V，照明电源的电压为 220V，问它们的最大值为多少伏？

解 国家相关标准规定的电压等级是有效值，根据最大值与有效值的关系，可得

动力电源电压的最大值为 $U_{m}=\sqrt{2}U=U_{m}=\sqrt{2}\times380\approx537$（V）

照明电源电压的最大值为 $U_{m}=\sqrt{2}U=U_{m}=\sqrt{2}\times220\approx311$（V）

【例 4 - 2】 有一电容器，耐压值为 220V，问能否接在电压为 220V 的交流电源上？

解 本题要注意电容器的耐压值是指其峰值即最大值，而电源的电压是有效值，其最大值为 $220\times\sqrt{2}\approx311$V，超过了电容器的耐压值，因此不能接在 220V 的电源上。

【例 4 - 3】 已知一正弦交流电压 $u=U_{m}\sin\omega t$，$U_{m}=311$V，$f=50$Hz，试求该正弦交流电压的有效值和 $t=0.1$s 时的瞬时值。

解

$$U=\frac{U_{m}}{\sqrt{2}}=\frac{311}{\sqrt{2}}\approx220(\text{V})$$

$$u=U_{m}\sin\omega t=U_{m}\sin2\pi ft=311\sin(2\pi\times50\times0.1)=0$$

三、交流电的初相位

反映正弦量状态的物理量有相位角、初相位和相位差。

1. 相位角

相位角又称相位，是表示正弦量在某一时刻所处状态的物理量，它不仅能确定瞬时值的大小和方向，还能表示出正弦量的变化趋势。

式（4 - 4）中（$\omega t+\varphi_{i}$）是随时间变化的电角度即相位，反映了正弦量变化的进程，它确定正弦量每一瞬间的状态。

2. 初相位

初相位表示正弦量在计时起点即 $t=0$ 时的相位角。正弦量的初相位确定了正弦量在计

时起点的瞬时值，反映了正弦量在计时起点的状态。一般规定初相位 $|\varphi|$ 不超过 π 弧度（180°）。

正弦量的相位和初相位都和计时起点的选择有关。计时起点选择不同，相位和初相位不同。正弦量在一个周期内瞬时值两次为零，现规定由负值向正值变化之间的一个零称为正弦量的零值。如取正弦量的零值瞬间为计时起点，则初相位 $\varphi=0$。初相位为正，即 $t=0$ 时正弦量之值为正，它在计时起点之前到达零值，即零值在坐标原点之左。同理，初相位为负，即零值在坐标之右，图 4-2 所示为几种不同初相位的正弦电流的波形图。

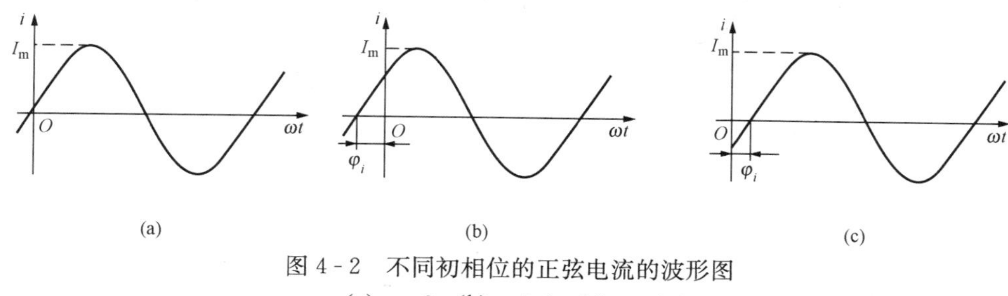

图 4-2 不同初相位的正弦电流的波形图

(a) $\varphi=0$；(b) $\varphi_i>0$；(c) $\varphi_i<0$

通常将正弦量的频率、最大值和初相位称为正弦量的三要素。

【例 4-4】 已知两正弦量的解析式为 $i=-6\sin\omega t$ A，$u=[10\sin(\omega t+210°)]$ V，求每个正弦量的有效值和初相位。

解
$$i=-6\sin\omega t=[6\sin(\omega t\pm180°)]\text{ A}$$

其有效值 $I=\dfrac{6}{\sqrt{2}}\approx4.24$（A），初相位 $\varphi_i=\pm180°$，要注意最大值和有效值为正值，解析式前如有负号，要等效变到相位角中。

$$u=10\sin(\omega t+210°)=10\sin(\omega t+210°-360°)=[10\sin(\omega t-150°)]\text{V}$$

其有效值 $U=\dfrac{10}{\sqrt{2}}\approx7.07$（V），初相位 $\varphi_u=-150°$。

对求给定正弦量的三要素应将正弦量的解析式变为标准形式即最大值为正值，初相位的绝对值不超过 π 或 180°的形式。

3. 相位差

两个频率相同的正弦量比较相位才有意义。因此相位差是指两个同频率正弦量的相位之差。如两个正弦量 $u=U_m\sin(\omega t+\varphi_u)$ 和 $i=I_m\sin(\omega t+\varphi_i)$，其相位差为 $\varphi_{12}=(\omega t+\varphi_u)-(\omega t+\varphi_i)=\varphi_u-\varphi_i$。

正弦量的相位是随时间变化的，但同频率正弦量的相位差不随时间改变，也是它们的初相位之差。规定其绝对值不超过 180°。

根据 φ_{12} 的代数值可判断两正弦量到达最大值的先后顺序。

(1) 如果 $\varphi_{12}=0$ 表示 u 与 i 同相，即 u 与 i 同时达到零或最大值，如图 4-3 (a) 所示；

(2) 如果 $\varphi_{12}>0$ 表示 u 比 i 超前 φ_{12} 或 i 比 u 滞后 φ_{12}，如图 4-3 (b) 所示；

(3) 如 $\varphi_{12}=\pm180°$ 表示 u 与 i 反相，即一个正弦量达到正的最大值另一个正弦量达到负的最大值，如图 4-3 (c) 所示；

（4）如 $\varphi_{12}=90°$ 表示两者正交，u 比 i 超前 90°，即一个正弦量为正弦规律变化，另一个正弦量为余弦规律变化，如图 4-3（d）所示。

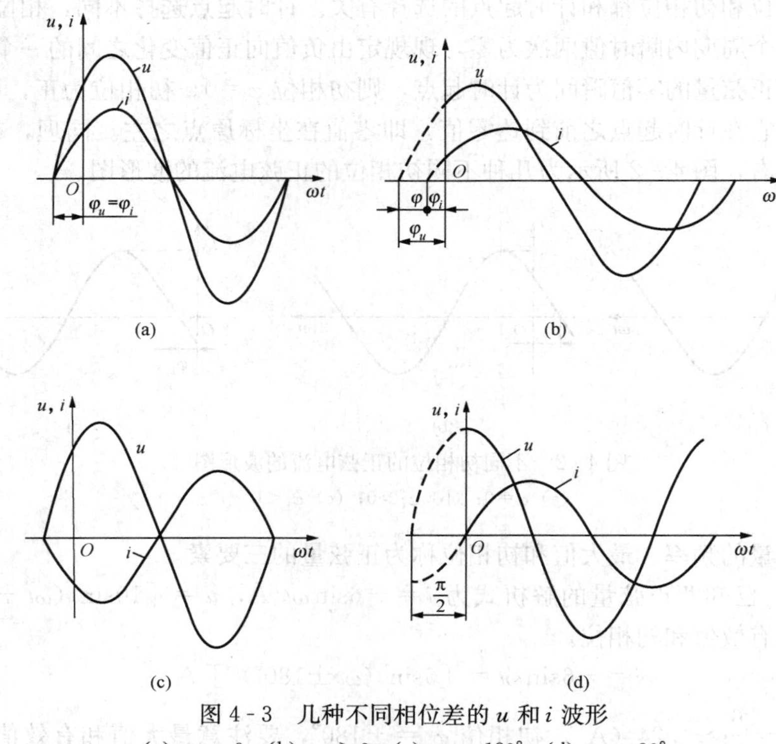

图 4-3　几种不同相位差的 u 和 i 波形

(a) $\varphi_{12}=0$；(b) $\varphi_{12}>0$；(c) $\varphi_{12}=180°$；(d) $\varphi_{12}=90°$

注意：只有同频率正弦量讨论其相位差才有意义。

【例 4-5】　已知 $u=[220\sqrt{2}\sin(\omega t+240°)]$ V，$i=[5\sin(\omega t-90°)]$ A，$f=$ 50Hz，求 u 与 i 的相位差，并指出哪个超前，哪个滞后？

解　$u=220\sqrt{2}\sin(\omega t+240°-360°)=[220\sqrt{2}\sin(\omega t-120°)]$，$u$ 的初相位为 $-120°$，i 的初相位为 $-90°$，$\varphi_{ui}=-120°-(-90°)=-30°<0$，表明 u 滞后 i 30°，或 i 超前 u 30°。

第二节　正弦量的相量表示法

由上一节可知，正弦量有三个要素，可以用不同的方法来描述这三个要素。前面已经讲过两种表示方法，一种是用三角函数表达的解析式，如 $u=U_{\mathrm{m}}\sin(\omega t+\varphi_u)$，这是正弦量的基本表示方法；另一种是用波形图来表示，如图 4-1 所示。这两种方法用来分析计算正弦交流电路时，将非常繁琐和困难。为了便于分析正弦交流电路，解决同频率正弦交流电的计算问题，工程上通常是采用复数表示正弦量，把对正弦量的各种运算转化为复数的代数运算，从而大大简化正弦交流电路的分析计算过程，这种方法称为相量法。

一、复数

1. 复数的表示形式

在数学中 $\sqrt{-1}$ 称为虚单位并用 i 表示。由于在电工中 i 已代表电流，因此虚单位改用 j

表示，即 $j=\sqrt{-1}$。实数与 j 的乘积称为虚数。由实数和虚数组合而成的数，称为复数。

设 A 为一个复数，其实数部分（实部）和虚数部分（虚部）分别为 a 和 b，则复数 A 可用代数形式表示为 $A=a+jb$。每一个复数在复平面上都有一个对应的点，连接这一点到复平面上的原点，构成一个有向线段即复矢量，它和复数 A 相对应，如图 4-4 所示。矢量 **OP** 在实轴和虚轴上的投影分别为复数 A 的实部和虚部。

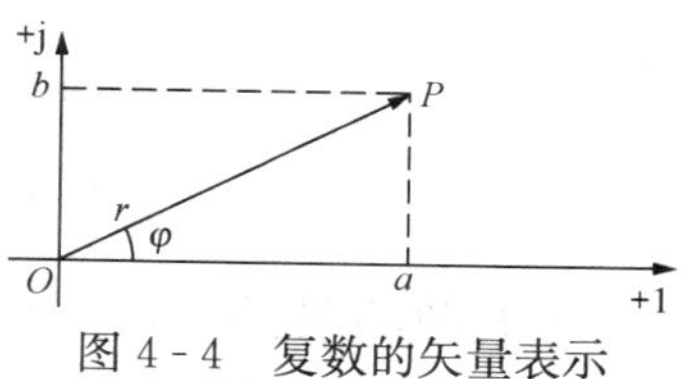

图 4-4　复数的矢量表示

矢量 **OP** 的长度 r 称为复数 A 的模，矢量 **OP** 和正实轴的夹角 φ 称为复数 A 的幅角。它们之间的对应关系是

$$\left.\begin{aligned}&a=r\cos\varphi,\quad b=r\sin\varphi\\&r=\sqrt{a^2+b^2}\\&\tan\varphi=\frac{b}{a}\end{aligned}\right\}\tag{4-6}$$

这样可得复数 A 的三角函数形式即

$$A=r(\cos\varphi+j\sin\varphi)\tag{4-7}$$

根据数学中的欧拉公式

$$\cos\varphi=\frac{e^{j\varphi}+e^{-j\varphi}}{2},\qquad \sin\varphi=\frac{e^{j\varphi}-e^{-j\varphi}}{2j}$$

可得复数 A 的指数形式为

$$A=re^{j\varphi}\tag{4-8}$$

在电工中为了书写方便，常将指数形式的复数 $A=re^{j\varphi}$，简写为极坐标形式即

$$A=r\angle\varphi\tag{4-9}$$

2. 复数的四则运算

复数形式的相互变换和运算规则，是求解交流电路的基本运算。

（1）复数的加、减法运算。

1）加法。将复数化成代数形式，然后实部与实部相加，虚部与虚部相加，得到新的复数。

【例 4-6】　已知 $A=3+4j$，$B=10\angle 36.9^\circ$，求 $C=A+B$。

解　将 B 也化成代数形式

$$B=10\angle 36.9^\circ=10\cos 36.9^\circ+j10\sin 36.9^\circ=8+j6$$

则

$$\begin{aligned}C=A+B&=(3+4j)+(8+j6)\\&=(3+8)+j(4+6)\\&=11+j10=\sqrt{11^2+10^2}\angle\arctan\frac{10}{11}=14.87\angle 42.3^\circ\end{aligned}$$

2）减法。将复数化成代数形式，然后实部与实部相减，虚部与虚部相减，得到新的复数。

【例 4-7】　已知 $A=5\angle 36.9^\circ$，$B=5\angle 53.1^\circ$，求 $C=A-B$。

解　将 A 和 B 都化成代数形式

$$A=5\angle 36.9^\circ=5\cos 36.9^\circ+j5\sin 36.9^\circ=4+j3$$

$$B=5\angle 53.1^\circ=5\cos 53.1^\circ+\mathrm{j}5\sin 53.1^\circ=3+\mathrm{j}4$$

则
$$\begin{aligned}C&=A-B=(4+\mathrm{j}3)-(3+\mathrm{j}4)\\&=(4-3)+\mathrm{j}(3-4)\\&=1-\mathrm{j}1=\sqrt{1^2+(-1)^2}\angle\arctan\frac{-1}{1}=\sqrt{2}\angle-45^\circ\end{aligned}$$

（2）复数的乘、除法运算。

1）乘法。通常将复数都化成极坐标形式，然后各复数的“模相乘，幅角相加”，得到新的复数。

2）除法。通常将复数都化成极坐标形式，然后各复数的“模相除，幅角相减”，得到新的复数。

【例 4-8】 已知 $A=20\angle 120^\circ$，$B=8+6\mathrm{j}$，求 $C=AB$，$D=\dfrac{A}{B}$。

解 将 B 化成极坐标形式

$$B=8+6\mathrm{j}=10\angle 36.9^\circ$$

则
$$C=AB=20\angle 120^\circ\times 10\angle 36.9^\circ=200\angle 156.9^\circ$$

$$D=\frac{A}{B}=\frac{20\angle 120^\circ}{10\angle 36.9^\circ}=2\angle 83.1^\circ$$

【例 4-9】 已知 $A=220\angle 150^\circ$，$B=10\mathrm{j}$，求 $C=AB$，$D=\dfrac{A}{B}$。

解 将 B 化成极坐标形式

$$B=\mathrm{j}10=0+\mathrm{j}10=10\angle 90^\circ$$

则
$$C=AB=220\angle 150^\circ\cdot 10\angle 90^\circ=2200\angle 240^\circ=2200\angle-120^\circ$$

$$D=\frac{A}{B}=\frac{220\angle 150^\circ}{10\angle 90^\circ}=22\angle 60^\circ$$

注意实部为零时，复数化成极坐标形式的情况：当虚部为正值时，幅角是 90°；当虚部为负值时，幅角是−90°，如复数−j2 的极坐标形式是 $2\angle-90^\circ$。

二、用复数表示正弦量

当知道正弦量的最大值（或有效值）、初相位和频率（或角频率）这三个基本要素，就可以写出该正弦量的瞬时值表达式。由于所研究的是同频率的正弦量，所以只要知道最大值（或有效值）和初相位两个要素，就能描述一个正弦量。而一个用极坐标形式的复数也可以说是由两个要素构成，即“模”和“幅角”。这样就可以借助复数来描述一个正弦量。方法是：正弦量的有效值对应复数的模；正弦量的初相位对应复数的幅角。

则把正弦电压 $u=U_{\mathrm{m}}\sin(\omega t+\varphi_u)$ 写成复数形式

$$\dot{U}=U\angle\varphi_u \tag{4-10}$$

注意，习惯在有效值上方打一个黑圆点来表示正弦量的复数形式，不带点的是有效值。

同理，正弦电流 $i=I_{\mathrm{m}}\sin(\omega t+\varphi_i)$ 写成复数形式

$$\dot{I}=I\angle\varphi_i \tag{4-11}$$

结论：所谓正弦量的相量表示法，就是用复数的模和辐角来表示正弦量的有效值（或最

大值）和初相位的一种方法。

通常用正弦量的有效值对应复数的模，如式（4-10）和式（4-11）。也可以用最大值对应复数的模，如 $\dot{U}_m=U_m\angle\varphi_u$ 。

这种与正弦量相对应的复数就称为相量，并用上面加小圆点的大写字母来表示，如 $\dot{U}_m$ 或 $\dot{U}$ 表示电压相量，$\dot{I}_m$ 或 $\dot{I}$ 表示电流相量，有下角标“m”的表示是最大值形式的相量，没有下角标“m”的表示是有效值形式的相量。一般常用有效值形式的相量来表示正弦量为好。正弦量与相量之间是一一对应的关系，相量只是用来表示正弦量的复数形式，与正弦量不是相等的关系。

知道正弦量的瞬时值表达式，可以写出它的“相量”形式。反之。知道正弦量的“相量”形式，也可以写出它的瞬时值表达式。

例如，已知正弦量的瞬时值表达式写出其“相量”。

$$u_1=[10\sqrt{2}\sin(\omega t+60^\circ)]\text{V}\rightarrow\dot{U}_1=10\angle 60^\circ\text{V}$$

$$i=[2\sin(\omega t-120^\circ)]\text{A}\rightarrow\dot{I}=\frac{2}{\sqrt{2}}\angle -120^\circ\ \text{A}=\sqrt{2}\angle -120^\circ\ \text{A}$$

又如，已知正弦量的“相量”式，可以写出其瞬时值表达式。

$$\dot{U}_1=20\angle -30^\circ\ \text{V}\rightarrow u_1=[20\sqrt{2}\sin(\omega t-30^\circ)]\text{V}$$

$$\dot{I}=\frac{1}{\sqrt{2}}\angle 120^\circ\ \text{A}\rightarrow i=[1\sin(\omega t+120^\circ)]\text{A}$$

相量也可以用复平面上的有向线段表示，这种表示相量的图形称为“相量图”。如图 4-5所示画出了 $\dot{U}$ 和 $\dot{I}$ 的相量图。由图可见，在相量图中可以直观清楚地反映出各正弦量间的相位关系。图 4-5 中电压 $\dot{U}$ 超前电流 $\dot{I}$ $\varphi=\varphi_u-\varphi_i$ 。

这里要注意只有同频率的正弦量其相量才能画在同一复平面上。

在画相量图时，为了使图形更清楚，可不画出实轴、虚轴。

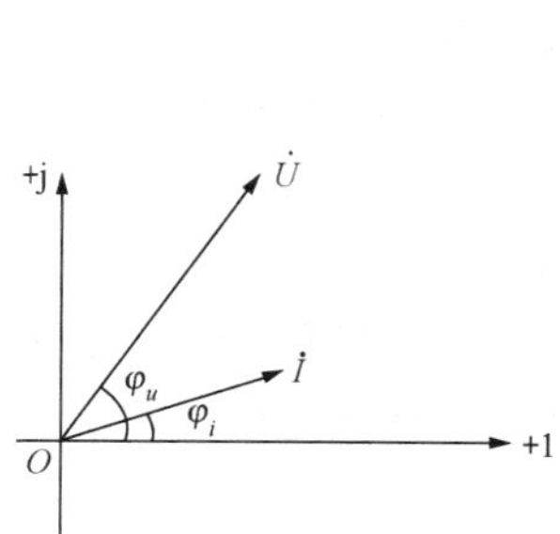

图 4-5　正弦量的相量图

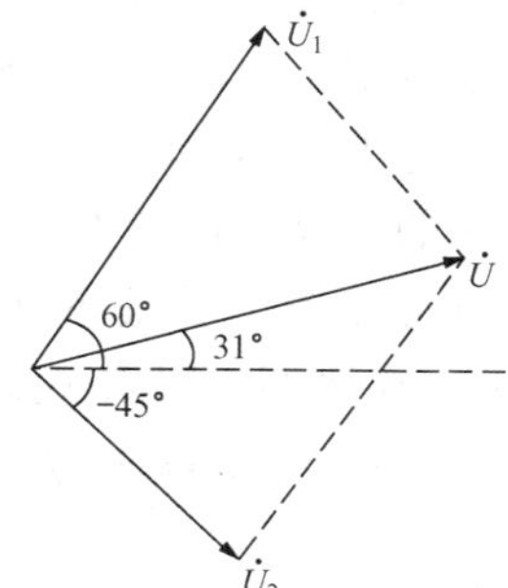

图 4-6　[例 4-10] 的相量图

【例 4-10】　已知 $u_1=\left[141\sin\left(\omega t+\frac{\pi}{3}\right)\right]\text{V}$，$u_2=\left[70.7\sin\left(\omega t-\frac{\pi}{4}\right)\right]\text{V}$。求：（1）相量 $\dot{U}_1$，$\dot{U}_2$；（2）两电压之和的瞬时值 u；（3）画出相量图。

解　（1）

$$\dot{U}_1=\frac{141}{\sqrt{2}}\angle\frac{\pi}{3}=100\angle\frac{\pi}{3}\ \text{V}$$

$$\dot{U}_2=\frac{70.7}{\sqrt{2}}\angle -\frac{\pi}{4}=50\angle -\frac{\pi}{4}\text{V}$$

（2）
$$\dot{U}=\dot{U}_1+\dot{U}_2=(50+\text{j}86.6)+(35.35-\text{j}35.35)$$
$$=85.35+\text{j}51.25=99.55\angle 31^\circ\text{V}$$
$$u=[99.55\sqrt{2}\sin(\omega t+31^\circ)]\text{V}$$

（3）相量图如图 4-6 所示。

要注意电压有效值形式的相量对应复数的模只能为电压有效值。正弦量和的相量等于各正弦量对应的相量之和。同理正弦量差的相量等于各正弦对应的相量之差。

【例 4-11】 设已知 $u_1=100\sqrt{2}\sin\omega t\,\text{V}$，$u_2=[150\sqrt{2}\sin(\omega t-120^\circ)]\text{V}$。求 $u=u_1+u_2$ 和 $u'=u_1-u_2$。

解
$$\dot{U}_1=100\angle 0^\circ=100\text{V}$$
$$\dot{U}_2=150\angle -120^\circ=150\cos(-120^\circ)+\text{j}150\sin(-120^\circ)=(-75-\text{j}129.9)\text{V}$$
$$\dot{U}=\dot{U}_1+\dot{U}_2=100+(-75-\text{j}129.9)=25-\text{j}129.9=132.3\angle -79.1^\circ\text{ V}$$
$$\dot{U}'=\dot{U}_1-\dot{U}_2=100-(-75-\text{j}129.9)=175+\text{j}129.9=217.9\angle 36.6^\circ\text{ V}$$

则有
$$u=[132.3\sqrt{2}\sin(\omega t-79.1^\circ)]\text{V}$$
$$u'=[217.9\sqrt{2}\sin(\omega t+36.6^\circ)]\text{V}$$

第三节　单一元件接通正弦交流电

电阻元件、电感元件、电容元件是交流电路中的基本电路元件。本节着重研究这三个元件接通正弦交流电时的电路电压、电流的数值和相位关系，能量的转换及储存等内容。

一、电阻元件接通正弦交流电

在实际电器和设备中，有的可以忽略次要因素，只突出其电阻性质，从而将其视为理想的电阻元件（即“纯电阻”），如电阻炉、白炽电灯等。电阻元件接通正弦交流电路时电压与电流的关系、功率的计算讨论如下。

1. 电阻元件上电压和电流的关系（瞬时值、最大值、有效值、初相位）

如图 4-7 所示，在线性电阻 R 两端加上正弦电压 u 时，电阻中就有正弦电流 i 通过。在图 4-7 所示电压和电流的关联参考方向下，电阻元件中通过的电流为

$$i=\frac{u}{R} \tag{4-12}$$

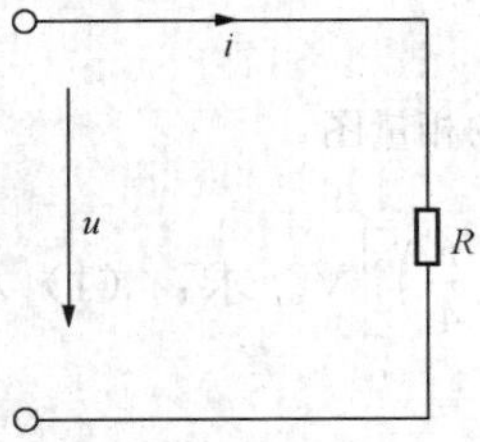

如选取电压为参考正弦量，即其初相位为零，即

$$u=U_{\text{m}}\sin\omega t=\sqrt{2}U\sin\omega t$$

则
$$i=\frac{u}{R}=\frac{U_{\text{m}}\sin\omega t}{R}=\frac{U_{\text{m}}}{R}\sin\omega t=I_{\text{m}}\sin\omega t$$

$$I_{\text{m}}=\frac{U_{\text{m}}}{R}\text{ 或 }I=\frac{U}{R} \tag{4-13}$$

图 4-7　电阻元件的正弦交流电路

式（4-12）表示电阻元件上电压和电流的瞬时值之间关系；式（4-13）表示电阻元件上电压和电流的最大值、有效值之间的关系，它们都符合欧姆定律。由于有效值、最大值只是正值，不是代数量，因此该式只表示大小关系而不表示相位关系。

综上所述，得出电阻元件上电压和电流的关系有：

1）电压和电流均是同频率同相位的正弦量，其波形图如图 4-8（a）所示。

2）电压和电流的瞬时值、有效值、最大值均符合欧姆定律形式。见式（4-12）和式（4-13）。

要注意当电压 u 的初相位不为零，而是某一角度 φ，则电流的初相位也应是 φ 角。

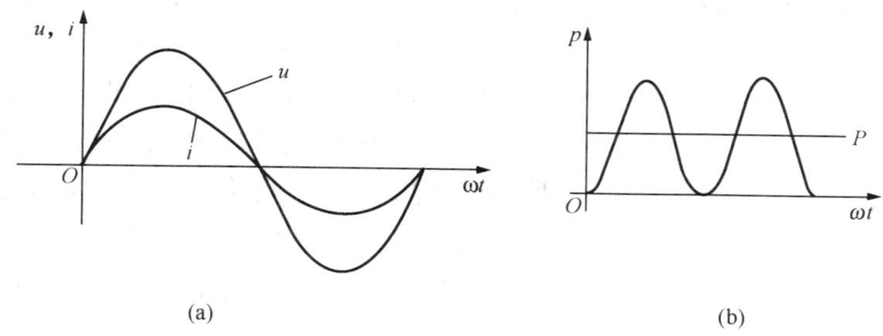

图 4-8　电阻元件的电压、电流和功率波形图
（a）电压、电流波形图；（b）功率波形图

2. 电阻元件上电压与电流的相量关系

根据上面已经研究的线性电阻元件上电压与电流的关系，考虑到一般性，设电阻两端电压的初相位为 φ 角，则电压的解析式为 $u=\sqrt{2}U\sin(\omega t+\varphi)$，其对应相量 $\dot{U}=U\angle\varphi$；经过电阻的电流为 $i=\sqrt{2}I\sin(\omega t+\varphi)$，其对应相量 $\dot{I}=I\angle\varphi$，即

$$\frac{\dot{U}}{\dot{I}}=\frac{U}{I}\angle(\varphi-\varphi)=R$$

即有

$$\dot{U}=\dot{I}R \tag{4-14}$$

式（4-14）就是电阻元件电压和电流的相量关系式，其相量图如 4-9 所示。相量关系式既能表示电压与电流有效值关系，又能表示其相位关系。

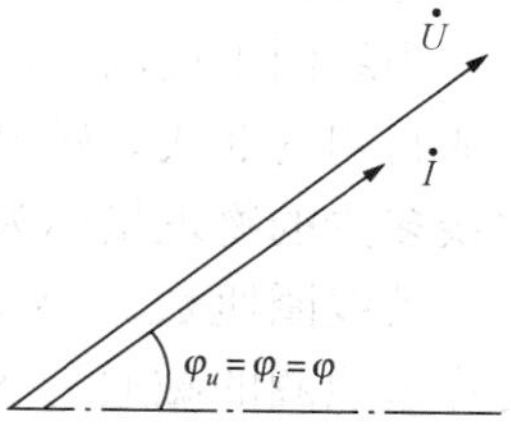

图 4-9　电阻元件中电压与电流的相量图

3. 电阻元件的功率

在交流电路中，电压电流在关联参考方向下，任意瞬间电阻元件上的电压瞬时值与电流瞬时值的乘积称为该元件的瞬时功率，以小写字母 p 表示，即

$$\begin{aligned}p&=ui=\sqrt{2}U\sin\omega t\times\sqrt{2}I\sin\omega t=2UI\sin^2\omega t\\&=2UI\,\frac{1-\cos2\omega t}{2}=UI-UI\cos2\omega t\end{aligned} \tag{4-15}$$

如图 4-8（b）所示可知瞬时功率在变化过程中始终在坐标轴上方，即 $p\geqslant0$，所以电阻元件是吸收功率的，因而是电阻元件一个“耗能元件”。

由于瞬时功率时刻在变化，不便计算，通常都是计算一个周期内消耗功率的平均值，即平均功率，又称为有功功率，用大写字母 P 来表示。周期性交流电路中的平均功率就是瞬

时功率在一个周期内的平均值，即

$$P=\frac{1}{T}\int_0^T p\,\mathrm{d}t=\frac{1}{T}\int_0^T (UI-UI\cos 2\omega t)\,\mathrm{d}t=UI$$

因为 $U=IR$ 或 $I=\frac{U}{R}$，则有

$$P=UI=I^2R=\frac{U^2}{R} \tag{4-16}$$

注意：式（4 - 16）与直流电路中计算电阻上的功率公式完全相同，但这里的 U 和 I 不是直流电压和电流，而是电阻元件上正弦交流的电压有效值与电流有效值。

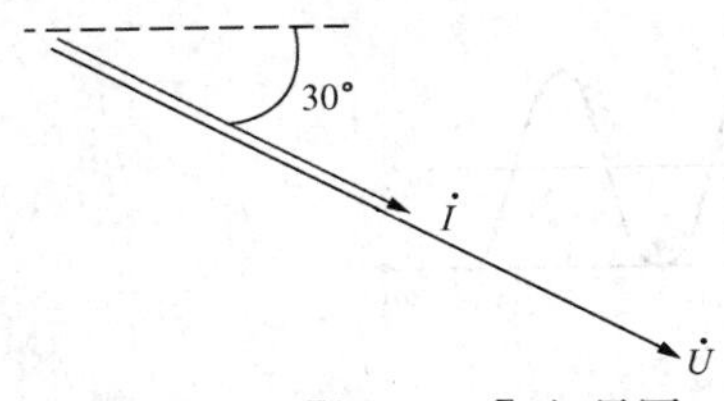

图 4 - 10　[例 4 - 12] 相量图

平均功率的单位为瓦（W），工程上也常用千瓦（kW）。一般用电器上所标的功率，如电灯的功率为 25W、电炉的功率为 1000W、电阻的功率为 1W 等都是指平均功率。

【例 4 - 12】　一电阻 R 为 100Ω，通过 R 的电流 $i=$［1. 41sin（$\omega t-30°$）］A，求：（1）电阻 R 两端的电压 U 及 u；（2）电阻 R 消耗的功率 P；（3）作出电压、电流的相量图。

解　（1）$i=1.41\sin(\omega t-30°)$，其相量 $\dot{I}=1\angle -30°$ A

而
$$\dot{U}=\dot{I}R=1\angle -30°\times 100=100\angle -30°\ \text{V}$$

则
$$U=100\text{V},\quad u=[100\sqrt{2}\sin(\omega t-30°)]\text{V}$$

（2）$P=UI=100\times 1=100$（W）或 $P=I^2R=1^2\times 100=100$（W）

（3）其相量图如图 4 - 10 所示。

二、电感元件接通正弦交流电

1. 电感线圈与电感元件

用导线绕制成的线圈称为电感线圈，若将线圈的电阻忽略不计，则线圈就仅含有电感，这种线圈被称为纯电感线圈，此时只突出表征其电感特性，是电路中的一个“理想元件”，称“电感元件”。

当线圈中通以电流 i_L 时，线圈周围就建立了磁场，即有磁力线穿过线圈，经过空间，形成封闭的曲线。磁力线的方向与电流的方向符合右手螺旋定则，如图 4 - 11 所示。表示磁力线多少的物理量称为磁通，用符号 Φ_L 表示，国际单位为韦伯，其符号为 Wb。

若线圈匝数为 N，而且绕制得非常紧密，可认为穿过线圈的磁通与各匝线圈如链条一样彼此交连，穿过各匝的磁通的代数和称为磁通链，用 Ψ_L 表示，单位也是韦伯（Wb），即 $\Psi_L=N\Phi_L$。

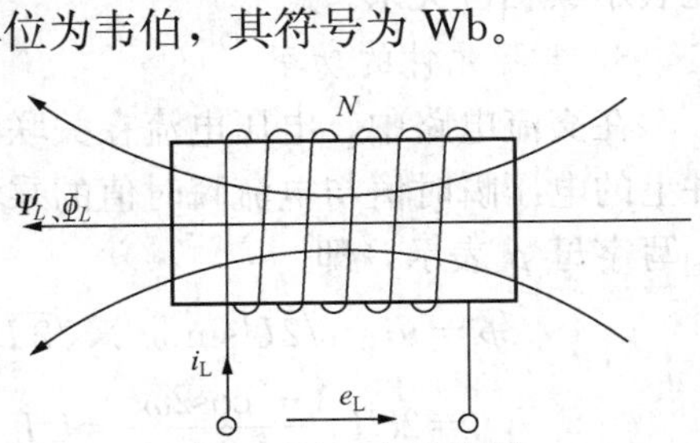

图 4 - 11　电感线圈

当线圈中间和周围没有铁磁物质时，线圈的磁通链 Ψ_L 与产生磁场的电流 i_L 成正比，比例常数为此线圈的自感系数，简称自感或电感，用符号 L 表示，线性电感的 L 值只与线圈的形状、匝数和几何尺寸有关，即

$$L=\frac{\Psi_L}{i_L} \tag{4-17}$$

电感的单位是亨利（H），常用的单位还有毫亨（mH）或微亨（μH）。

线性电感元件的电路图形符号如图 4 - 12 所示。

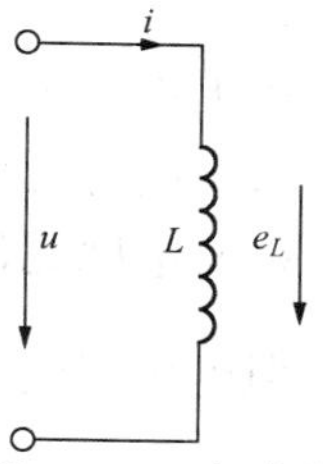

图 4 - 12　电感线圈的电路符号

当电感元件中电流变化时，磁通链也发生变化，根据电磁感应定律，线圈中便产生感应电动势。这种由于本身电流变化而产生的感应电动势称为自感电动势，用 e_L 表示。

当自感电动势的参考方向与电流参考方向一致，电流与磁通符合右手螺旋定则时，根据物理学中的电磁感应定律则有

$$e_L = -\frac{\mathrm{d}\Psi_L}{\mathrm{d}t} = -L\frac{\mathrm{d}i_L}{\mathrm{d}t} \tag{4-18}$$

式（4 - 18）中“—”表示自感电动势是阻碍电流变化。

当电感元件的电流 i_L、电压 u_L 和电动势 e_L 的参考方向一致时，由图 4 - 12 可得

$$u_L = -e_L = L\frac{\mathrm{d}i_L}{\mathrm{d}t} \tag{4-19}$$

式（4 - 19）表明：电感元件上电压和电流瞬时值之间的关系，线圈两端电压与流过线圈的电流变化率成正比，因此电感元件是动态元件。在直流电路中，电流不变化，理想电感元件上的电压为零，相当于短路，所以在直流电路中没有考虑电感元件作用。

2. 电感元件上电压与电流的关系（瞬时值、最大值、有效值、初相位）

设通过电感 L 的电流为正弦电流，即

$$i = \sqrt{2}I\sin(\omega t + \varphi_i)$$

根据式（4 - 19）可得

$$\begin{aligned} u &= L\frac{\mathrm{d}i}{\mathrm{d}t} = \sqrt{2}I\omega L\cos(\omega t + \varphi_i) \\ &= \sqrt{2}I\omega L\sin(\omega t + \varphi_i + 90^\circ) \\ &= \sqrt{2}U\sin(\omega t + \varphi_u) \end{aligned} \tag{4-20}$$

式中

$$U_\mathrm{m} = \omega L I_\mathrm{m} \text{ 或 } U = \omega L I \tag{4-21}$$

$$\varphi_u = \varphi_i + 90^\circ \tag{4-22}$$

令

$$X_L = \omega L = 2\pi f L \tag{4-23}$$

则式（4 - 21）可写成

$$U_\mathrm{m} = X_L I_\mathrm{m} \text{ 或 } U = X_L I \tag{4-24}$$

这个 X_L 称为感抗。电感 L 在交流电路中才表现出“抗”，“感抗”反映了电感元件在交流电路中阻碍电流通过的能力，因此它的单位是欧姆（Ω）。

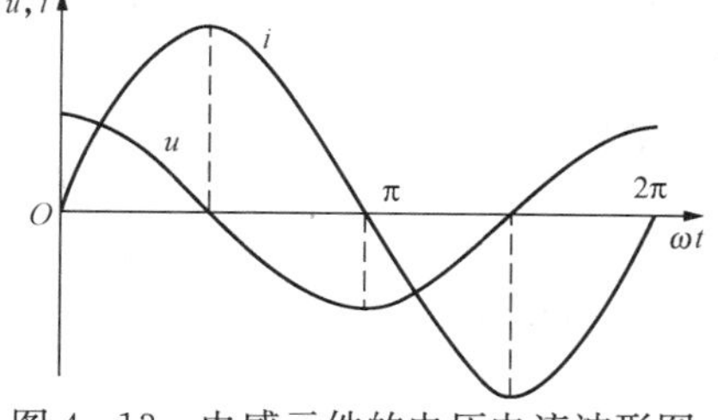

图 4 - 13　电感元件的电压电流波形图

由式（4 - 23）知，感抗与频率成正比，当 $\omega\to\infty$ 时，$X_L\to\infty$，即电感相当于开路，因此电感常用作高频扼流线圈。在直流电路中，$\omega=0$，$X_L=0$，即电感相当于短路。

电感元件的电压 u 与电流 i 的波形图如图 4 - 13

所示。

由上面分析可得如下结论：

(1) 电感元件上电压与电流是同频率正弦量，且电压超前电流 90°。

(2) 电感元件上电压与电流的有效值或最大值符合欧姆定律，如式（4-24）所示。但电压与电流的瞬时值不符合欧姆定律，即$i \neq \frac{u}{X_L}$。

3. 电感元件上电压与电流的相量关系

将 $u=\sqrt{2}U\sin(\omega t+\varphi_u)$ 和 $i=\sqrt{2}I(\sin\omega t+\varphi_i)$ 分别用相量表示，则有

$$\dot{I}=I\angle\varphi_i,\quad \dot{U}=U\angle\varphi_u$$

则

$$\frac{\dot{U}}{\dot{I}}=\frac{U\angle\varphi_u}{I\angle\varphi_i}=\frac{U}{I}\angle\varphi_u-\varphi_i=\frac{U}{I}\angle 90^\circ=X_L\angle 90^\circ=jX_L$$

即

$$\dot{U}=\dot{U}(jX_L) \tag{4-25}$$

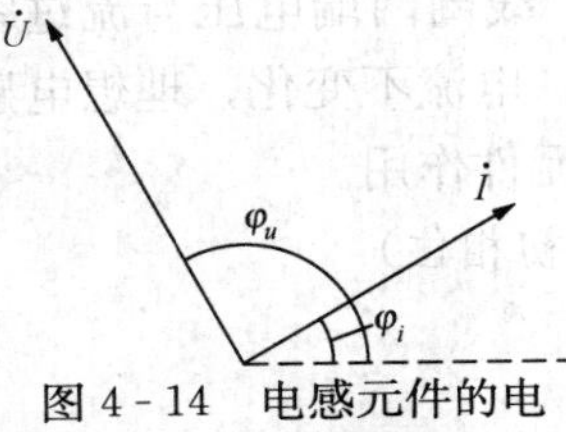

图 4-14　电感元件的电压电流相量图

式（4-25）是纯电感元件上电压与电流相量形式的关系，也符合欧姆定律，该表达式既能反映电压与电流之间的数值关系，也能反映电压与电流之间的相位关系。对应的相量图如图 4-14所示。

【例 4-13】　在电压为 220V、频率为 50Hz 的电源上，接上电感 $L=127\text{mH}$ 的线圈，线圈的电阻可忽略不计，求 X_L 和 I 的值。如把该线圈接于 220V、1000Hz 的电源上，问通过线圈的电流又是多少?

解

$$X_L=2\pi fL=2\times 3.14\times 50\times 127\times 10^{-3}\approx 40(\Omega)$$

$$I=\frac{U}{X_L}=\frac{220}{40}=5.5(\text{A})$$

若接在 220V、1000Hz 的电源上，则

$$X_L=2\pi fL=2\times 3.14\times 1000\times 127\times 10^{-3}\approx 800(\Omega)$$

$$I=\frac{U}{X_L}=\frac{220}{800}=0.275(\text{A})$$

由上面分析可知，在相同电源电压下，频率越高，感抗越大，电路中电流就越小。

【例 4-14】　把一个 0.2H 的电感元件接到 $u=[220\sqrt{2}\sin(314t+30^\circ)]$ V 的电源上，求通过电感元件的电流 i。

解　将电压用相量表示为

$$\dot{U}=220\angle 30^\circ\text{V}$$

因为

$$X_L=\omega L=314\times 0.2=62.8(\Omega)$$

根据式（4-25）得

$$\dot{I}=\frac{\dot{U}}{jX_L}=\frac{220\angle 30^\circ}{j62.8}=\frac{220\angle 30^\circ}{62.8\angle 90^\circ}=3.5\angle 60^\circ\text{A}$$

所以

$$i = 3.5\sqrt{2}\sin(314t - 60°)\text{A}$$

4. 电感元件的功率

为了便于分析，设经过电感的电流初相位为零，即为参考相量，则电感元件两端的电压初相位为 90°。其表达式为

$$u = \sqrt{2}U\sin(\omega t + 90°), \quad i = \sqrt{2}I\sin\omega t$$

(1) 瞬时功率 p。在 u、i 取关联参考方向时，瞬时功率由电感元件上瞬时电压 u 与瞬时电流 i 相乘所得，用 p 表示，即

$$\begin{aligned} p &= ui = \sqrt{2}U\sin(\omega t + 90°) \times \sqrt{2}I\sin\omega t \\ &= \sqrt{2}U\cos\omega t \times \sqrt{2}I\sin\omega t = 2UI\cos\omega t\sin\omega t = UI\sin 2\omega t \end{aligned} \tag{4-26}$$

由此可见，瞬时功率 p 是一个幅值是 UI，并以角频率 2ω 随时间交变的正弦量，波形如图 4 - 15 所示。

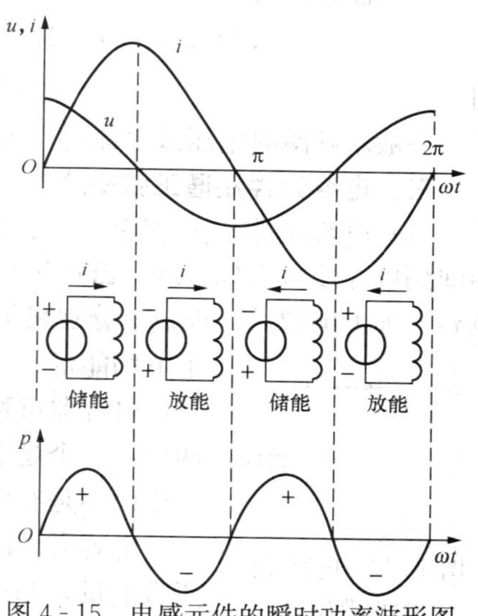

图 4 - 15 电感元件的瞬时功率波形图

图 4 - 15 表明：在第一个 $\frac{1}{4}$ 和第三个 $\frac{1}{4}$ 周期内，u 和 i 同为正值或同为负值，瞬时功率 p 为正，在此期间电流 i 是从零增加到最大值，电感元件建立磁场，把从电源吸收的电能转换为磁场能量，储存在磁场中；在第二个 $\frac{1}{4}$ 和第四个 $\frac{1}{4}$ 周期内，u 和 i 一个为正值，另一个为负值，故瞬时功率为负值，在此期间电流 i 是从最大值下降为零，电感元件中建立的磁场在消失，这期间电感中储存的磁场能量释放出来，转换为电能返送给电源。在以后的每个周期中都重复上述过程。

(2) 平均功率 P。平均功率是电感元件瞬时功率在一个周期内的平均值，用 P 表示，即

$$P = \frac{1}{T}\int_0^T p\,\mathrm{d}t = \frac{1}{T}\int_0^T UI\sin 2\omega t\,\mathrm{d}t = 0$$

电感元件的平均功率为零，即电感元件在一个周期内，吸收的能量与放出的能量是相等的，并没有消耗功率，因而称为“储能元件”。

(3) 电感的无功功率。电感元件上电压有效值与电流有效值的乘积定义为“无功功率”，用大写字母 Q_L 表示，即

$$Q_L = UI = I^2X_L = \frac{U^2}{X_L} \tag{4-27}$$

从量纲上看，Q_L 是 U、I 之积，单位也应是瓦（W），但为了与有功功率区别，无功功率的单位用乏（var），还有千乏（kvar）表示。

从式（4 - 26）可以看出，电感元件上的无功功率反映的是瞬时功率的“最大值”。因此无功功率不等同无用功率，这里对“无功”两字应理解为“交换而不消耗”，不应理解为“无用”。无功功率在工程上有着重要意义，如交流电动机、变压器等具有电感的设备，没有磁场就不能工作，而磁场能量是由电源供给的。这些设备和电源之间必须要进行一定规模的

能量交换。下面章节中会进一步认识无功功率不是“无用”功率。

【例 4 - 15】 已知 $i=10\sqrt{2}\sin314t$ A 通过电感元件后，无功功率 $Q_L=200$var。求：(1) 电感元件的电感量；(2) 电感元件两端电压 u。

解 电流对应的相量为

$$\dot{I}=10\angle 0^\circ \quad (\text{A})$$

(1) 感抗为
$$X_L=\frac{Q_L}{I^2}=\frac{200}{10}=2(\Omega)$$

则
$$L=\frac{X_L}{\omega}=\frac{2}{314}=0.00637(\text{H})=6.37(\text{mH})$$

(2) 电压 $\dot{U}$ 为

$$\dot{U}=\dot{I}(\text{j}X_L)=10\angle 0^\circ\times \text{j}2=10\angle 0^\circ\times 2\angle 90^\circ=20\angle 90^\circ\ (\text{V})$$

则
$$u=[20\sqrt{2}\sin(314t+90^\circ)]\text{V}$$

一般求解瞬时电压或电流时，最好用相量关系式来求，这样可同时求出数值和初相位。

三、电容元件接通正弦交流电

(1) 电容元件。在电路中经常用到一种称为电容器的电路元件。电容器通常由两个导体中间隔以介质（空气、纸、云母等）组成，它可用于功率因数补偿、调谐、耦合、滤波等。电容器加上电源后，极板上分别聚集起等量异号电荷。此时，在介质中建立起电场，并储存了电场能量，因此电容器也是一种储能元件。如忽略介质损耗和漏电流，电容器可称为理想电容器，即“电容元件”。电容器的重要参数有两个：一个是电容量，另一个是工作电压（耐压值），但该电压是最大电压而不是有效值。电容元件的符号如图 4 - 16 所示。

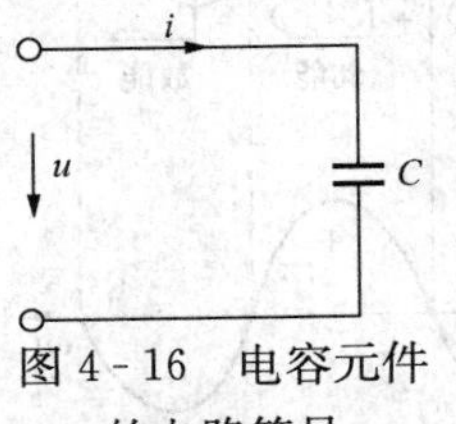

图 4 - 16 电容元件的电路符号

电容元件的电容量简称电容，并用 C 表示，由电容元件的极板上所带电量 q 与电容元件两端电压 u 的比值来定。在选定参考方向规定由正极板指向负极板时，有

$$C=\frac{q}{u} \tag{4-28}$$

C 的单位是法拉（F），由于法拉这个单位太大，实际应用中常用微法与皮法作为电容的计算单位，如下

$$1\mu\text{F}(微法)=10^{-6}\text{F}(法),\quad 1\text{pF}(皮法)=10^{-12}\text{F}(法)$$

当 C 为常量，与电压无关时，该电容元件称为线性电容元件，这里只研究线性电容元件。

(2) 电容元件上电压与电流的数量关系（瞬时值、最大值、有效值、初相位）。如图 4 - 16所示，选取电容上电压 u 与电流 i 的参考方向为关联方向。如在极短的时间 $\text{d}t$ 内，电容 C 的极板上的电量改变了 $\text{d}q$，则电容电路中的电流为 $i=\frac{\text{d}q}{\text{d}t}$，而 $q=Cu$，则

$$i=C\frac{\text{d}u}{\text{d}t} \tag{4-29}$$

式 (4 - 29) 表明：电容元件上电压与电流瞬时值之间的关系，电容元件某瞬间的电流取决于该瞬间电容电压的变化率，而不是决定于该瞬间的电压值。当电容电压不变化时，则电流

为零，电容元件相当于开路，因此电容元件也是动态元件，在直流电路中，电容相当于开路。

设加在电容 C 的端电压为正弦电压，且为参考正弦量，即

$$u=\sqrt{2}U\sin(\omega t+\varphi_u)$$

由式（4－29）得到电容的电流为

$$i=C\frac{\mathrm{d}u}{\mathrm{d}t}=\sqrt{2}\omega CU\cos(\omega t+\varphi_u)=\sqrt{2}I\sin(\omega t+\varphi_u+90°) \tag{4-30}$$

其中

$$I_\mathrm{m}=\omega CU_\mathrm{m} \text{ 或 } I=\omega CU \tag{4-31}$$

$$\varphi_i=\varphi_u+90° \tag{4-32}$$

令

$$X_C=\frac{1}{\omega C}=\frac{1}{2\pi fC} \tag{4-33}$$

则式（4－31）可写成

$$I_\mathrm{m}=\frac{1}{X_C}U_\mathrm{m} \text{ 或 } I=\frac{1}{X_C}U \tag{4-34}$$

通常写成

$$U_\mathrm{m}=I_\mathrm{m}X_C \text{ 或 } U=IX_C \tag{4-35}$$

这个 X_C 称为“容抗”。电容 C 在交流电路中才表现出“抗”，“容抗”反映了电容元件在正弦电路中限制电流通过的能力，因此它的单位是欧姆（Ω）。

由式（4－33）知，容抗与频率成反比，当 $f=0$ 时，$X_C\to\infty$，电容相当于开路，即隔直作用；当 $f\to\infty$时，$X_C\to 0$，电容相当于短路。

由上面分析可得出如下结论：

1）电容元件中的电压和电流是同频率的正弦量，且电压比电流滞后 90°。

2）电容元件上电压和电流的有效值、最大值符合欧姆定律，如式（4－35）所示。

但电容元件上电压和电流的瞬时值不符合欧姆定律形式，即 $i\neq\frac{u}{X_\mathrm{C}}$。

（3）电容元件上电压与电流的相量关系。

将 u 和 i 用相量表示，则有 $\dot{U}=U\angle 0°\,\mathrm{V}$，$\dot{I}=I\angle 90°\,\mathrm{A}$

$$\frac{\dot{U}}{\dot{I}}=\frac{U\angle 0°}{I\angle 90°}=\frac{U}{I}\angle -90°=X_\mathrm{C}\angle -90°=-\mathrm{j}X_\mathrm{C}$$

即

$$\dot{U}=\dot{I}(-\mathrm{j}X_\mathrm{C}) \tag{4-36}$$

式（4－36）是电容元件上电压与电流相量形式的关系，也符合欧姆定律，该表达式既能反映电压与电流之间的数值关系，也能反映电压与电流之间的相位关系。对应的相量图如图 4－17 所示。

图 4－18 为电容元件的电压、电流、瞬时功率波形。

（4）电容元件的功率。纯电容电路的瞬时功率为

$$p=ui=\sqrt{2}U\sin\omega t\times\sqrt{2}I\sin(\omega t+90°)=UI\sin 2\omega t$$

图 4－18 表明：在第一个$\frac{1}{4}$和第三个$\frac{1}{4}$周期内，电容器上的电压分别从零增加到正的最大值和负的最大值，电容器中的电场增强，此时电容器被充电，从电源处吸取电

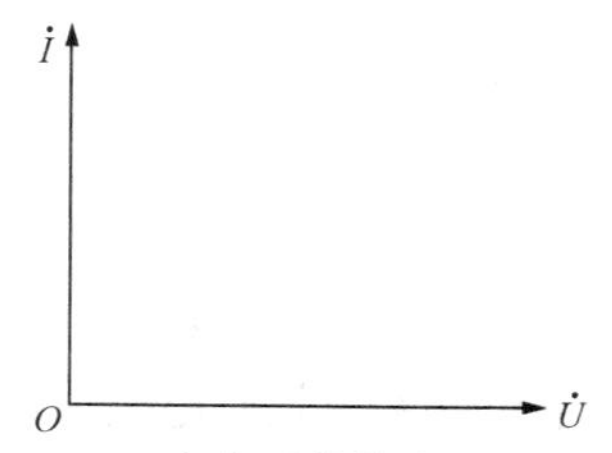

图 4－17　电容元件的电压电流相量

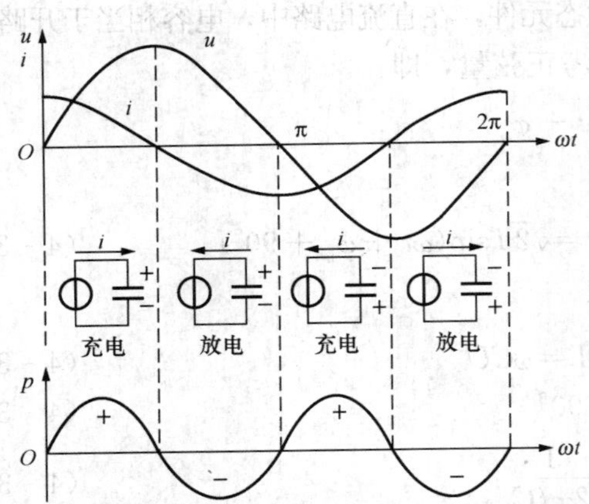

图 4-18 电容元件的电压电流和瞬时功率波形图

能，并把它储存在电容器的电场中；在第二个$\frac{1}{4}$和第四个$\frac{1}{4}$周期内，电容器上的电压分别从正的最大值和负的最大值减小到零，电容器中的电场减弱，这时电容器在放电，它就把储存在电场中的能量又送回电源。因此在纯电容电路中，时而储存能量，时而释放能量，在一个周期内电容消耗的平均功率等于零，即$P=0$。因此电容元件也是一种“储存元件”。

同样用无功功率来表示电容元件与电源之间能量转换的大小。

从图 4-15 和图 4-18 中的瞬时功率的波形可以看出，在纯电感、纯电容元件中流过相同相位的电流时，它们的瞬时功率在相位上是反相的，即当电感在储存磁场能量时，电容是释放电场能量；反之，电感释放能量，电容就储存能量。因此，仍以瞬时功率的最大值来定义电容的无功功率，为了加以区别，将电容元件的无功功率定义为

$$Q_C=-U_CI_C=-I^2X_C=-\frac{U^2}{X_C} \tag{4-37}$$

当电路中既有电感元件，又有电容元件时，它们的无功功率相互补偿，即式（4-27）和式（4-37）中的正、负号仅表示相互补偿的意义。

【例 4-16】 已知在电源电压 $u=[220\sqrt{2}\sin(314t+30^\circ)]$ V 中，接入电容 $C=38.5\mu$F 的电容器，求 i 及无功功率。如电源的频率变为 1000Hz，其他条件不变，再求电流 i 及无功功率。

解 $f=50$Hz，则

$$X_C=\frac{1}{\omega C}=\frac{1}{100\times3.14\times38.5\times10^{-6}}\approx82.7(\Omega)$$

$$\dot{U}=220\underline{/30^\circ}\ \text{V},\quad \dot{I}=\frac{\dot{U}}{-\text{j}X_C}=\frac{220}{82.7}\underline{/30^\circ+90^\circ}=2.66\underline{/120^\circ}$$

$$i=2.66\sqrt{2}\sin(314t+120^\circ)\text{A}$$

$$Q_C=-I^2X_C=-2.66^2\times82.7\approx-585.2(\text{var})$$

当 $f=1000$Hz 时，则

$$X_C=\frac{1}{2\pi fC}=\frac{1}{2000\times3.14\times38.5\times10^{-6}}\approx4.14(\Omega)$$

$$\dot{I}=\frac{\dot{U}}{-\text{j}X_C}=\frac{220}{4.14}\underline{/120^\circ}=53.1\underline{/120^\circ}\ \text{A}$$

$$i=[53.1\sqrt{2}\sin(6280t+120^\circ)]\text{A}$$

$$Q_C=-I^2X_C=-53.1^2\times4.14\approx-11673.2(\text{var})$$

可见频率变化时电容的容抗也跟着变化，在相同电源电压时，电流、无功功率也会变化。

第四节　电阻、电感串联电路

上一节分析了 R、L、C 三个元件单独接在正弦交流电路中的情况。在实际应用中经常遇到电阻 R 和电感 L 串联的情况，如不能忽略电阻作用的线圈，就要用 RL 串联来等效；交流电动机的绕组、日光灯电路的镇流器与灯管等都可以近似等效为 RL 串联组合。

一、电压与电流的关系

如图 4-19 所示，是一个电阻、电感串联的电路，接上单相正弦交流电，在电路图上标上电压电流的参考方向，来分析电路总电压（电源电压）u 与电流 i 之间的关系。

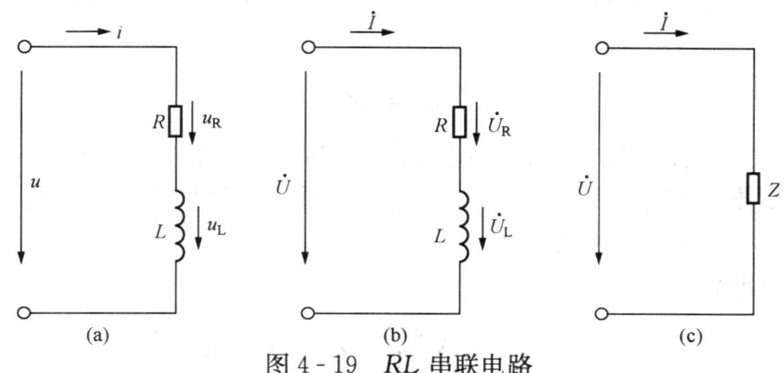

图 4-19　RL 串联电路

(a) 电压、电流瞬时值标注；(b) 电压、电流相量标注；(c) 等效电路

在 RL 串联电路中，按选定的电压、电流参考方向，在任意瞬间，满足基尔霍夫电压定律，即 $u=u_R+u_L$。由于各电压均为同频率的正弦量，选取电流为参考正弦量，即 $\dot{I}=I\angle 0°$。

则 R、L 上的电压相量分别是

$$\dot{U}_R=\dot{I}R,\quad \dot{U}_L=\mathrm{j}X_L\dot{I}$$

总电压的相量为

$$\dot{U}=\dot{U}_R+\dot{U}_L=\dot{I}R+\mathrm{j}X_L\dot{I}=\dot{I}(R+\mathrm{j}X_L)=\dot{I}Z \tag{4-38}$$

其中

$$Z=R+\mathrm{j}X_L \tag{4-39}$$

Z 是一个复数，称为电路的“复数阻抗”，简称“复阻抗”，它的实部是电路中的电阻，虚部是电路中的电抗（这里是感抗）。

将上述电流相量和各电压相量画在同一相量图中，如图 4-20（a）所示。

图 4-20（a）中，$\dot{U}_R$、$\dot{U}_L$ 和 $\dot{U}$ 组成了一个直角三角形，称为“电压三角形”。从电压三角形中，可以得到三个电压之间的数量关系，有

$$U=\sqrt{U_R^2+U_L^2} \tag{4-40}$$

二、对复数阻抗的认识

由式（4-38）可得

$$Z=\frac{\dot{U}}{\dot{I}}=\frac{U\angle\varphi_u}{I\angle\varphi_i}=|Z|\angle\varphi_u-\varphi_i=|Z|\angle\varphi_Z \tag{4-41}$$

又

$$Z=R+\mathrm{j}X_L=|Z|\angle\varphi_Z \tag{4-42}$$

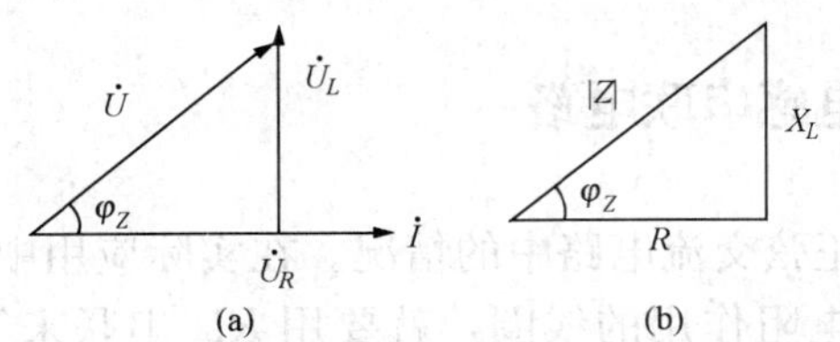

图 4-20 *RL* 串联电路电压三角形与阻抗三角形
（a）电压三角形；（b）阻抗三角形

从式（4-41）可知，复阻抗 Z 的模 $|Z|=\dfrac{U}{I}$，是电压的有效值除以电流的有效值，它的单位是欧姆（Ω）；复阻抗 Z 的幅角 $\varphi_Z=\varphi_u-\varphi_i$，是电压与电流的相位差角。所以复阻抗 Z 既反映了电压和电流的“数值”关系，也反映了电压和电流的“相位”关系。将“电压三角形”的三条边同除以电流 I 就得到了“阻抗三角形”，如图 4-20（b）所示。

式（4-38）在形式上与欧姆定律相似，通常称为正弦交流电路中欧姆定律的相量形式，即

$$\dot{U}=\dot{I}Z$$

应当注意，用复数表示的电压 $\dot{U}$ 和电流 $\dot{I}$ 是“相量”，它们分别代表正弦电压和正弦电流，Z 尽管也是复数，但它不是正弦函数，为了区别这两种复数，在大写字母 Z 上不打点，而用 $|Z|$ 表示 Z 的模，Z 不是相量。

由阻抗三角形得到

$$|Z|=\sqrt{R^2+X_L^2}, \quad \varphi_Z=\arctan\frac{X_L}{R} \tag{4-43}$$

【例 4-17】 已知 $R=60\Omega$，$X_L=80\Omega$，串联后接通正弦交流电源，测出 $U_R=120\text{V}$。求：(1) 电路中电流 I；(2) 总电压 U。

解 (1) 电路中的电流为

$$I=\frac{U_R}{R}=\frac{120}{60}=2(\text{A})$$

(2) 电路阻抗为

$$|Z|=\sqrt{R^2+X_L^2}=\sqrt{60^2+80^2}=100(\Omega)$$

总电压为

$$U=I|Z|=2\times 100=200(\text{V})$$

或求出电感电压为

$$U_\text{L}=IX_L=2\times 80=160(\text{V})$$

则总电压为

$$U=\sqrt{U_R^2+U_L^2}=\sqrt{120^2+160^2}=200(\text{V})$$

第五节 电阻、电感、电容串联电路

电阻、电感、电容三个元件串联的电路是具有一般意义的典型电路，因为它包括了三个不同的电路参数，常用的串联电路都可以认为是它的特例。

一、电压与电流的关系

如图 4-21 所示，*RLC* 串联电路中，按选定的电压、电流参考方向，在任意瞬间，满足基尔霍夫电压定律，即 $u=u_R+u_L+u_C$。由于各电压均为同频率的正弦量，选取电流为

参考正弦量，即 $\dot{I}=I\underline{/0^\circ}$。

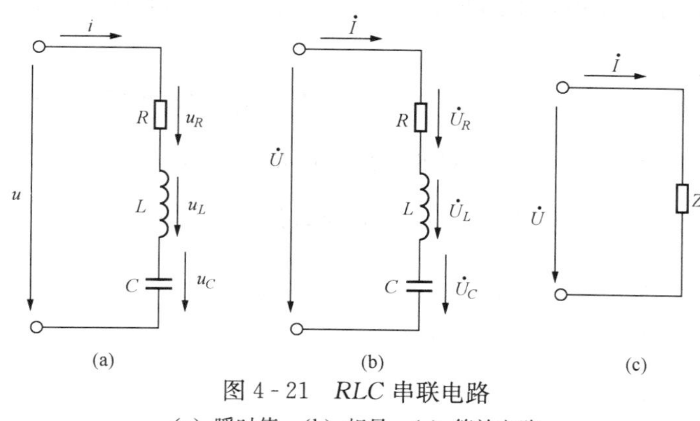

图 4-21 *RLC* 串联电路

(a) 瞬时值；(b) 相量；(c) 等效电路

则 *RLC* 上的电压相量分别是

$$\dot{U}_R=\dot{I}R,\quad \dot{U}_L=\mathrm{j}X_L\dot{I},\quad \dot{U}_C=-\mathrm{j}X_C\dot{I}$$

总电压的相量为

$$\begin{aligned}\dot{U}&=\dot{U}_R+\dot{U}_L+\dot{U}_C=\dot{I}R+\mathrm{j}X_L\dot{I}+(-\mathrm{j}X_C\dot{I})\\&=\dot{I}[R+\mathrm{j}(X_L-X_C)]=\dot{I}(R+\mathrm{j}X)=\dot{I}Z\end{aligned}\tag{4-44}$$

这是 *RLC* 串联电路中总电压和总电流的关系，与欧姆定律相类似，所以也称欧姆定律的相量形式。

式（4-44）中

$$Z=R+\mathrm{j}(X_L-X_C)=R+\mathrm{j}X=|Z|\underline{/\varphi_Z}\tag{4-45}$$

Z 是 *RLC* 串联电路的复阻抗，它是一个复数，实部 R 是电路的电阻，虚部为电路的电抗，是电路中感抗与容抗之差，称为“电抗”，其值可正可负，即

$$X=X_L-X_C\tag{4-46}$$

Z、X 的单位均为欧姆（Ω）。

$\varphi_Z=\arctan\dfrac{X_L-X_C}{R}$，为电路复阻抗的阻抗角。$|Z|=\sqrt{R^2+X^2}$，为电路复阻抗的模，其值也等于它的端电压及电流有效值之比。即 $|Z|=\dfrac{U}{I}$。

二、从阻抗 Z 看电路性质

在线性电路中，复阻抗 Z 仅由电路的参数及电源频率决定，与电压、电流的大小无关。在电路中，复阻抗可用如图 4-21（c）所示的图形符号表示。

要注意复阻抗不是时间的正弦函数，复阻抗只用大写字母 Z 表示，上面不加点，其模用 $|Z|$ 表示。

（1）$X_L>X_C$ 时，感抗大于容抗，在同一电流作用下 $U_L>U_C$，如图 4-22（a）所示，电路总电压超前总电流 φ_Z 角，电路呈感性。从阻抗角 $\varphi_Z=\arctan\dfrac{X_L-X_C}{R}>0$ 也可以得出电路呈感性的结论。

（2）$X_L<X_C$ 时，感抗小于容抗，在同一电流作用下 $U_L<U_C$，如图 4 - 22（b）所示，电路总电压滞后总电流 φ_Z 角，电路呈容性。从阻抗角 $\varphi_Z=\arctan\dfrac{X_L-X_C}{R}<0$ 也可以得出电路呈容性的结论。

（3）$X_L=X_C$ 时，感抗等于容抗，在同一电流作用下 $U_L=U_C$，如图 4 - 22（c）所示，电路总电压和总电流同相位，电路呈阻性。从阻抗角 $\varphi_Z=\arctan\dfrac{X_L-X_C}{R}=0$ 也可以得出电路呈阻性的结论，此时电路处于谐振。这在本章第九节会详细讨论。

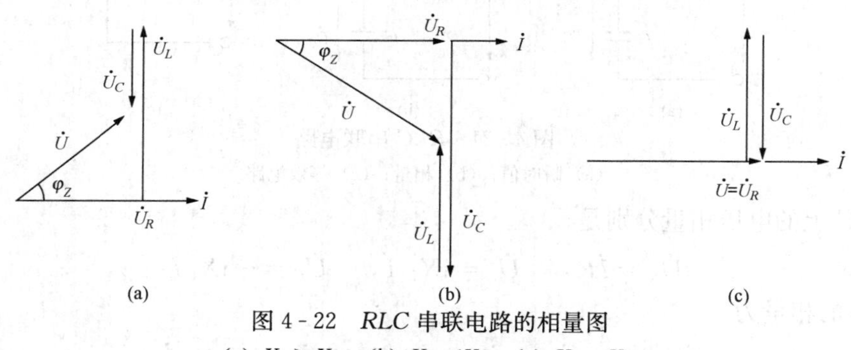

图 4 - 22　RLC 串联电路的相量图

(a) $X_L>X_C$；(b) $X_L<X_C$；(c) $X_L=X_C$

由上述分析可知，从阻抗角的正、负可判别电路的性质。

图 4 - 22 中的几何关系得

$$U=\sqrt{U_R^2+(U_L-U_C)^2} \tag{4-47}$$

【例 4 - 18】　已知某线圈的电阻 17Ω，电感 173mH，它与电容值为 80μF 的电容串联后，接入 $u=220\sqrt{2}\sin\omega t$ V 的工频交流电源。求总电流 i、线圈两端的电压 u_{RL} 及电容两端电压 u_C。

解　感抗　$X_L=2\pi fL=2\times3.14\times50\times173\times10^{-3}\approx54.3(\Omega)$

容抗　$X_C=\dfrac{1}{2\pi fC}=\dfrac{1}{2\times3.14\times50\times80\times10^{-6}}\approx39.8(\Omega)$

复阻抗　$Z=R+\text{j}(X_L-X_C)$

$=17+\text{j}(54.3-39.8)=17+\text{j}14.5=22.3\angle40.5^\circ(\Omega)$

电源电压相量　$\dot{U}=220\angle0^\circ\text{V}$

总电流相量

$$\dot{I}=\frac{\dot{U}}{Z}=\frac{220}{22.4}\angle-40.5^\circ=9.9\angle-40.5^\circ(\text{A})$$

总电流　$i=[9.9\sqrt{2}\sin(\omega t-40.5^\circ)]\text{A}$

线圈的复阻抗

$$Z_{RL}=R+\text{j}X_L=17+\text{j}54.3=56.9\angle72.6^\circ(\Omega)$$

线圈两端的电压相量

$$\dot{U}_{RL}=Z_{RL}\dot{I}=56.9\angle72.6^\circ\times9.9\angle-40.5^\circ=563.3\angle32.1^\circ\ (\text{V})$$

$$u_{RL}=[563.3\sqrt{2}\sin(\omega t+32.1^\circ)]\text{V}$$

电容电压为

$$\dot{U}_C = -\mathrm{j}X_C\dot{I} = 39.8\angle -90^\circ \times 9.9\angle -40.5^\circ = 394\angle -130.5^\circ (\mathrm{V})$$

$$u_C = [394\sqrt{2}\sin(\omega t - 130.5^\circ)]\mathrm{V}$$

由［例 4－18］的结果可知，电容、线圈两端电压有效值均大于总电源电压有效值，在不同性质元件交流电路中，不能用有效值的 KVL 形式，即 $U \neq U_R + U_L + U_C$。

【例 4－19】 如图 4－23 所示的 RLC 串联电路中，已知 $R=150\Omega$，$U_R=150\mathrm{V}$，$U_{RL}=180\mathrm{V}$，$U_C=150\mathrm{V}$。试求电流 I，电源电压 U 及它们之间的相位差，并画出电压电流相量图。

解 $I=\dfrac{U_R}{R}=\dfrac{150}{150}=1$（A），$X_C=\dfrac{U_C}{I}=150$（Ω），$|Z_{RL}|=\dfrac{U_{RL}}{I}=180=\sqrt{R^2+X_L^2}$

$$X_L=\sqrt{180^2-150^2}\approx 99.5 \text{（Ω）},\ X_L-X_C\approx -50.5 \text{（Ω）}$$

$$|Z|=\sqrt{R^2+(X_L-X_C)^2}=\sqrt{150^2+50.5^2}\approx 158.3 \text{（Ω）},\ U=I|Z|=158.3\mathrm{V}$$

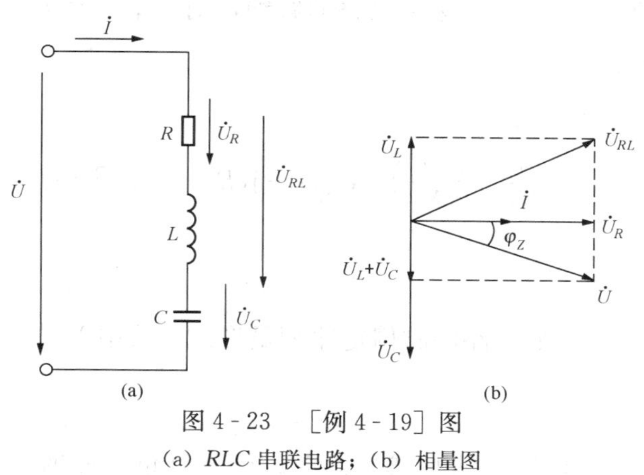

图 4－23 ［例 4－19］图

（a）RLC 串联电路；（b）相量图

电路的阻抗角为 $\varphi_Z=\arctan\dfrac{X_L-X_C}{R}=-18.6^\circ$

其相量图如图 4－23（b）所示，选取电流为参考正弦量，其他电压参照元件性质及计算数值而得。

第六节 电阻、电感、电容并联电路及复导纳

一、*RLC* 并联电路

如图 4－24（a）所示 RLC 并联电路中，在正弦电压 u 的作用下，各支路的电流 i_R、i_L、i_C 为同频率的正弦量。设电源电压为 $u=\sqrt{2}U\sin\omega t$，则 $\dot{U}=U\angle 0^\circ$。

各支路电流对应的相量为

$$\dot{I}_R=\frac{\dot{U}}{R}=\frac{U}{R}\angle 0^\circ,\quad \dot{I}_L=\frac{\dot{U}}{\mathrm{j}X_L}=\frac{U}{X_L}\angle -90^\circ$$

$$\dot{I}_C=\frac{\dot{U}}{-\mathrm{j}X_C}=\frac{U}{X_C}\angle 90^\circ$$

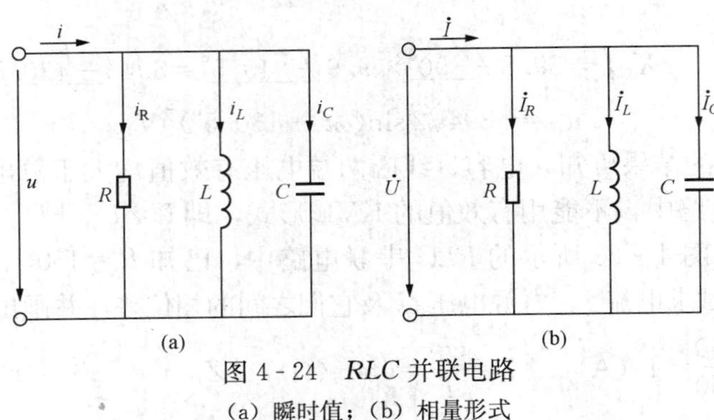

图 4-24　*RLC* 并联电路

（a）瞬时值；（b）相量形式

如图 4-24（b）为 *RLC* 并联电路图的相量形式，令 $G=\frac{1}{R}$，称为电路的电导；$B_L=\frac{1}{X_L}$，称为电路的感纳；$B_C=\frac{1}{X_C}$，称为电路的容纳，则由基尔霍夫电流定律，可得出并联电路的电流相量方程为

$$\dot{I}=\dot{I}_R+\dot{I}_L+\dot{I}_C$$

$$=\dot{U}\left(\frac{1}{R}-\mathrm{j}\frac{1}{X_L}+\mathrm{j}\frac{1}{X_C}\right)=\dot{U}[G+\mathrm{j}(B_C-B_L)]=\dot{U}(G+\mathrm{j}B)$$

设 $$Y=G+\mathrm{j}B \tag{4-48}$$

则 $$\dot{I}=\dot{U}Y \tag{4-49}$$

式（4-49）为 *RLC* 并联电路的欧姆定律相量形式。式中 Y 称为复导纳，它的实部是电导 G，虚部为

$$B=B_C-B_L \tag{4-50}$$

B 称为电路的电纳，它是容纳与感纳之差，可正可负。容纳、感纳和电纳的单位均为 S。

复导纳也不是相量，大写字母 Y 上也不应加小圆点。复导纳用极坐标形式表示为

$$Y=G+\mathrm{j}(B_C-B_L)=G+\mathrm{j}B=|Y|\angle\varphi_Y \tag{4-51}$$

其中

$$\left.\begin{aligned}|Y|&=\sqrt{G^2+B^2}\\ \varphi_Y&=\arctan\frac{B}{G}\end{aligned}\right\} \tag{4-52}$$

它们分别为复导纳的模和幅角。复导纳综合反映了电流与电压的大小及相位关系。很显然，同一电路有 $\varphi_Y=-\varphi_Z$。

在 *RLC* 并联电路中，选择电压为参考正弦量，则 $\dot{I}_R$ 与 $\dot{U}$ 同相，$\dot{I}_L$ 比 $\dot{U}$ 滞后 90°，$\dot{I}_C$ 比 $\dot{U}$ 超前 90°，可画出 *RLC* 并联电路的电压电流相量图如图 4-25 所示。

图 4-25（a）中，$I_L>I_C$，此时 $\varphi_Y<0$，电路中电压超前电流 $|\varphi_Y|$ 角，电路呈“感性”；图 4-25（b）中，$I_L<I_C$，此时 $\varphi_Y>0$，电路中电流超前电压 φ_Y 角，电路呈“容性”；图4-25（c）中，$I_L=I_C$，此时 $\varphi_Y=0$，电路中电压和电流同相位，电路呈“阻性”，称电路发生了并联谐振。这在本章第九节会详细讨论。

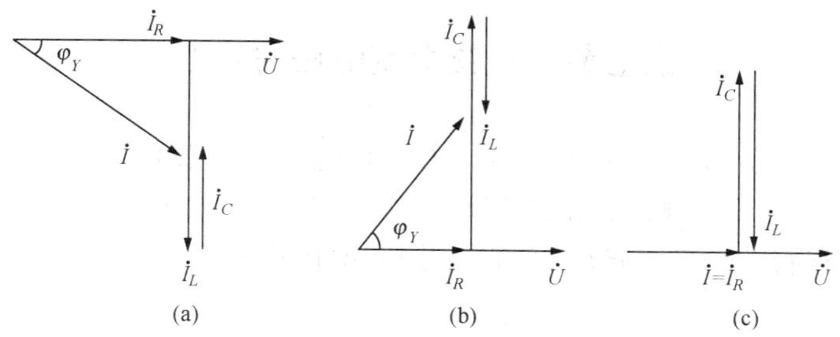

图 4 - 25　*RLC* 并联电路的电压电流相量图

(a) $I_L>I_C$；(b) $I_L<I_C$；(c) $I_L=I_C$

由图 4 - 25 可得

$$\left.\begin{aligned} I &= |Y|U=\sqrt{I_R^2+(I_L-I_C)^2} \\ \varphi_Y &= \arctan\frac{I_C-I_L}{I} \end{aligned}\right\} \quad (4-53)$$

二、基尔霍夫定律的相量形式

在串联与并联电路的分析计算中，要用到基尔霍夫定律，即 KCL 和 KVL。根据 KCL，电路中任一节点在任何时刻都有

$$\sum i=0$$

因为在正弦电路中，所有的响应都是与激励同频率的正弦量，所以 KCL 式中的各个电流都是同频率的正弦量。其对应的相量满足 KCL，即

$$\sum \dot{I}=0 \quad (4-54)$$

式（4 - 54）为基尔霍夫电流定律的相量形式。它表明正弦电路中任一节点的所有电流相量的代数和等于零。

同理，基尔霍夫电压定律的相量形式为

$$\sum \dot{U}=0 \quad (4-55)$$

式（4 - 55）表明在正弦电路中，任一回路的所有电压相量的代数和等于零。

要注意，正弦电路中各支路电流或各元件的电压初相位一般不相等，所以式（4 - 54）和式（4 - 55）中的各项都是相量，而不是有效值。即$\sum I\neq 0$，$\sum U\neq 0$。

【例 4 - 20】　如图 4 - 26 所示，已知电流表 PA1、PA2 的读数都是 10A，求电路中电流表 PA 的读数。

解　设端电压 $\dot{U}=U\angle 0^\circ$ 为参考相量，则

$$\dot{I}_1=10\angle 0^\circ \text{A(电阻上电流与电压同相)},$$

$$\dot{I}_2=10\angle -90^\circ \text{(因为是纯电感)}$$

$$\dot{I}=\dot{I}_1+\dot{I}_2=10\angle 0^\circ+10\angle -90^\circ$$

$$=10-\text{j}10=14.1\angle -45^\circ \text{(A)}$$

所以电流表 PA 的读数是 14.1A，注意这与直流电路不同，一支路电流为 10A，另一支路电流为 10A，总电流并不是 20A。

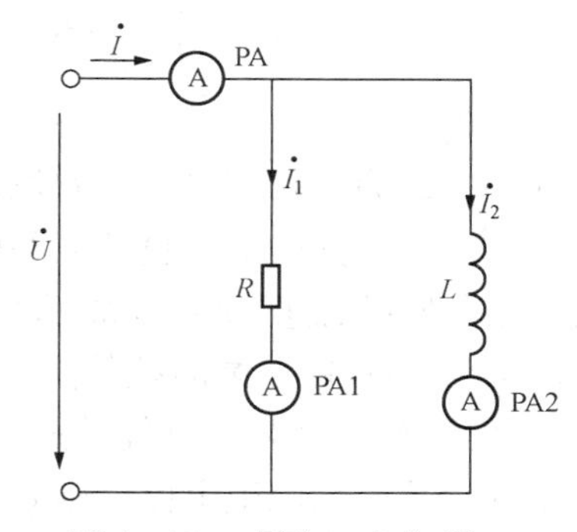

图 4 - 26　［例 4 - 20］图

第七节 正弦交流电路的功率

在第三节中，分析了单一元件（R、L、C）接通正弦交流电时的电路功率，如电阻 R 元件上只有有功功率（P），没有无功功率（Q）；电感 L 或电容 C 元件上只有无功功率（Q_L 或 Q_C），而没有有功功率（P）。本节将分析单相相交流电路中一般交流负载情况下的功率计算。

一、瞬时功率

一般负载的交流电路如图 4-27（a）所示。交流负载的端电压 u 和 i 之间存在相位差为 φ。φ 的正负、大小由负载的性质决定。因此负载的端电压 u 和 i 之间的关系可表示为

$$i=\sqrt{2}I\sin\omega t,\quad u=\sqrt{2}U\sin(\omega t+\varphi)$$

负载取用的瞬时功率为

$$\begin{aligned}p=ui&=\sqrt{2}U\sin(\omega t+\varphi)\times\sqrt{2}I\sin\omega t\\&=UI\cos\varphi-UI\cos(2\omega t+\varphi)\end{aligned}$$

瞬时功率是随时间变化的，变化曲线如图 4-27（b）所示。可以看出瞬时功率有时为正，有时为负。正值时，表示负载从电源吸收功率；负值时，表示从负载中的储能元件（电感、电容）释放出能量送回电源。

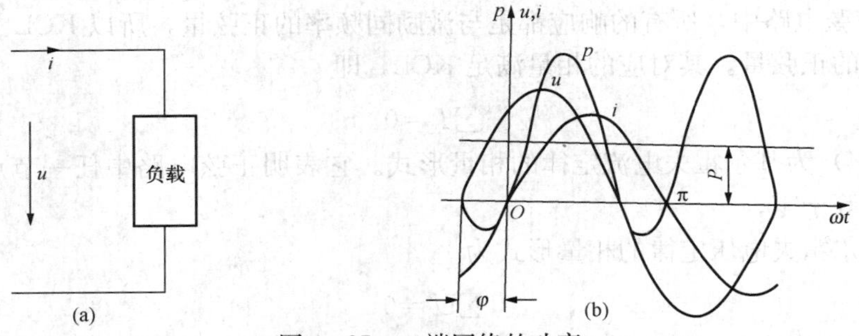

图 4-27 二端网络的功率

（a）一般负载的交流电路；（b）瞬时功率的变化曲线

二、有功功率和功率因数

上述瞬时功率的平均值称为平均功率，也称有功功率，表达式为

$$P=\frac{1}{T}\int_0^T p\,\mathrm{d}t=\frac{1}{T}\int_0^T[UI\cos\varphi-UI\cos(2\omega t+\varphi)]\,\mathrm{d}t=UI\cos\varphi$$

即
$$P=UI\cos\varphi \tag{4-56}$$

式中：U 为电路端电压有效值；I 为流过负载的电流有效值；$\cos\varphi$ 为功率因数。

功率因数的值取决于电路中总电压和总电流的相位差。由于一个交流负载总可以用一个等效复阻抗或复导纳来表示，因此它的阻抗角决定了电路中的电压和电流的相位差，即 $\cos\varphi$ 中的 φ 就是复阻抗的阻抗角。

式（4-56）是计算单相交流电路有功功率的一般公式，它包括了单一元件电路有功功率的计算。如电阻电路，则 $\varphi=0$，$\cos\varphi=1$，$P=UI$；当电路中只有电感或电容时，则 $\varphi=\pm90°$，$\cos\varphi=0$，$P=0$，这和前面的结论是一致的。

由上述分析可知，在交流负载中只有电阻元件才消耗能量，在 RLC 串联电路中电阻 R 是耗能元件，则有 $P=U_RI=I^2R$；在 RLC 并联电路中电阻 R 是耗能元件，则有 $P=UI_R=\frac{U^2}{R}$。这些计算公式在分析计算时常很有用。

【例 4 - 21】 有一 RL 串联电路，已知 $f=50\text{Hz}$，$R=300\Omega$，$L=1.65\text{H}$，端电压有效值 $U=220\text{V}$。求电路的功率因数和消耗的有功功率。

解 电路阻抗为

$$Z=R+\text{j}\omega L=300+\text{j}2\pi\times50\times1.65=300+\text{j}518=599\angle60^\circ(\Omega)$$

由阻抗角 $\varphi=60^\circ$得，功率因数为

$$\cos\varphi=\cos60^\circ=0.5$$

电路中的电流有效值为

$$I=\frac{U}{|Z|}=\frac{220}{599}\approx0.367(\text{A})$$

有功功率为

$$P=UI\cos\varphi=220\times0.367\times0.5\approx40.4(\text{W})$$

或

$$P=I^2R=0.367^2\times300\approx40.4(\text{W})$$

三、无功功率

由于电路中有储能元件电感和电容，它们虽不消耗功率，但与电源之间要进行能量交换。用无功功率表示这种能量交换的规模，用大写字母 Q 表示，对于任意一个无源二端网络的无功功率可定义为

$$Q=UI\sin\varphi \tag{4 - 57}$$

式中：φ 为电压和电流的相位差，也是电路等效复阻抗的阻抗角。对于感性电路，$\varphi>0$，则 $\sin\varphi>0$，无功功率 Q 为正值；对于容性电路，$\varphi<0$，则 $\sin\varphi<0$，无功功率 Q 为负值。当 $Q>0$ 时，为吸收无功功率；当 $Q<0$ 时，则为发出无功功率。

在电路中既有电感元件又有电容元件时，无功功率相互补偿，它们在电路内部先相互交换一部分能量后，不足部分再与电源进行交换，则无源二端网络的无功功率又可写成

$$Q=Q_L+Q_C \tag{4 - 58}$$

式（4 - 58）表明，二端网络的无功功率是电感元件的无功功率与电容元件无功功率的代数和。式中的 Q_L 为正值，Q_C 为负值，Q 为一代数量，可正可负，单位为乏（var）。

四、视在功率

在交流电路中，端电压与电流的有效值乘积称为视在功率，用 S 表示，即

$$S=UI \tag{4 - 59}$$

视在功率的单位为伏安（VA）或千伏安（kVA）。

虽然视在功率 S 具有功率的量纲，但它与有功功率和无功功率是有区别的。视在功率 S 通常用来表示电气设备的容量。容量说明了电气设备可能转换的最大功率。电源设备如变压器、发电机等所发出的有功功率与负载的功率因数有关，不是一个常数，因此电源设备通常只用视在功率表示其容量，而不是用有功功率表示。

交流电气设备的容量是按照预先设计的额定电压和额定电流来确定的。用额定视在功率 S_N 来表示，即

$$S_N = U_N I_N$$

交流电气设备应在额定电压U_N条件下工作，因此电气设备允许提供的电流为

$$I_N = \frac{S_N}{U_N}$$

可见设备的运行要受U_N、I_N的限制。

由上所述，有功功率P、无功功率Q、视在功率S之间存在如下关系

$$\left.\begin{aligned} &P = UI\cos\varphi = S\cos\varphi \\ &Q = UI\sin\varphi = S\sin\varphi \\ &S = \sqrt{P^2 + Q^2} = UI \\ &\cos\varphi = \frac{P}{S}, \quad \tan\varphi = \frac{Q}{P} \end{aligned}\right\} \tag{4-60}$$

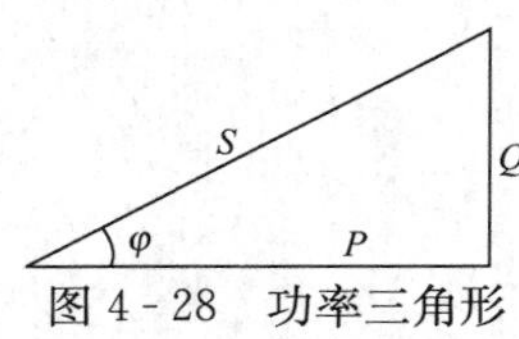

图 4-28　功率三角形

显然，S、P、Q构成一个直角三角形，如图 4-28 所示。此三角形称为功率直角三角形，它与同电路的电压三角形、阻抗三角形相似。

【例 4-22】 设有一台带铁芯的工频加热炉，其额定功率为 100kW，额定电压为 380V，功率因数为 0.707。（1）设电炉在额定电压和额定功率下工作，求它的额定视在功率和无功功率。（2）设负载的等效电路由串联元件组成，求出它的等效R和L。

解　（1）由$P_N = S_N\cos\varphi$，得

$$S_N = \frac{P_N}{\cos\varphi} = \frac{100}{0.707} \approx 141.4(\text{kVA})$$

$$Q_N = S_N\sin\varphi = 141.4 \times 0.707 \approx 100(\text{kvar})$$

（2）由$P_N = U_N I_N\cos\varphi$，得

$$I_N = \frac{P_N}{U_N\cos\varphi} = \frac{100 \times 10^3}{380 \times 0.707} \approx 372(\text{A})$$

求等效电阻R，由$P_N = I_N^2 R$，得

$$R = \frac{P}{I_N^2} = \frac{100 \times 10^3}{372^2} \approx 0.72(\Omega)$$

求等效电感L

$$|Z| = \frac{U_N}{I_N} = 1.02(\Omega), \quad X_L = \sqrt{|Z|^2 - R^2} = \sqrt{1.02^2 - 0.72^2} = 0.72(\Omega)$$

$$L = \frac{X_L}{2\pi f} = \frac{0.72}{314} \approx 2.3(\text{mH})$$

第八节　功率因数的提高及有功功率的测量

一、提高功率因数的意义

电源设备的额定容量是指设备可能发出的最大功率，表示了其供电能力，用视在功率表征的，如 100kVA 的发电机，50kVA 的变压器。而用电设备都是以所需的有功功率表示，如 40W 的日光灯，4kW 的电动机等。

在交流电力系统中，负载多数为感性。如常用的感应电动机、照明日光灯等，接上电源时，负载除了要从电源取得有功功率外，还要从电源取得建立磁场的能量，并与电源作周期性的能量交换。在交流电路中，负载从电源接受的有功功率为 $P=S\cos\varphi$，因此运行中的电源设备发出的有功功率还取决于负载的功率因数。提高功率因数的意义主要有以下两个方面。

1. 提高电源设备的利用率

电源设备如发电机、变压器等是按照它的额定电压 U_N 与额定电流 I_N 设计的，它所具有的额定容量 $S_N=U_NI_N$ 也就确定了，但它所能发送的有功功率与负载有关。例如一台容量为100kVA，额定电压为220V的单相变压器，若负载的功率因数为1，则供给负载的有功功率为100kW；若此变压器向功率因数仅为0.1的负载供电，则有功功率仅为 $P=S\cos\varphi=100\times0.1=10$（kW）。两种负载情况，变压器发出了同样的电压和电流，而有功功率相差10倍。显然功率因数越低，发电设备发出的视在功率向负载提供的有功功率就少，这样发电设备的能力就不能得到充分利用。

2. 减少输电中的电压损失和功率损失

在一定的电压下向负载输送一定的有功功率时，负载的功率因数越低，输电线路的电压降和功率损失越大。由式 $I=\dfrac{P}{U\cos\varphi}$，在 P、U 一定时，$\cos\varphi$ 越小时，电流 I 必然增大。当电流 I 增大后，线路上的电压降也要增大，在电源电压一定时，负载的端电压将减小，这要影响负载的正常工作。同时，电流增加，线路中的功率损耗也要增加。

从以上分析可知，提高功率因数具有重要意义。我国电力部门规定电力用户功率因数不应低于0.9，否则不予供电。

二、提高功率因数的方法

提高功率因数就是在不改变感性负载原有电压、电流和功率的前提下，通过在感性负载两端并联适当的电容器来提高整个电路的功率因数。这样就可以使电感中的磁场能量与电容的电场能量交换，从而减少电源与负载间能量的互换。具体电路及各电量相量关系如图4－29所示。

在并联电容前，线路上的电流 $\dot{I}$ 就是感性负载电流 $\dot{I}_{RL}$，这时电路的功率因数是 $\cos\varphi_L$；并联电容后，电源电压 $\dot{U}$ 一定，感性负载中电流不变，电容支路中电流超前 $\dot{U}$ 为$\frac{\pi}{2}$。线路上的电流不再是 $\dot{I}_{RL}$，而是 $\dot{I}_{RL}$ 与 $\dot{I}_C$ 的相量和 $\dot{I}$。线路电流 $\dot{I}$ 滞后电压 $\dot{U}$ 为 φ 角。从图4－29（b）可知线路电流 I 比 I_{RL} 小，即线路中总电流减小了，线路中的电压 $\dot{U}$ 与电流 $\dot{I}$ 与之间的相位差 φ 角减小了，因此功率因数提高了。由于电容是不消耗能量的，因此并联电容后，电路有功功率并不改变。

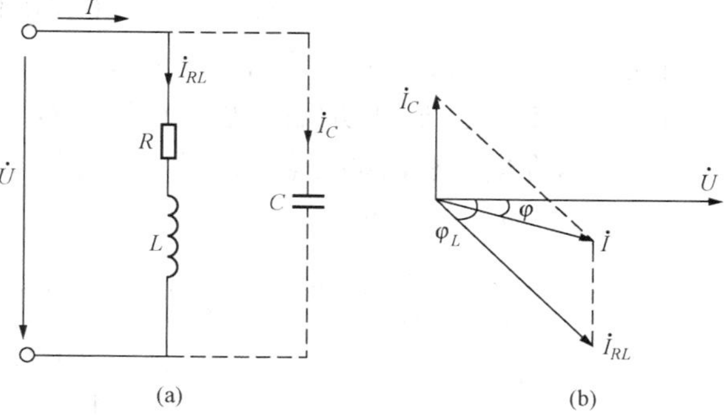

图4－29　功率因数的提高
（a）电路图；（b）相量图

由图 4 - 29（b）可得

$$I_C = I_{RL}\sin\varphi_L - I\sin\varphi = \frac{P}{U\cos\varphi_L}\sin\varphi_L - \frac{P}{U\cos\varphi}\sin\varphi = \frac{P}{U}(\tan\varphi_L - \tan\varphi)$$

又 $I_C = \frac{U}{X_C} = \omega CU$，因而得到并联的电容值 C 的计算公式为

$$C = \frac{P}{\omega U^2}(\tan\varphi_L - \tan\varphi) \tag{4 - 61}$$

式（4 - 61）说明，将原有功率因数 $\cos\varphi_L$ 提高到新的功率因数 $\cos\varphi$ 所需并联的电容值 C 的计算方法。如果电容选择适当，还可以使 $\varphi=0$，即 $\cos\varphi=1$。但是电容太大，也会使 I_C 过大，这时总电流相量 $\dot{I}$ 超前电压相量 $\dot{U}$，造成过补偿。过补偿太大，又可使功率因数变低。因此，必须合理地选择补偿电容器的容量。

并联电容器的无功功率 Q_C 应为

$$Q_C = -\frac{U_C^2}{X_C} = Q - Q_L = -P(\tan\varphi_L - \tan\varphi)$$

即并联电容器的无功功率计算公式为

$$Q_C = -P(\tan\varphi_L - \tan\varphi) \tag{4 - 62}$$

【例 4 - 23】 一台工频变压器，额定容量为 100kVA，输出额定电压为 220V，供给一组电感性负载，其功率因数为 0.5。要使功率因数提高到 0.9，所需并联的电容量为多少？电容并联前，变压器满载。问并联电容前后输出电流各为多少？

解 $P_N = S_N\cos\varphi_L = 100\times 0.5 = 50(\text{kW})$

$$\cos\varphi_L = 0.5,\quad \tan\varphi_L = 1.732$$

$$\cos\varphi = 0.9,\quad \tan\varphi = 0.484,\quad U = 220\text{V},\quad \omega = 2\pi f = 314\text{rad/s}$$

可得 $$C = \frac{P}{\omega U^2}(\tan\varphi_L - \tan\varphi) = \frac{50\times 10^3(1.732-0.484)}{314\times 220^2} \approx 410.6(\mu\text{F})$$

并联电容前，变压器输出电流为

$$I = I_L = \frac{P}{U\cos\varphi_L} = \frac{50\times 10^3}{220\times 0.5} \approx 454.5(\text{A})$$

并联电容后，变压器输出电流为

$$I = \frac{P}{U\cos\varphi} = \frac{50\times 10^3}{220\times 0.9} \approx 252.5(\text{A})$$

可见电路功率因数提高，总电流减小了。

【例 4 - 24】 已知电动机的功率为 10kW，电压 U 为 220V，功率因数 $\cos\varphi_L$ 为 0.6，$f=50\text{Hz}$，若在电动机两端并联 250μF 的电容，试问电路功率因数能提高到多少？

解 由式（4 - 61）得

$$C = \frac{P}{\omega U^2}(\tan\varphi_L - \tan\varphi),\quad \cos\varphi_L = 0.6,\quad \tan\varphi_L = 1.33$$

$$\tan\varphi = 1.33 - \frac{314\times 220^2\times 250\times 10^{-6}}{10\times 10^3} \approx 1.33 - 0.38 = 0.95$$

则电路功率因数提高之后为 $\cos\varphi = 0.72$

本题是由已知电容值，计算电路的功率因数，直接根据推导公式进行计算，比较简单。

三、有功功率的测量

由于交流负载的有功功率不仅与电压和电流的有效值有关，而且还与其功率因数有关，所以要测量负载的有功功率，仅用电压表、电流表测出电压和电流是不够的，通常直接采用电动式功率表来测量负载的有功功率。

电动式功率表内部有两个线圈，一个是固定线圈，也称电流线圈；另一个是可以转动的活动线圈，也称电压线圈。测量功率时，电流线圈串联到被测电路中，通过的电流就是被负载的电流 i；电压线圈并联在被测电路两端，电压线圈支路的端电压就是被负载的电压 u。这样，当电流与电压同时分别作用于两线圈时，由于电磁相互作用产生电磁转矩而使活动线圈转动，带动指针偏转。

电动式功率表的指针偏转方向与两个线圈中的电流方向有关，为此要在表上明确标示出能使指针正向偏转的电流方向。通常分别在每个线圈的一个端钮标有“*”符号，称之为“电源端”，如图 4 - 30（a）所示。

接线时应使两线圈的“电源端”接在电源的同一极性上，以保证两线圈的电流都从该端钮流入。功率表在电路图中的图形符号及正确的接线方式如图 4 - 30（b）或图 4 - 30（c）所示。

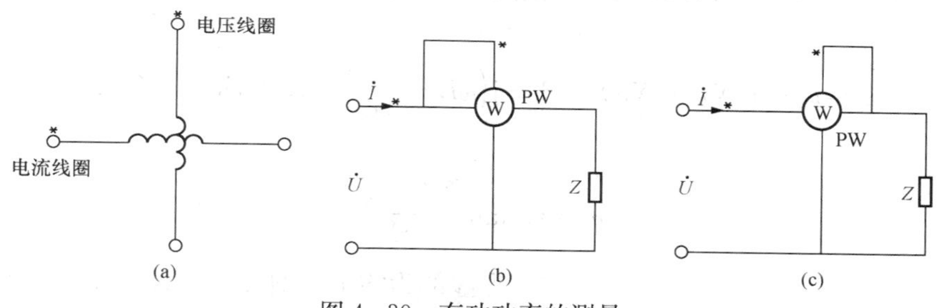

图 4 - 30　有功功率的测量

（a）电源端；（b）功率表接线方式 1；（c）功率表接线方式 2

【例 4 - 25】 如图 4 - 31 所示电路是测量电感线圈参数的实验电路。已知电源频率为 50Hz，电压表读数为 152V，电流表读数为 1.2A，功率表读数是 28.8W。求线圈的等效电阻 R 和电感 L。

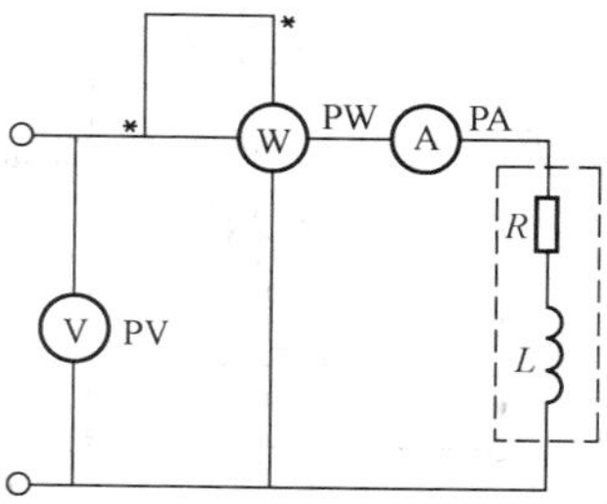

图 4 - 31　［例 4 - 25］图

解　由 $P=UI\cos\varphi$，得

$$\cos\varphi=\frac{P}{UI}=\frac{28.8}{152\times1.2}\approx0.16$$

由 $P=I^2R$，得

$$R=\frac{P}{I^2}=\frac{28.8}{1.2^2}\approx20(\Omega)$$

$$|Z|=\frac{U}{I}=\frac{152}{1.2}\approx126.7(\Omega)$$

$$X_L=\sqrt{|Z|^2-R^2}=\sqrt{126.7^2-20^2}\approx125.1(\Omega)$$

$$X_L=2\pi fL=314L,\quad L=\frac{125.1}{314}\approx0.4(\mathrm{H})$$

第九节 电路中的谐振

在含有电感和电容元件的无源二端网络中，电路端口电压与电流出现了相位相同（同相）现象，这种工作状态称为谐振。谐振是电路中产生的一种特殊现象，在工程技术中，对工作在谐振状态下的电路常称为谐振电路。谐振电路在电子技术中有着广泛的应用。例如在收音机和电视机中，利用谐振电路的特性来选择所需的电台信号，抑制某些干扰信号。在电子测量仪器中，利用谐振电路的特性来测量线圈和电容器的参数等。

谐振有两种情况，即串联谐振和并联谐振。在串联电路中发生的谐振称为串联谐振，如 *RLC* 串联电路发生的谐振现象。在并联电路中发生的谐振称为并联谐振，如 *RLC* 并联电路及感性负载与电容并联电路发生的谐振。本节重点讨论 *RLC* 串联电路的谐振，*RLC* 并联电路和感性负载与电容并联电路的谐振。

一、串联谐振

1. 串联谐振的条件

如图 4 - 32（a）所示的 *RLC* 串联电路中，在角频率为 ω 的正弦电压作用下，该电路的复阻抗为

$$Z = R + \mathrm{j}(X_L - X_C) = R + \mathrm{j}\left(\omega L - \frac{1}{\omega C}\right) = R + \mathrm{j}X = |Z| \angle \varphi$$

其中

$$\varphi = \arctan \frac{\omega L - \frac{1}{\omega C}}{R}$$

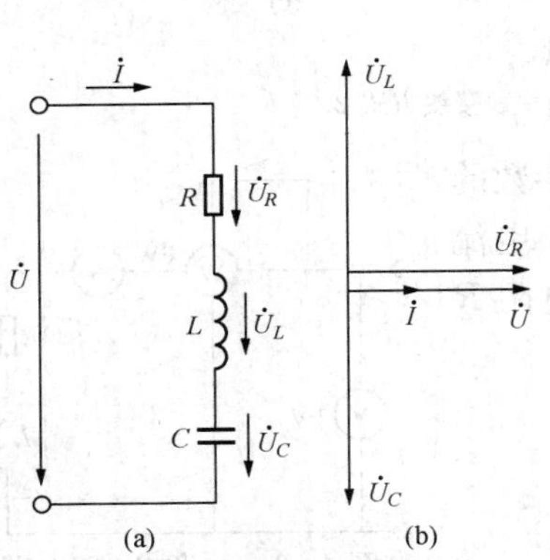

图 4 - 32　*RLC* 串联谐振时的电压相量图
（a）*RLC* 串联电路；
（b）串联谐振时电路相量图

当虚部为零时，即 $X_L = X_C$ 时，$\varphi = 0$，电路中电压与电流同相位，电路呈现电阻性，这时称电路发生了串联谐振。

由以上分析可见，*RLC* 串联电路发生谐振的条件是

$$X_L = X_C$$

即

$$\omega L = \frac{1}{\omega C} \tag{4 - 63}$$

由式（4 - 63）可知，调节 L、C、ω 三个参数中的任一个，都可以使电路发生谐振。

当电路参数 L、C 一定时，调节电源的频率使电路发生谐振时的角频率称为谐振角频率，用 ω_0 表示，则有

$$\omega_0 = \frac{1}{\sqrt{LC}} \tag{4 - 64}$$

相应的谐振频率为

$$f_0 = \frac{\omega_0}{2\pi} = \frac{1}{2\pi\sqrt{LC}} \tag{4 - 65}$$

式中：L 为电感，H；C 为电容，F；f_0 为谐振频率，Hz。

显然，谐振频率仅与电路参数 L、C 有关，与电阻 R 无关。对于一个固定的 R、L、C 电路，只有一个与之对应的谐振角频率，它反映了电路本身的一种性质，所以 ω_0 又称为固有角频率，f_0 称为固有频率。当外加电源角频率等于电路的固有频率时，电路才处于谐振状态。

【例 4-26】 当电路 $L=250\mu H$，$C=150pF$ 串联时，试求对该电路发生谐振的频率。

解 将数值代入式（4-64）中，可得

$$f_0=\frac{1}{2\pi\sqrt{LC}}=\frac{1}{2\pi\sqrt{250\times10^{-6}\times150\times10^{-12}}}\approx8.2\times10^5(\text{Hz})$$

【例 4-27】 有一台收音机的调谐电路中电感 $L=200\mu H$，欲收听某广播电台的信号（节目），该广播电台播发的频率为 846kHz，求电容应调到何值对其发生谐振？

解 由式（4-64）可得

$$C=\frac{1}{(2\pi f_0)^2L}=\frac{1}{(2\pi\times846\times10^3)^2\times200\times10^{-6}}\approx1.77\times10^{-10}(\text{F})\approx177\text{pF}$$

2. 串联谐振电路的特征

RLC 串联电路处于谐振状态时，其特点有：

（1）电路复阻抗 Z 就等于电路中的电阻 R，复阻抗的模达到最小值。即 $|Z|=R$。

（2）在一定电压 U 作用下，电路中的电流 I 达到最大值。用 I_0 表示，并称为谐振电流。即

$$I_0=\frac{U}{R}\tag{4-66}$$

（3）串联谐振时，由图 4-32（b）可知各元件上的电压分别为 $U_R=I_0R=\frac{U}{R}\times R=U$，即电阻上的电压就等于电源电压 U。

$$U_L=U_C\tag{4-67}$$

3. 串联谐振的频率特性

RLC 串联电路谐振时，有 $U_L=U_C=I_0X_L=I_0X_C=\frac{\omega_0L}{R}U=\frac{1}{\omega_0CR}U$，令 $Q_P=\frac{U_L}{U}=\frac{\omega_0L}{R}=\frac{1}{\omega_0CR}$，$Q_P$ 称为谐振电路的品质因数。Q_P 是一个仅与电路参数有关的常数，其值为几十以上。因此，电感及电容上的电压是电源电压的 Q_P 倍，且相位相反。即 $U_{L0}=U_{C0}=Q_PU$，故串联谐振也称电压谐振。

串联谐振时的电压、电流相量图如图 4-32（b）所示。

对于一个 RLC 串联电路，当外加电源电压的频率变化时，电路中的电流、阻抗等都随频率而变化，这种随频率变化的关系称为频率特性。将串联谐振回路中电流有效值大小随电源频率变化的曲线称为电流谐振曲线。如图 4-33 所示。

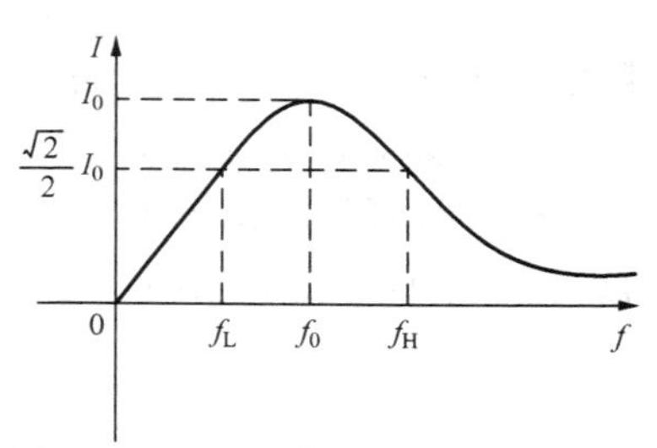

图 4-33　RLC 串联电路的谐振曲线

电路中电流为

$$I=\frac{U}{\sqrt{R^2+\left(\omega L-\frac{1}{\omega C}\right)^2}}=\frac{U}{R\sqrt{1+\left(\frac{\omega_0 L}{R}\right)^2\left(\frac{\omega}{\omega_0}-\frac{\omega_0}{\omega}\right)^2}}$$

$$=\frac{I_0}{\sqrt{1+Q_P^2\left(\frac{\omega}{\omega_0}-\frac{\omega_0}{\omega}\right)^2}} \tag{4-68}$$

式（4-67）反映了对应不同品质因数 Q_P 值时，电路电流 I 随频率变化的特性，如图4-34所示。从图上可以清楚地看到，较大的 Q_P 值对应着较尖锐的电流谐振曲线，而较尖锐的电流谐振曲线就有较高的回路选择性。因此回路 Q_P 越大，电路对频率的选择性就越高。这样有利于从众多的频率信号中选择出所需要的信号而抑制其他信号的干扰。而实际信号都具有一定的频率范围，例如声音信号、音乐信号等通过某一电路时，各种频率成分的电压在回路中产生的电流，其幅值应能保持正常，即不产生幅度失真。

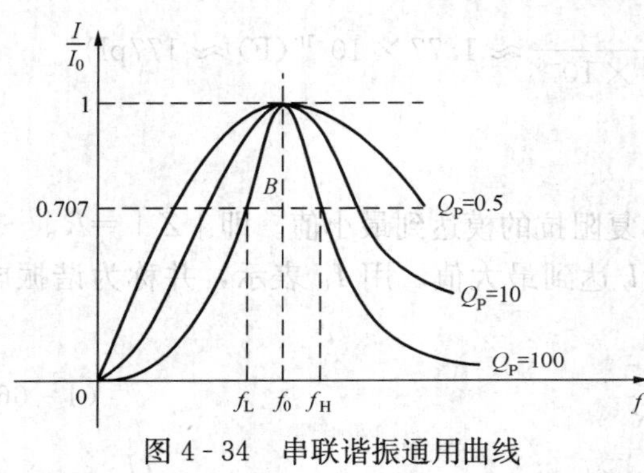

图4-34 串联谐振通用曲线

实际应用中，常把回路电流 I 不小于 $\frac{\sqrt{2}}{2}I_0$ 的频率范围称为该回路的通频带并以 B 表示，如图4-34所示，则通频带为

$$B=f_H-f_L$$

式中：f_H 为上限截止频率；f_L 为下限截止频率。f_H、f_L 分别为电路电流值下降为谐振电流值的 $\frac{\sqrt{2}}{2}$ 时，所对应电路最高频率和最低频率。

通频带规定了谐振电路允许通过信号的频率范围。可以看出电路的选择性越好，通频带就越窄，反之，通频带越宽，选择性越差。实际工作中根据需要选择好电路的选择性与通频带的关系。

【例4-28】 已知 RLC 串联电路中的 $L=30\mu H$，$C=211pF$，$R=9.4\Omega$，电源电压为100mV。若电路产生串联谐振，试求电源频率 f_0，回路的品质因数 Q_P 及电感上电压 U_{L0}。

解
$$f_0=\frac{1}{2\pi\sqrt{LC}}=\frac{1}{2\times3.14\sqrt{30\times10^{-6}\times211\times10^{-12}}}\approx2(\mathrm{MHz})$$

$$Q_P=\frac{\omega_0 L}{R}=\frac{2\times3.14\times2\times10^6\times30\times10^{-6}}{9.4}\approx40$$

$$U_{L0}=U_{C0}=Q_P U=40\times100\times10^{-3}=4(\mathrm{V})$$

【例4-29】 某收音机的输入回路，可简化为由一电阻元件、电感元件及可变电容元件串联组成的电路，已知电感 $L=300\mu H$，今欲接收中央人民广播电台中波信号，其频率范围是从531～1602kHz。试求电容 C 的变化范围。

解 由式（4-64）可得

$$C=\frac{1}{(2\pi f_0)^2 L}$$

当 $f_{01}=531\mathrm{kHz}$ 时，电路谐振，则

$$C_1=\frac{1}{(2\times 3.14\times 531\times 10^3)^2\times 300\times 10^{-6}}\approx 299.8(\text{pF})$$

当 $f_{02}=1602\text{kHz}$ 时，电路谐振，则

$$C_2=\frac{1}{(2\times 3.14\times 1602\times 10^3)^2\times 300\times 10^{-6}}\approx 32.9(\text{pF})$$

因此 C 的变化范围为 32.9～229.8pF。

二、并联电路的谐振

如前所述，“谐振”就是在 L、C 同时存在的电路中，出现了端口处电流与电压同相位的现象。并联电路也有这种谐振现象。

1. 并联谐振的条件

如图 4-35 所示为一最简单的 RLC 并联电路。对并联电路当然也可以用和串联电路类似的方法，先求总阻抗，再令其虚部为零，得到并联谐振的条件，但用求导纳法更为方便。

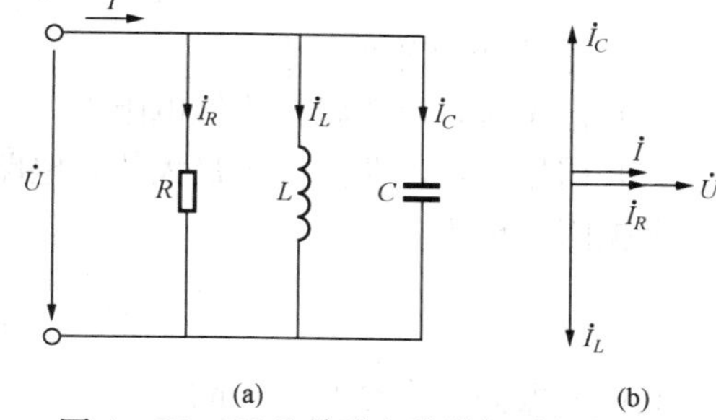

图 4-35　RLC 并联电路谐振时的相量图
(a) RLC 并联电路；(b) 并联谐振时电路的相量图

由图 4-35 可知

$$Y_1=\frac{1}{Z_1}=\frac{1}{R}=G$$

$$Y_2=\frac{1}{Z_2}=\frac{1}{\text{j}X_L}=-\text{j}\frac{1}{X_L}=-\text{j}B_L$$

$$Y_3=\frac{1}{Z_3}=\frac{1}{-\text{j}X_C}=\text{j}\frac{1}{X_C}=\text{j}B_C$$

端口总导纳

$$Y=Y_1+Y_2+Y_3=G+\text{j}(B_C-B_L)$$

该电路发生并联谐振的条件为

$$B_\text{L}=B_\text{C} \tag{4-69}$$

即

$$\omega_0 C=\frac{1}{\omega_0 L} \tag{4-70}$$

则

$$\omega_0=\frac{1}{\sqrt{LC}},\quad f_0=\frac{1}{2\pi\sqrt{LC}} \tag{4-71}$$

式中：f_0 为谐振频率，与串联电路谐振条件是相同。并联谐振时，复导纳最小，为$Y=G=\frac{1}{R}$，在一定幅值的电流源 I_S 作用下，电路的端电压为最大值，即 $U=\frac{I_\text{S}}{G}$。

电阻上电流等于电源总电流；电感与电容元件的电流有效值相等，相位相反，互相抵消。故并联谐振也称电流谐振。

实际应用中是电感线圈和电容器组成的并联谐振电路。在不考虑电容器的介质损耗时，该并联装置的电路模型如图 4-36（a）所示。电路的复导纳为

$$Y=\frac{1}{R+\text{j}\omega L}+\text{j}\omega C=\frac{R}{R^2+(\omega L)^2}-\text{j}\frac{\omega L}{R^2+(\omega L)^2}+\text{j}\omega C$$

电路发生并联谐振时，复导纳的虚部应为零，即

$$C=\frac{L}{R^2+(\omega L)^2}$$

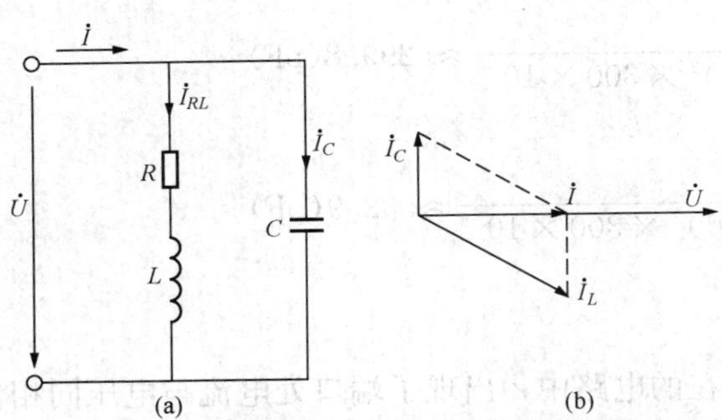

图 4-36 电感线圈和电容器组成的并联谐振电路

（a）电路模型；（b）相量图

电路谐振时，谐振角频率为

$$\omega_0=\sqrt{\frac{1}{LC}-\left(\frac{R}{L}\right)^2}$$

当线圈电阻 R 很小时，$\frac{R}{L}$ 可忽略，则谐振角频率 ω_0 与前面介绍式（4-71）的是一致的。

并联电路的品质因数 Q_P 仍定义为在谐振时电路的感抗值或容抗值与电路的总电阻的比值，即

$$Q_P=\frac{\omega_0 L}{R}=\frac{1}{\omega_0 CR}$$

2. 并联谐振电路的特征

（1）谐振时，电路阻抗为纯电阻性，电路端电压与电流同相。

（2）谐振时，电路阻抗为最大值，电路等效导纳为最小。

谐振阻抗模为

$$|Z_0|=\frac{1}{|Y|}=\frac{R^2+(\omega_0 L)^2}{R}\approx\frac{(\omega_0 L)^2}{R}=Q_P\omega_0 L$$

其值一般为几十至几百千欧。

（3）谐振时，电感支路电流与电容支路电流近似相等并为电路总电流的 Q_P 倍。

由图 4-36（a）可得，电路在谐振时的端电压为 U_0，电流为 I_0，则

$$U_0=I_0 Z_0=I_0(\omega_0 L)Q_P=I_0 Q_P\frac{1}{\omega_0 C}$$

因此，电感支路和电容支路的电流分别为

$$I_{C0}=\frac{U_0}{\frac{1}{\omega_0 C}}=I_0 Q_P,\qquad I_{L0}=\frac{U_0}{\sqrt{R^2+(\omega_0 L)^2}}\approx\frac{U_0}{\omega_0 L}=Q_P I_0$$

由于 $Q_P\gg1$，则 $I_{C0}=I_{L0}\gg I_0$，因此并联谐振又称为电流谐振。

【例 4-30】 如图 4-36（a）所示电路，已知 $L=100\mu H$，$C=100pF$，电路品质因数为100，电源电压 $U_0=10V$，若电路已处于谐振状态。试求：谐振频率 f_0，总电流 I_0，支路电流 I_{L0}、I_{C0}，电路吸收的功率。

解 由于 $Q_P\gg1$，则有

$$f_0=\frac{1}{2\pi\sqrt{LC}}=\frac{1}{2\pi\sqrt{100\times10^{-6}\times100\times10^{-12}}}\approx1.59(\text{MHz})$$

谐振阻抗 $|Z_0|$ 为

$$|Z_0|=Q_P\omega_0 L=100\times2\times3.14\times1.59\times10^6\times100\times10^{-6}\approx100(\text{k}\Omega)$$

电路总电流为 $$I_0=\frac{U_0}{|Z_0|}=\frac{10}{100\times10^3}=0.1(\text{mA})$$

两支路电流为 $$I_{C0}=I_{L0}=Q_P I_0=100\times0.1=10(\text{mA})$$

电路吸收的功率是电路电阻中吸收的功率

$$P=I_{L0}^2R=I_{L0}^2\frac{\omega_0L}{Q_P}=(10\times10^{-3})^2\times\frac{2\times\pi\times1.59\times10^6\times100\times10^{-6}}{100}\approx1(\text{mW})$$

小　　结

一、正弦交流电及三要素

正弦交流电是大小和方向按正弦规律变化的交流电，在任一时刻的瞬时值 i 或 u 是由最大值、频率和初相位这三个特征量即正弦量的三要素确定的。可以用瞬时值三角函数式、正弦波形图、相量式及相量图四种方式来表示正弦交流电。四种表达方式各有优点，应按具体情况而定，但最常用的是相量表示法。

二、相量表示法

由于正弦交流电频率一定，只要确定幅值和初相位，它的瞬时值也确定了。因此用具有幅值和初相位的相量（复数）即可表示正弦量的瞬时值。在电工技术中常用有效值表示正弦量的大小。正弦量有效值形式的相量表示为

$$\dot{I}=I\angle\varphi$$

正弦量用相量表示后，就可以根据复数的运算关系来进行运算，即将正弦量的和差积商运算换成复数的和差积商运算。

相量还可以用相量图表示。相量图能形象而且直观地表示各电量的大小和相位的关系，并可以应用相量图的几何关系求解电路。只有同频率正弦量才能画在同一个相量图中。

相量与正弦量之间是一一对应的关系，它们之间是一种表示关系，而不是相等关系。

三、单一参数的正弦交流电路

单一参数的交流电路是交流电路分析的基础。电阻、电感和电容在交流电路中电压和电流关系在表 4-1 中进行了小结。

四、*RLC* 串联和并联电路

在分析 RLC 串联电路时，应用 KVL 的相量形式，可导出相量形式的欧姆定律，即 $\dot{U}=\dot{I}Z$。阻抗 Z 是推导出的参数，它表示为

$$Z=\frac{\dot{U}}{\dot{I}}=R+\text{j}X=|Z|\angle\varphi_Z$$

其中 R 为电路的电阻，$X=X_L-X_C$ 为电路的电抗，复阻抗的模 $|Z|$ 称为电路的总阻抗。其辐角 φ_Z 称为阻抗角，也是电路总电压与电流之间的相位差。$|Z|$、φ 与电路参数的关系为

$$|Z|=\sqrt{R^2+X^2},\quad \varphi_Z=\arctan\frac{X}{R}$$

它们之间的数值关系可用阻抗三角形来表示。

当 $\varphi_Z>0$ 时，电路呈电感性；$\varphi_Z<0$ 时，电路呈电容性；$\varphi_Z=0$ 时，电路呈电阻性，此时电路发生串联谐振。

在对 RLC 并联电路进行分析时，应用 KCL 的相量式，也可用电路等效复导纳来描述，即 $\dot{I}=Y\dot{U}$。复导纳可表示为　$Y=G+\text{j}B=|Y|\angle\varphi_Y$

其中 $G=\frac{1}{R}$ 为电路的电导，$B=B_C-B_L$ 为电路的电纳。复导纳的模 $|Y|$ 为电路的导纳，其辐角为 φ_Y，称为导纳角，也是电路总电流与电压的相位差。阻抗角与导纳角的大小相等，符号相反。

表 4-1　电阻、电感、电容在交流电路中电压和电流的关系

项目 \ 电路元件		电阻 R	电感 L	电容 C
元件性质		R 为耗能元件，电能与热能间转换	L 为储能元件，电能与磁场能间转换	C 储能元件，电能与电场能间转换
频率特性		R 与频率无关	感抗与频率成正比	容抗与频率成反比
电压与电流的关系	瞬时值	$u_R=iR$	$u_L=L\frac{di}{dt}$	$i=C\frac{du_C}{dt}$
	有效值	$U_R=IR$	$U_L=IX_L$	$U_C=X_CI$
	相量关系	$\dot{U}_R=\dot{I}R$	$\dot{U}_L=\dot{I}jX_L$	$\dot{U}_C=\dot{I}(-jX_C)$
有功功率		$P=UI=I^2R$	0	0
无功功率		0	$Q_L=I^2X_L$	$Q_C=-I^2X_C$

五、正弦交流电路的功率

正弦交流电路吸收的有功功率用 P 来表示，$P=UI\cos\varphi$，$\cos\varphi$ 称为功率因数。

反映电路与电源之间能量交换规模的物理量用无功功率 Q 来表示，$Q=UI\sin\varphi$。电感元件的 Q 为正数，电容元件的 Q 为负数。

视在功率 $S=UI=\sqrt{P^2+Q^2}$，P、Q 与 S 可以用功率三角形来表示。

功率因数 $\cos\varphi$ 的大小取决于负载本身的性质。提高电路的功率因数对充分发挥电源设备的潜力，减少线路的损耗有重要意义。在感性负载两端并联适当的电容元件可以提高电路的功率因数，并联电容后，负载的端电压和负载吸收的有功功率不变，而电路上电流的无功分量减少了，总电流也减少了。

六、谐振电路

在含有电感和电容元件的电路中，总电压相量和总电流相量同相时，电路就发生谐振。按发生谐振的电路不同，可分为串联谐振和并联谐振。

RLC 串联谐振时，电路阻抗最小，电流最大，谐振频率为 $f_0=\frac{1}{2\pi\sqrt{LC}}$，电路呈电阻性，品质因数 $Q_P=\frac{\omega_0L}{R}=\frac{1}{\omega_0CR}$，$U_L=U_C=Q_PU$，因此串联谐振又称为电压谐振。

感性负载与电容元件并联谐振时，电路阻抗最大，总电流最小，电路呈电阻性，品质因数 $Q_P=\frac{\omega_0L}{R}=\frac{1}{\omega_0CR}$，$I_{C0}=I_{L0}=Q_PI_0$，因此并联谐振又称为电流谐振。

无论是串联谐振还是并联谐振，电源提供的能量全部是有功功率，并全被电阻所消耗。无功能量互换仅在电感与电容元件之间进行。

思　考　题

4-1　已知 $u=[141\sin(628t+60°)]$ V，则 $U=$________，$\omega=$______，$\varphi_u=$________，$f=$______，$T=$______。

4-2　已知 $i=[1.6\sin(500\pi t-60°)]$ A，$u=[110\sin(500\pi t+240°)]$ V，求 i 与 u 的相位关系，并说明哪个超前，哪个滞后？

4-3　已知 $u=[100\sin(100\pi t+30°)]$ V，$i=[20\sin(200\pi t-45°)]$ V，则 u 与 i 相位差为 75°，对不对？

4-4　写出下列各正弦量对应的相量。

(1) $u_1=220\sqrt{2}\sin\omega t$ V；　(2) $i_1=[8\sin(\omega t+30°)]$ A；

(3) $u_2=[-110\sqrt{2}\sin(\omega t-60°)]$ V；(4) $i_2=[4\sin(\omega t-210°)]$ A。

4-5　写出下列相量对应的正弦量瞬时表达式（$f=50$Hz）。

(1) $\dot{U}_1=100\angle 60°$ V；　(2) $\dot{I}_1=\mathrm{j}5$(A)；

(3) $\dot{I}_2=(3-\mathrm{j}4)$A；　(4) $\dot{U}_2=(-6+\mathrm{j}8)$ V。

4-6　试求 $i_1=[2\sqrt{2}\sin(1000t+45°)]$ A，$i_2=[5\sqrt{2}\sin(1000t-30°)]$ A 之和，并画出相量图。

4-7　已知 $u_1=220\sqrt{2}\sin\omega t$ V，$u_2=[220\sqrt{2}\sin(\omega t+120°)]$ V，求 u_1-u_2，并画出相量图。

4-8　在电阻值为 11Ω 的电阻两端，外加电压 $u=[110\sin(314t-60°)]$ V，在关联参考方向下，求电阻中电流 i，并作出电流和电压的相量图。

4-9　已知 $u=[220\sqrt{2}\sin(1000t+60°)]$ V，$L=0.1$H，在关联参考方向，试求 X_L 和 i，并作出相量图。

4-10　有一电容器的 $C=31.8\mu$F，外接电压 $u=[220\sqrt{2}\sin(314t-30°)]$ V，在关联参考方向下，求：(1) i；(2) 作相量图；(3) 无功功率。

4-11　在 RL 串联电路中，下列哪些式子是对的？哪些是错的？

(1) $i=\dfrac{u}{|Z|}$；(2) $I=\dfrac{U}{R+X_L}$；(3) $\dot{I}=\dfrac{\dot{U}}{R+\mathrm{j}\omega L}$；(4) $I=\dfrac{U}{|Z|}$；

(5) $u=u_R+u_L$；(6) $U=U_R+U_L$；(7) $Z=\sqrt{R^2+X_L^2}$；(8) $U=\sqrt{U_R^2+U_L^2}$

4-12　下列各式 RLC 串联或 RL 串联或 RC 串联电路中的电压和电流，哪些式子是对的？哪些是错的？

(1) $i=\dfrac{u}{|Z|}$；　(2) $I=\dfrac{U}{R+X_L}$；　(3) $\dot{I}=\dfrac{\dot{U}}{R-\mathrm{j}\omega C}$

(4) $I=\dfrac{U}{|Z|}$；　(5) $u=u_R+u_L+u_C$；　(6) $U=U_R+U_L+U_C$

4-13　在 RLC 串联电路中，已知 $R=10\Omega$，$L=0.2$H，$C=10\mu$F，在电源频率分别为 200Hz 和 300Hz 时，电路各呈现什么性质？

4-14　在 RLC 串联电路中，是否会出现 $U_R>U$ 的情况？

4-15　在 RLC 并联电路中，是否可能出现 $I_R > I$ 的情况？

4-16　下列表示 RLC 并联电路中电压与电流关系的表达式中，哪些是错误的？

(1) $i = i_R + i_L + i_C$；(2) $I = I_R + I_L + I_C$

(3) $\dot{I} = \dot{I}_R + \dot{I}_L + \dot{I}_C$；(4) $U = \dfrac{I}{G + j(B_C - B_L)}$

(5) $\dot{U} = \dfrac{\dot{I}}{G + j(B_C - B_L)}$；(6) $u = \dfrac{i}{|Y|}$

(7) $U = \dfrac{I}{|Y|}$；(8) $I = \sqrt{I_R^2 + (I_L - I_C)^2}$

4-17　在 RLC 并联电路中，已知总电流 $I = 5\text{A}$，电阻支路中的电流 $I_R = 4\text{A}$，电感支路中的电流 $I_L = 6\text{A}$，求电容支路中的电流 I_C。

4-18　已知某二端网络的 u，i 在关联方向下，$u = [200\sin(\omega t + 60°)]\text{V}$，$i = [40\sin(\omega t + 30°)]\text{A}$，求该网络的 P、Q、S 和 $\cos\varphi$。

4-19　电阻 $R = 30\Omega$，电感 $L = 4.78\text{mH}$ 的串联电路接到 $u = [220\sqrt{2}\sin(314t + 30°)]\text{V}$ 的电源上，试求 i、P、Q 及 S。

4-20　提高电路的功率因数有何意义？并联电容前后，电路中有功功率及无功功率有何变化？

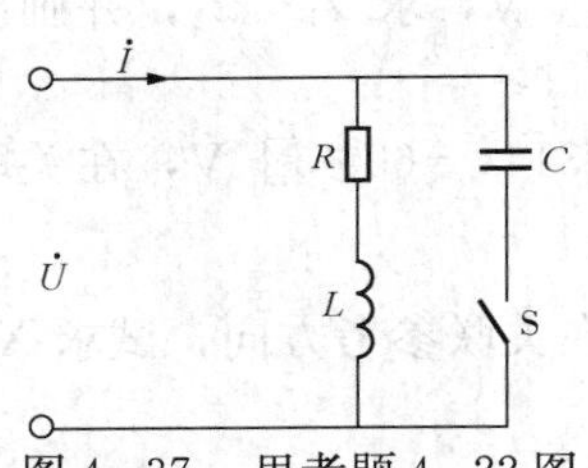

图 4-37　思考题 4-22 图

4-21　有一支日光灯的额定参数为 $P = 40\text{W}$，$U = 220\text{V}$，$I = 0.45\text{A}$，接到 220V 工频交流电源上。为了提高电路的功率因数，把一支电容 C 为 $4.75\mu\text{F}$ 同它并联，分别求并联电容器以前和以后电路的功率因数。

4-22　如图 4-37 所示，正弦交流电路中，当 S 闭合后电路吸收的有功功率、无功功率会怎样变化？

4-23　什么叫串联谐振，串联谐振时有哪些特征？

4-24　什么叫并联谐振，并联谐振时有哪些特征？

4-25　如图 4-36(a) 所示并联电路谐振时，测得总电流 I 和电感线圈电流 I_L 分别为 9A 和 15A，求电容支路电流 I_C。

习　　题

4-1　今有一正弦交流电压 $u = \left[311\sin\left(314t + \dfrac{\pi}{4}\right)\right]\text{V}$。求：角频率、频率、周期、幅值和初相角；当 $t = 0$ 时，u 的值；当 $t = 0.01\text{s}$ 时，u 的值。

4-2　判断下列各组正弦量哪个超前，哪个滞后？相位差等于多少？

(1) $i_1 = [5\sin(\omega t + 50°)]\ \text{A}$，　$i_2 = [10\sin(\omega t + 45°)]\ \text{A}$

(2) $u_1 = [100\sin(\omega t - 75°)]\ \text{V}$，　$u_2 = [200\sin(\omega t + 100°)]\ \text{V}$

(3) $u_1 = [U_{1\text{m}}\sin(\omega t - 30°)]\ \text{V}$，　$u_2 = [U_{2\text{m}}\sin(\omega t - 70°)]\ \text{V}$

4-3　将下列各正弦量用相量形式表示。

(1) $u = 110\sin 314t\,\text{V}$；(2) $u = [20\sqrt{2}\sin(628t - 30°)]\text{V}$

(3) $i=5\sin(100\pi t-60°)$A；(4) $i=50\sqrt{2}\sin(1000t+90°)$A

4-4 把下列各电压相量和电流相量转换为瞬时值函数式(设 $f=50$Hz)

(1) $\dot{U}=100e^{j30°}$ V，$\dot{I}=5e^{-j45°}$A；(2) $\dot{U}=200\angle 45°$ V，$\dot{I}=\sqrt{2}\angle -30°$ A

(3) $\dot{U}=(60+j80)$V，$\dot{I}=(-1+j2)$ A

4-5 指出下列各式的错误，并加以改正。

(1) $u=100\sin(\omega t-30°)=100e^{-j30°}$V；(2) $I=10\angle 45°$A；(3) $\dot{I}=20e^{j60°}$A

4-6 试求下列两正弦电压之和 $u=u_1+u_2$ 及之差 $u=u_1-u_2$，并画出对应的相量图

$$u_1=\left[100\sqrt{2}\sin\left(\omega t+\frac{\pi}{3}\right)\right]\text{V}，u_2=\left[150\sqrt{2}\sin(\omega t-30°)\right]\text{V}$$

4-7 如图 4-38 所示相量图，已知 $U=220$V，$I_1=5$A，$I_2=5\sqrt{2}$A，角频率为 314rad/s，试写出各正弦量的瞬时值表达式及相量。

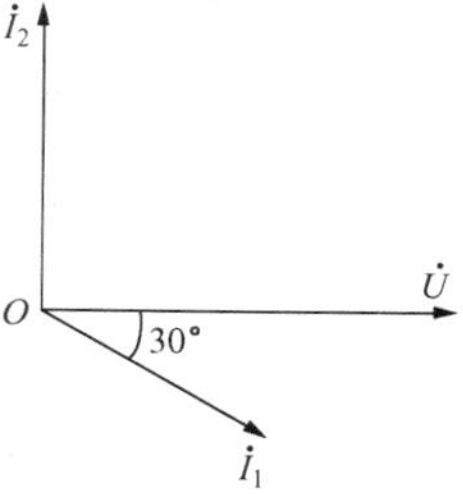

图 4-38 题 4-7 图

4-8 在 50Ω 的电阻上加上 $u=\left[50\sqrt{2}\sin(1000t+30°)\right]$V 的电压，写出通过电阻的电流瞬时值表达式，并求电阻消耗功率的大小，并画出电压和电流的相量图。

4-9 已知一线圈通过频率为 50Hz 电流时，其感抗为 10Ω，试问电源频率为 10kHz 时，其感抗为多少。

4-10 在电感为 80mH 的电路上，外加 $u=170\sin 314t$V，选定 u，i 参考方向一致时，写出电流的解析式、电感的无功功率，并作出电流与电压的相量图。

4-11 电容为 20μF 的电容器，接在电压 $u=600\sin 314t$V 的电源上，写出电流的瞬时值表达式，算出无功功率并画出电压与电流的相量图。

4-12 如图 4-39 所示电路中，电压表 PV1、PV2、PV3 的读数都是 50V，试求电路中电压表 PV 的读数。

4-13 已知一电阻和电感串联电路，接到 $u=\left[220\sqrt{2}\sin(314t+30°)\right]$V 的电源上，电流 $i=\left[5\sqrt{2}\sin(314t-15°)\right]$A，试求电阻 R、电感 L、有功功率 P。

4-14 日光灯的等效电路如图 4-40 所示，已知灯管电阻 $R_1=280\Omega$，镇流器的电阻 $R=20\Omega$，电感 $L=1.65$H，电源电压为 220V，求电路电流 I 及各部分电压 U_1、U_2。

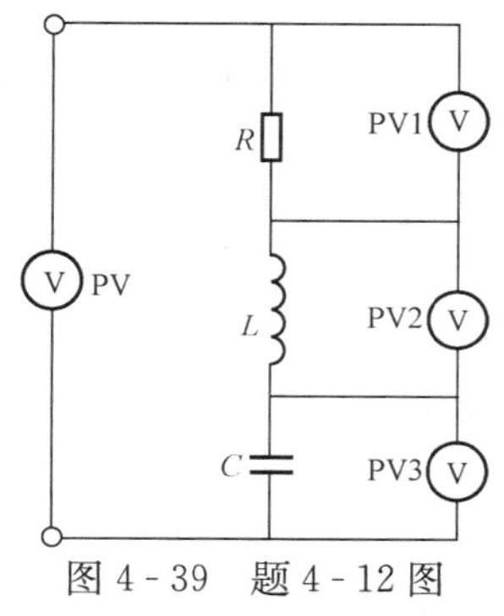

图 4-39 题 4-12 图

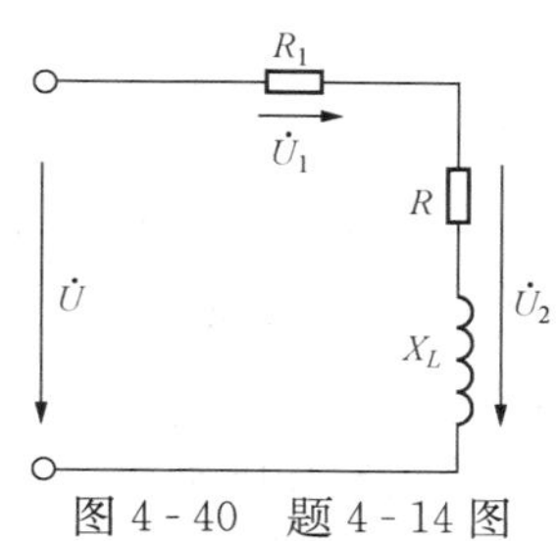

图 4-40 题 4-14 图

4－15　电阻 $R=30\Omega$，电感 $L=47.8\text{mH}$ 的串联电路接到 $u=[220\sqrt{2}\sin(314t+30°)]$ V 的电源上，求 i、P、Q 及 S。

4－16　如图 4－41 所示，如果电容 $C=10\mu\text{F}$，输入电压 $U_1=10\text{V}$，$f=50\text{Hz}$，要使输出电压 U_2 较输入电压 U_1 滞后 60°，问电阻应为多少？U_2 应为多少？

4－17　如图 4－42 所示电路中，已知 $u_1=10\sqrt{2}\sin(2\pi\times1180t)$ V，$R=5.1\text{k}\Omega$，$C=0.01\mu\text{F}$，试求：(1) 输出电压 U_2；(2) 输出电压较输入电压超前的相位差；(3) 如果电源频率增高，输出电压比输入电压越前的相位差增大还是减少？

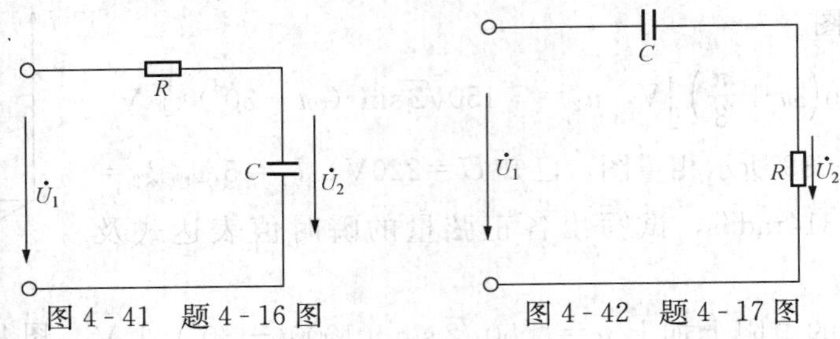

图 4－41　题 4－16 图　　图 4－42　题 4－17 图

4－18　电阻与电抗相串联，已知电压为 $u=[100\sin(314t+15°)]$ V，电流为 $i=5\sin(314t+45°)$ A，求电阻 R 与电抗 X，说明是感抗还是容抗。

4－19　在 RLC 串联电路中，已知电路电流 $I=1\text{A}$，各电压为 $U_R=15\text{V}$，$U_L=60\text{V}$，$U_C=80\text{V}$。求：(1) 电路总电压 U；(2) 有功功率 P、无功功率 Q 及视在功率 S；(3) R、X_L、X_C。

4－20　在 RLC 串联电路中，已知外加电压 $u=220\sqrt{2}\sin314t$ V，当电流 $I=10\text{A}$ 时，电路功率 $P=200\text{W}$，$U_C=80\text{V}$，试求电阻 R、电感 L、电容 C 及功率因数。

4－21　如图 4－43 所示正弦电路中，$X_L=10\Omega$，开关打开和合上时，电流表 PA 的读数都是 5A，试求 X_C 的值。

4－22　如图 4－44 所示正弦电路中，$R_1=5\Omega$，$R_2=X_L$，端口电压 $U=200\text{V}$，C 上的电流 $I_C=10\text{A}$，R_2 上的电流 $I_{RL}=10\sqrt{2}$ A，试求 X_C、R_2 和 X_L，并作相量图。

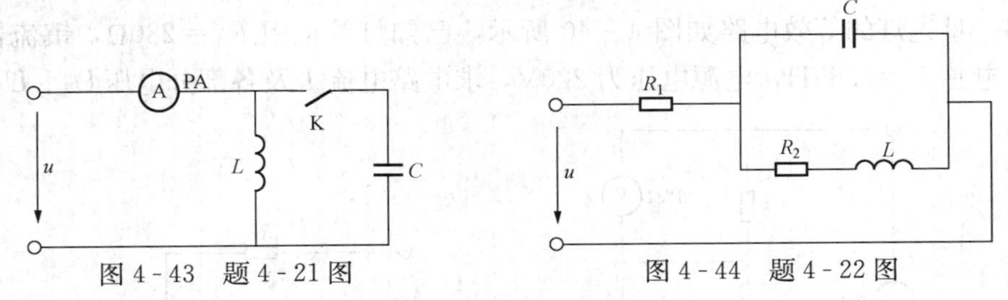

图 4－43　题 4－21 图　　图 4－44　题 4－22 图

4－23　如图 4－45 所示，已知各并联支路中电流表 PA1、PA2、PA3 的读数分别为 5、20、25A。若维持 PA1 的读数不变，而把电路的频率提高一倍，则电流表 PA、PA2、PA3 的读数分别为多少？

4－24　有一台单相异步电动机，输入功率为 1.21kW，接在 220V 的交流电源上，通入电动机的电流为 11A，试计算电动机的功率因数。要把电路的功率因数提高到 0.9，求应该与电动机并联多大的电容？并联电容器后，电动机的功率因数、电动机中的电流、线路中的电流及电路的有功功率和无功功率有无变化？

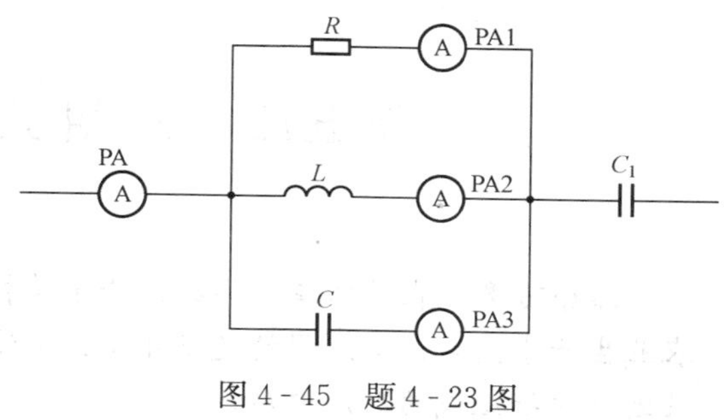

图 4-45　题 4-23 图

4-25　将一台功率因数为 0.7，功率为 1.5kW 的单相交流电动机接到 220V 的工频电源上，求：(1) 线路上的电流及电动机的无功功率；(2) 若要将电路的功率因数提高到 0.9，需并联多大的电容？这时线路中的电流及电源供给的有功功率、无功功率各是多少？

4-26　一台功率为 1.1kW 的单相电动机接到 220V 的工频电源上，其电流为 15A，求：(1) 电动机的功率因数；(2) 若在电动机两端并联 $C=75\mu F$ 的电容器，功率因数又为多少？

4-27　某工厂金工车间总有功功率为 $P=250kW$，功率因数为 0.65，要将功率因数提高到 0.85，求所需补偿电容器的容量 Q_C。

4-28　将功率为 40W，功率因数为 0.5 的日光灯 100 支，与功率为 100W 的白炽灯 40 支并联于 220V 的工频正弦交流电源上，求总电流及总功率因数。若要把功率因数提高到 0.9，应并联多大的电容？

4-29　一负载为 20kVA，$\cos\varphi=0.8$ ($\varphi>0$)，当一电阻炉与之并联时，功率因数为 0.85，求电阻炉的功率。

4-30　已知某电感性负载两端的电压为 220V，吸收的有功功率为 10kW，$\cos\varphi_1=0.8$，若把功率因素提高到 $\cos\varphi_2=0.95$，则应并联多大的电容；并比较并联电容前后的电流（设电源频率为 50Hz）。

4-31　如图 4-46 所示电路中，$I_1=I_2=10A$，$U=100V$，$\dot{U}$ 与 $\dot{I}$ 同相，试求 I、R、X_C、X_L。

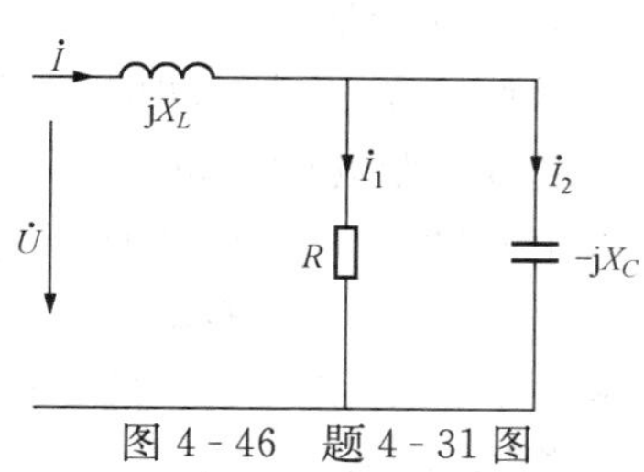

图 4-46　题 4-31 图

4-32　在电感 $L=0.13mH$，电容 $C=588pF$，电阻 $R=10\Omega$ 所组成的串联电路中，已知电源电压 $U_S=5mV$。试求：电路谐振时的频率、电路中的电流、元件 L 和 C 上的电压、电路的品质因数。

4-33　一电感线圈与电容器串联电路，已知电感 $L=0.1H$，当电源频率为 50Hz 时，电路中电流为最大值 $I_0=0.5A$，而电容上电压为电源电压的 30 倍，求电容值、电感线圈上的电阻值以及电容上的电压。

第五章　三相正弦交流电路

本章提要　在第四章中详细讨论了单相正弦交流电路的分析计算方法，但在工农业生产中更为广泛应用的是三相正弦交流电路，它是由三相交流电源、三相负载及连接导线组成的交流电路。

本章主要介绍：对称三相电源的特点和表示，三相负载的连接方式，对称三相电路的分析计算，不对称三相电路的分析计算和三相电路的功率计算及测量。

第一节　三相电源

三相电源是由频率相同、振幅相等、相位上依次相差120°的三个单相正弦交流电压组成的。这三个电压称为三相交流电压。

一、三相交流电压的产生

三相交流电压通常是由三相交流发电机产生的。三相交流发电机的主要组成部分是定子和转子，图5-1（a）是一台两极三相发电机的示意图。图中1是定子，由铁磁材料构成；2为转子。在定子铁芯内圆周表面冲有槽，槽中均匀嵌入结构相同、彼此独立的三相绕组A-X、B-Y、C-Z，A、B、C是三相绕组的始端，X、Y、Z是三相绕组的末端，三相绕组在空间的位置彼此相隔120°。转子是一对磁极，转子铁芯上绕有励磁线圈，选择适当的极面形状和绕组分布，可使定子和转子间的空气隙中磁感应强度按正弦规律分布。

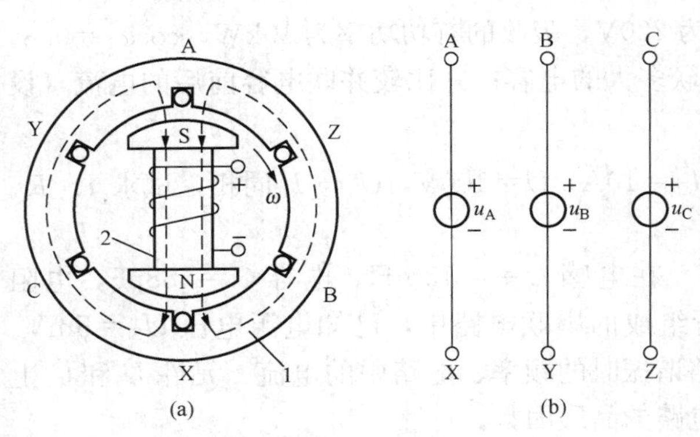

图5-1　三相交流发电机
（a）两极三相发电机示意图；（b）三相交流电压参考方向
1—定子；2—转子

当转子以角速度 ω 匀速转动时，在定子三相绕组中将产生三个振幅、频率完全相同，相位上依次相差120°的正弦感应电动势，若用三个电压源 u_A、u_B、u_C 分别表示三相交流发电机三相绕组的两端电压，并设其参考方向由始端指向末端，如图5-1（b）所示，A相、B相、C相的电压分别计为 u_A、u_B、u_C，并以A相电压为参考正弦量（即初相位为0），则有

$$\left.\begin{aligned} u_A &= U_m \sin\omega t \\ u_B &= U_m \sin(\omega t - 120^\circ) \\ u_C &= U_m \sin(\omega t + 120^\circ) \end{aligned}\right\} \tag{5-1}$$

这组电压源称为对称三相电源，每个电压就是一相，即A相、B相、C相。

二、对称三相电压

（1）特点。对称三相电压的特点是三个电压的频率相同、最大值（振幅）相等、相位上互差 120°。

（2）表示。对称三相电压除了用解析式（5-1）表示（又称瞬时值表达式）外，还可用正弦波形（曲线）、相量形式和相量图表示。对应解析式（5-1）所示的三个电压的相量形式为

$$\left.\begin{aligned}\dot{U}_A &= U\angle 0^\circ \\ \dot{U}_B &= U\angle -120^\circ \\ \dot{U}_C &= U\angle 120^\circ\end{aligned}\right\} \tag{5-2}$$

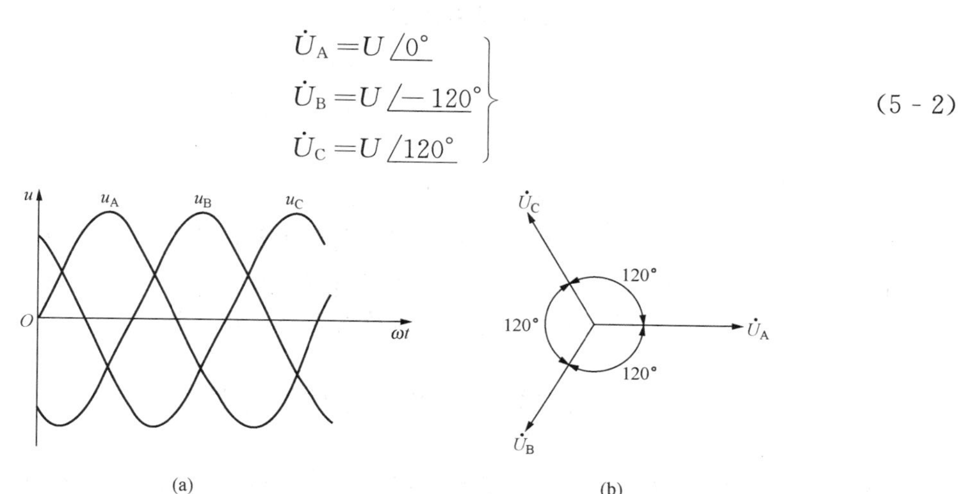

图 5-2　对称三相电源的波形及相量

（a）对称三相电源的波形；（b）对称三相电源的相量

对称三相电压的波形、相量图分别如图 5-2（a）和图 5-2（b）所示。

由图 5-2 可知，对称三相正弦电压还具有这样的特点：它们的瞬时值或相量式之和恒等于零，即有

$$\left.\begin{aligned}u_A + u_B + u_C &= 0 \\ \dot{U}_A + \dot{U}_B + \dot{U}_C &= 0\end{aligned}\right\} \tag{5-3}$$

（3）相序。对称三相正弦电压的频率相同、振幅相等，三者之间唯一的区别是相位不同。相位不同，意味着各相电压达到最大值（或零值）的时刻不同。三相电压依次达到同一最大值（或零值）的先后次序称为相序。式（5-1）、式（5-2）及图 5-2 中，三相电压达到正的最大值的顺序是 $u_A \to u_B \to u_C \to u_A$，其相序写作A→B→C→A，这样的相序称为正序（或顺序），即 B 相电压比 A 相电压滞后 120°，C 相电压又比 B 相电压滞后 120°。反之，A→C→B→A 这样的相序称为负序（或逆序）。工程上通常用正序。本书若不特别指明，均指正序三相电源。A 相可以任意选定，但 A 相一经确定，那么比 A 相滞后 120°的就是 B 相，比 B 相滞后 120°（或比 A 相超前 120°）的就是 C 相，这是不能混淆的。工业上通常在三相交流发电机或配电装置的三相母线上涂以黄、绿、红三种颜色，以此区分 A 相、B 相、C 相。

改变三相电源的相序时，将使三相电动机改变旋转方向，这种方法常用于控制电动机使其正转或反转。

【例 5-1】　已知对称三相电源中的 $\dot{U}_B = 220\angle -30^\circ$V，写出另外两相电压的相量式及瞬时值表达式，并画出电压相量图。

解 因为$\dot{U}_A$、$\dot{U}_B$、$\dot{U}_C$是对称三相电压，已知$U=220V$，$\varphi_B=-30°$则

$$\varphi_A=120°+\varphi_B=120°+(-30°)=90°$$

$$\varphi_C=\varphi_B-120°=(-30°)-120°=-150°$$

所以另外两相电压的相量式为

$$\dot{U}_A=220\angle 90°V,\quad \dot{U}_C=220\angle -150°V$$

对应的瞬时表达式为

$$u_A=220\sqrt{2}\sin(\omega t+90°)V$$

$$u_B=220\sqrt{2}\sin(\omega t-30°)V$$

$$u_C=220\sqrt{2}\sin(\omega t-150°)V$$

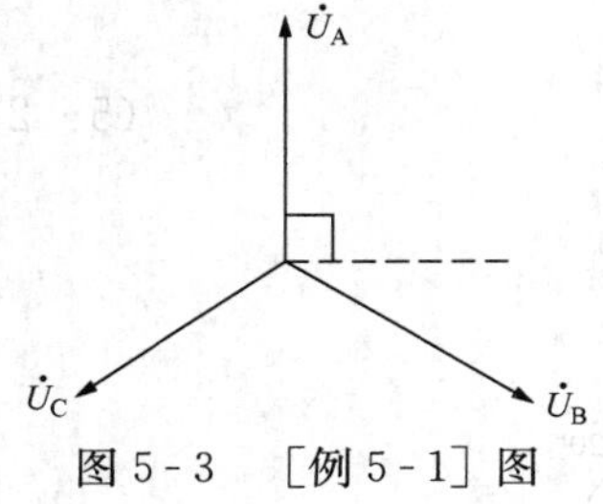

图 5-3 ［例 5-1］图

相量图如图 5-3 所示。

以上以对称三相电压为例，说明了其特点和表示，在三相电路中，常见的还有对称三相电流，对称三相正弦电压和对称三相正弦电流等统称为对称三相正弦量。

第二节 三相电源的连接

三相发电机的每一相都是独立的电源，均可单独给负载供电，但这样供电需用六根导线，很不经济。实际上，通常将三相电源按一定方式连接后，再向负载供电。三相电源的连接方式有两种，即星形（Y形）和三角形（△形）连接方式。

一、三相电源的星形连接

把三相电源的绕组末端 X、Y、Z 连在一起的连接方式称为星形连接，如图 5-4 所示。为方便叙述，以三相电源星形连接为例，先介绍三相电路中常用的一些基本概念。

1. 常用电工术语

（1）端线：由始端 A、B、C 分别引出的三根导线称为端线，又称相线，俗称火线。

（2）中性点与中性线：X、Y、Z 连在一起的公共点 N 称为中性点，又称电源的中点或零点。中性点往往是接地的。由中性点 N 引出的导线称为中性线。

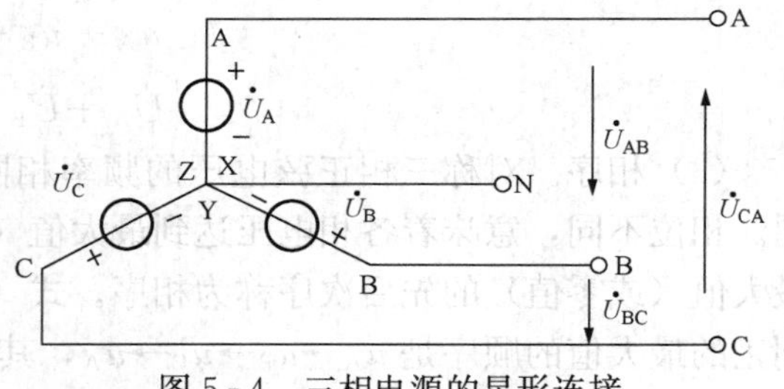

图 5-4 三相电源的星形连接

（3）相电压：端线与中性线之间的电压称为相电压。由图 5-4 可知，各相电压等于始端与末端之间的电压，即$\dot{U}_A$、$\dot{U}_B$、$\dot{U}_C$，通常用U_p泛指相电压的大小。

（4）线电压：两根端线之间的电压称为线电压，方向用双下标表示，如线电压$\dot{U}_{AB}$表示从端线 A 指向端线 B。常用的线电压有$\dot{U}_{AB}$、$\dot{U}_{BC}$、$\dot{U}_{CA}$，通常用U_l泛指线电压大小。

三相电路系统中有中性线时，称为三相四线制电路，无中性线时称为三相三线制电路。

2. 线电压与相电压的关系

由图 5-4 看出，线电压与相电压的关系为

$$\left.\begin{aligned}\dot{U}_{AB}&=\dot{U}_A-\dot{U}_B\\\dot{U}_{BC}&=\dot{U}_B-\dot{U}_C\\\dot{U}_{CA}&=\dot{U}_C-\dot{U}_A\end{aligned}\right\}\tag{5-4}$$

若三个相电压对称，设其有效值为 U_p，并设 $\dot{U}_A=U_p\angle 0^\circ$，$\dot{U}_B=U_p\angle -120^\circ$，$\dot{U}_C=U_p\angle 120^\circ$，画出相量图，如图 5-5 所示。

由图 5-5 可以看出，$\dot{U}_{AB}$、$\dot{U}_A$、$-\dot{U}_B$ 形成一个等腰三角形，因而有

$$\frac{1}{2}U_{AB}=U_A\cos 30^\circ=U_A\times\frac{\sqrt{3}}{2}$$

即
$$U_{AB}=\sqrt{3}U_A$$

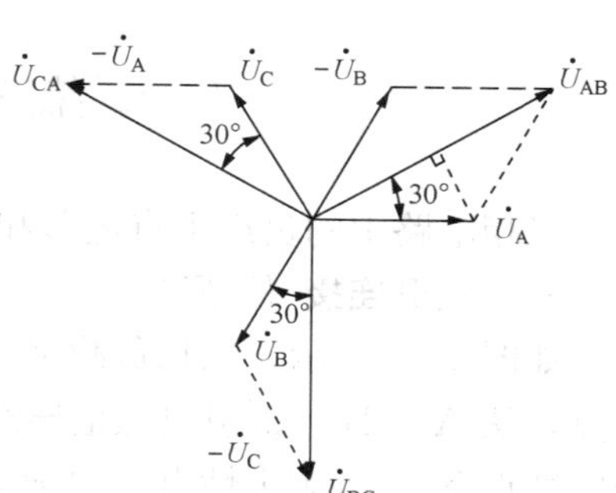

图 5-5　三相电源星形连接时线电压、相电压关系相量图

同理可画出 $\dot{U}_{BC}$、$\dot{U}_{CA}$ 的相量，如图 5-5 所示，并得

$$U_{BC}=\sqrt{3}U_B,\quad U_{CA}=\sqrt{3}U_C$$

因相电压 $U_A=U_B=U_C=U_p$，线电压 $U_{AB}=U_{BC}=U_{CA}=U_l$，线电压与相电压的数值关系为

$$U_l=\sqrt{3}U_p\tag{5-5}$$

由图 5-5 还可以看出，三个线电压的相位分别超前对应相电压 30°，即 $\dot{U}_{AB}$超前 $\dot{U}_A$ 30°、$\dot{U}_{BC}$超前 $\dot{U}_B$ 30°、$\dot{U}_{CA}$超前 $\dot{U}_C$ 30°。

结论：三相电源作星形连接时，若三个相电压对称，那么三个线电压也一定是对称的，并且线电压有效值是相电压有效值的$\sqrt{3}$倍，记作 $U_l=\sqrt{3}U_p$，在相位上线电压超前相应两个相电压中的先行相 30°。

二、三相电源的三角形连接

1. 正确连接

如图 5-6 所示，将三相电源绕组的始末端依次连接，即 X 与 B，Y 与 C，Z 与 A 分别连接，然后从三个连接点引出三根端线，这就构成三相电源的三角形连接。

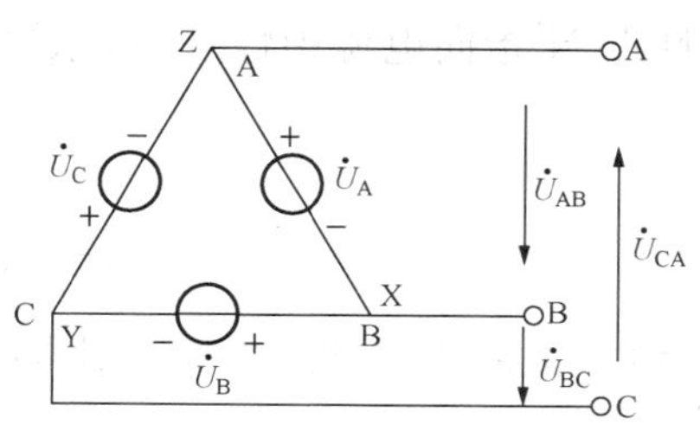

图 5-6　三相电源的三角形连接

三相电源作三角形连接时，三个电压形成一个闭合回路，只要连接正确，则有 $\dot{U}_A+\dot{U}_B+\dot{U}_C=0$，所以闭合回路中不会产生环流。如果某一相接反了（如 C 相），则 $\dot{U}_A+\dot{U}_B+(-\dot{U}_C)=-\dot{U}_C-\dot{U}_C=-2\dot{U}_C\neq 0$，由于三相电源内阻抗很小，在回路内会形成很大的环流，将会烧毁三相电源设备。因此，在实际工作中，为了保证连接正确，可在连接电源时串接一支交流电压表，根据电压表读数来判断三相电源连接成的三角形是否正确：如果电压表读数很小（接近于 0），说明连接正确；如果电压表的读数是电源相电压的两倍左右，说明有一相绕组接反了，应予以改接，直至电压表读数接近于零为止。

2. 相电压与线电压

因没有中性点，此时相电压实际是指每相电源绕组两端的电压。

线电压仍然指两根端线之间的电压。显然，三相电源作三角形连接时，线电压与相应相电压相等，即 $\dot{U}_{AB}=\dot{U}_{A}$、$\dot{U}_{BC}=\dot{U}_{B}$、$\dot{U}_{CA}=\dot{U}_{C}$。

在以后的叙述中，如无特殊说明，三相电源都认为是对称的。三相电源的电压一般是指线电压的有效值。

第三节　三相负载的连接

三相电路中的负载也有星形和三角形两种连接方式。

一、星形连接（Y形）

如图5-7所示，三相负载 Z_A、Z_B、Z_C 的连接方式为星形连接。图中，N′点为负载中性点，从A′、B′、C′引出三根导线与三相电源的三根端线相连，在三相四线制电路中，负载中性点N′与电源中性点N相连，形成中性线。

1. 负载的相电压

每相负载两端承受的电压称为负载的相电压。如图5-7中的 $\dot{U}'_A$、$\dot{U}'_B$、$\dot{U}'_C$。

2. 相电流和线电流

（1）相电流：流过各相负载中的电流，分别用 $\dot{I}'_A$、$\dot{I}'_B$、$\dot{I}'_C$ 表示。

（2）线电流：流过各端线中的电流，分别用 $\dot{I}_A$、$\dot{I}_B$、$\dot{I}_C$ 表示。

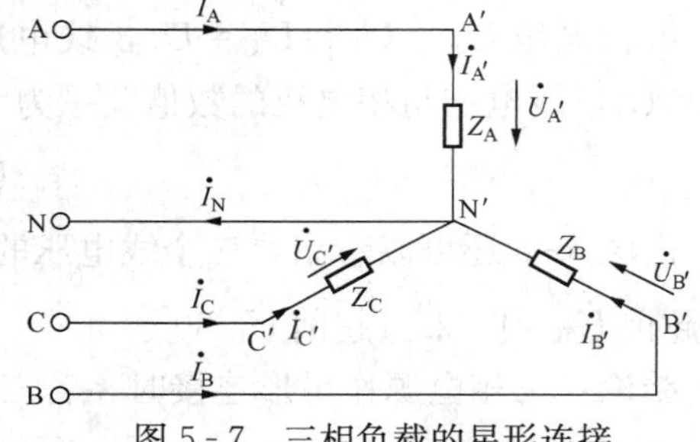

图5-7　三相负载的星形连接

各相电流、线电流的参考方向如图5-7所示。很显然，三相负载作星形连接时，不论负载是否相同（对称），线电流与相应的相电流必定相等，即 $\dot{I}_A=\dot{I}'_A$、$\dot{I}_B=\dot{I}'_B$、$\dot{I}_C=\dot{I}'_C$。

以后在三相负载作星形连接的电路中，相电流和线电流统一用 $\dot{I}_A$、$\dot{I}_B$、$\dot{I}_C$ 表示。

3. 中线电流

流过中性线的电流，用 $\dot{I}_N$ 表示，参考方向从负载中性点N′指向电源中性点N，如图5-7所示。

由图5-7可以看出

$$\dot{I}_N=\dot{I}_A+\dot{I}_B+\dot{I}_C \tag{5-6}$$

若线电流 $\dot{I}_A$、$\dot{I}_B$、$\dot{I}_C$ 为一组对称三相正弦量，则 $\dot{I}_N=0$，此时将中性线去掉，对电路没有任何影响。

二、三角形连接（△形）

如图5-8所示，三相负载 Z_A、Z_B、Z_C 的连接方式为三角形连接，此时负载的相电压记作 $\dot{U}_{A'B'}$、$\dot{U}_{B'C'}$、$\dot{U}_{C'A'}$，相电流记作 $\dot{I}_{A'B'}$、$\dot{I}_{B'C'}$、$\dot{I}_{C'A'}$，线电流仍记作 $\dot{I}_A$、$\dot{I}_B$、$\dot{I}_C$。

由图5-8，据KCL，得线电流与相电流的关系如下

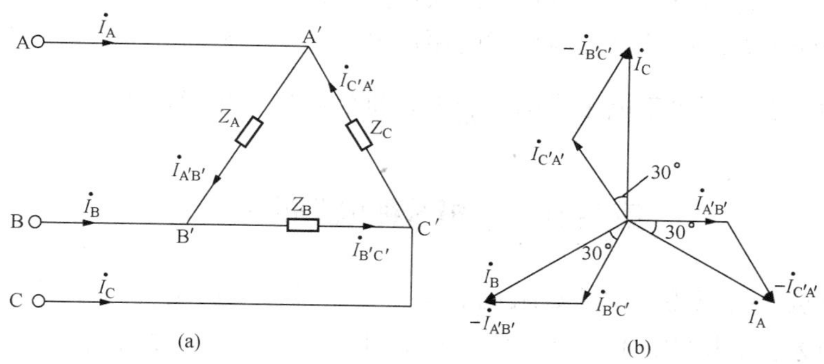

图 5-8　三相负载的三角形连接及对称电流相量图

(a) 三相负载的三角形连接；(b) 对称电流相量

$$\left.\begin{aligned}\dot{I}_A &= \dot{I}_{A'B'} - \dot{I}_{C'A'}\\ \dot{I}_B &= \dot{I}_{B'C'} - \dot{I}_{A'B'}\\ \dot{I}_C &= \dot{I}_{C'A'} - \dot{I}_{B'C'}\end{aligned}\right\} \tag{5-7}$$

若三相负载的相电流是对称的，并设 $\dot{I}_{A'B'} = I_p \angle 0^\circ$，则 $\dot{I}_{B'C'} = I_p \angle -120^\circ$，$\dot{I}_{C'A'} = I_p \angle 120^\circ$，则由相量图可知，线电流也是一组对称三相电流，线电流是相电流的$\sqrt{3}$倍，记为

$$I_l = \sqrt{3} I_p \tag{5-8}$$

线电流滞后相应两个相电流中的先行相 30°，即 $\dot{I}_A$ 滞后 $\dot{I}_{A'B'}$ 30°；$\dot{I}_B$ 滞后 $\dot{I}_{B'C'}$ 30°；$\dot{I}_C$ 滞后 $\dot{I}_{C'A'}$ 30°。

将三角形连接的三相负载看成一个广义节点，由 KCL 知，$\dot{I}_A + \dot{I}_B + \dot{I}_C = 0$ 恒成立，与电流的对称与否无关。

三、三相负载接入三相电源的一般原则

三相电源和三相负载通过输电线（端线）相连构成了三相电路。工程上根据实际需要，可以组成多种类型的三相电路。如星形（电源）—星形（负载），简称 Y—Y；还有 Y—△；△—△等。图 5-9 是三相电路的一个接线实例。

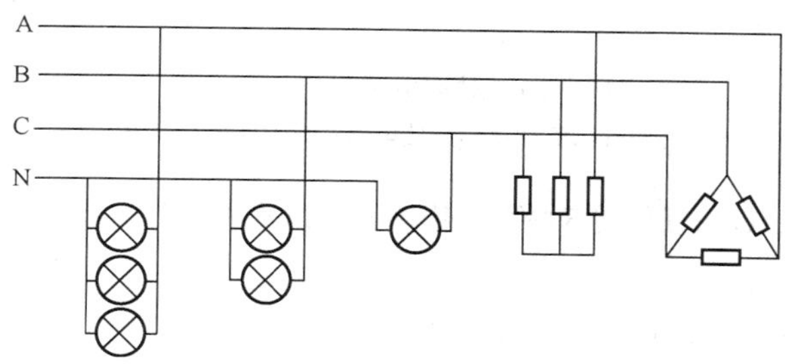

图 5-9　三相电路实例

图 5-9 中并没有画出三相电源绕组的连接方式。这是因为从负载的角度来说，所关心的是电源能提供多大的线电压，至于电源内部如何连接，是无关紧要的。为了简化线路图，习惯上仅画出三相电源的端线和中性线即可。

三相负载按何种连接方式接入电路，必须根据每相负载的额定电压与电源线电压的关系而定。若不考虑输电线的阻抗时，当负载的额定电压等于电源线电压时，则负载应作三角形连接；当负载的额定电压等于电源线电压$\frac{1}{\sqrt{3}}$时，则负载应作星形连接。

第四节　三相对称电路的分析

对称三相负载是指三相负载复数阻抗的模及辐角都相等的情况，即 $Z_A = Z_B = Z_C = Z$。在工农业生产中大量应用的三相交流电动机一般可认为是三相对称负载。

不对称三相负载是指三相负载的复数阻抗不相等的情况。一般由单相负载组成的三相负载（例如照明线路）是不易保持三相负载对称的，是不对称负载。另外，在对称三相负载发生故障时也将变为不对称负载。

对称三相电路是指将对称三相负载接到对称三相电源的电路。

一、三相对称负载星形连接分析

1. 有中性线时（三相四线制供电线路）

（1）考虑端线阻抗 Z_1 时（$Z_L \neq 0$）如图 5-10 所示，这是一个具有两个节点的复杂交流电路，电压 $\dot{U}_{N'N}$称为中性点电压，以 N 为参考节点，运用节点电压法得

$$\dot{U}_{N'N}\left(\frac{1}{Z+Z_1}+\frac{1}{Z+Z_1}+\frac{1}{Z+Z_1}\right)=\frac{\dot{U}_A}{Z+Z_1}+\frac{\dot{U}_B}{Z+Z_1}+\frac{\dot{U}_C}{Z+Z_1}$$

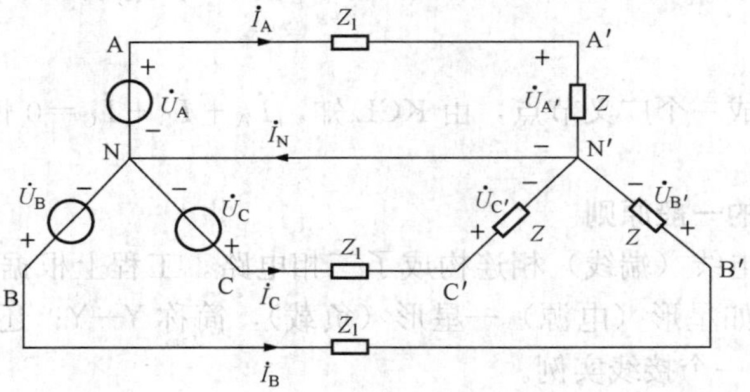

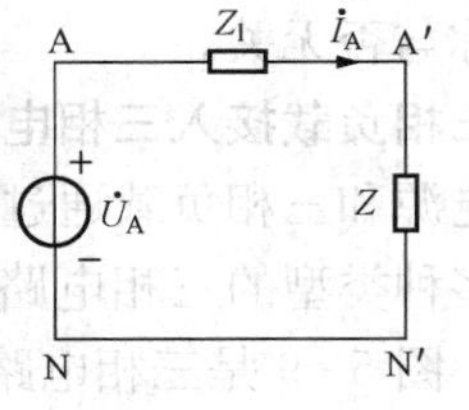

图 5-10　对称负载星形连接分析

（a）三相对称负载星形连接电路；（b）A 相的等效电路

因为三相电源 $\dot{U}_A$、$\dot{U}_B$、$\dot{U}_C$ 是对称三相电压，恒有 $\dot{U}_A + \dot{U}_B + \dot{U}_C = 0$

所以

$$\dot{U}_{N'N} = 0$$

各相负载的相电流（即线电流）计算如下

$$\dot{I}_{A'} = \dot{I}_A = \frac{\dot{U}_A}{Z+Z_1}, \quad \dot{I}_{B'} = \dot{I}_B = \frac{\dot{U}_B}{Z+Z_1},$$

$$\dot{I}_{C'} = \dot{I}_C = \frac{\dot{U}_C}{Z+Z_1} \tag{5-9}$$

各相负载的相电压计算如下

$$\left.\begin{aligned}\dot{U}_{A'}&=\dot{I}_{A'}Z\\ \dot{U}_{B'}&=\dot{I}_{B'}Z\\ \dot{U}_{C'}&=\dot{I}_{C'}Z\end{aligned}\right\}\tag{5-10}$$

因为$\dot{U}_A$、$\dot{U}_B$、$\dot{U}_C$对称，所以在对称三相电路中，$\dot{I}_A$、$\dot{I}_B$、$\dot{I}_C$也是一组对称三相电流，$\dot{U}_{A'}$、$\dot{U}_{B'}$、$\dot{U}_{C'}$也是一组对称三相电压。在分析计算时，只需利用式（5-6）计算出A相负载的相电流$\dot{I}_A$和相电压$\dot{U}_{A'}$，再根据对称关系直接写出其他两相负载的相电流压$\dot{I}_B$、$\dot{I}_C$和负载相电$\dot{U}_{B'}$、$\dot{U}_{C'}$。

中性线电流计算如下

$$\dot{I}_N=\dot{I}_A+\dot{I}_B+\dot{I}_C=0\tag{5-11}$$

（2）不考虑端线阻抗时（即$Z_L=0$）此时对称三相负载星形连接有中性线时，A相负载的相电流（即线电流）和相电压的计算公式，只需令式（5-6）中的$Z_L=0$，即

$$\left.\begin{aligned}\dot{I}_{A'}&=\dot{I}_A=\frac{\dot{U}_A}{Z}\\ \dot{U}_{A'}&=\dot{I}_{A'}Z=\dot{U}_A\end{aligned}\right\}\tag{5-12}$$

其余两相的电流电压也是由对称关系可直接写出。

从式（5-9）中可以看出，当不考虑端线阻抗时，每相负载的相电压就等于对应的电源相电压。

2. 无中性线时（三相三线制供电线路）

因为是对称负载，中性线电流$\dot{I}_N=0$，中性线上没有电流，将中性线省去时不影响电路工作情况，因此无中性线时，就成为三相三线制电路，此时电路工作情况与有中性线时完全相同。

总结：不论有无中性线，对称三相负载作星形连接时，负载相电流（也是线电流）和负载相电压的计算，一般先计算其中的A相负载的相电流和相电压，其他两相负载的电流、电压可由对称关系直接写出。

计算步骤为A相负载的相电流（即线电流）$\dot{I}_A$→A相负载的相电压$\dot{U}_{A'}$→由对称关系直接写出$\dot{I}_B$、$\dot{I}_C$和$\dot{U}_{B'}$、$\dot{U}_{C'}$。计算公式为

$$\left.\begin{aligned}\dot{I}_{A'}&=\dot{I}_A=\frac{\dot{U}_A}{Z+Z_l}\\ \dot{U}_{A'}&=\dot{I}_{A'}Z\end{aligned}\right\}\tag{5-13}$$

端线阻抗不考虑（$Z_l=0$）时，只需令式（5-10）中的Z_l为0即可。

【例5-2】 如图5-10所示的对称三相电路中，已知每相负载阻抗$Z=(8+j6)\Omega$，端线阻抗$Z_L=(2+j4)\Omega$，电源线电压有效值为380V，求负载各相电流，每条端线中的电流，各相负载的相电压。

解 由已知线电压$U_l=380$V，得电源相电压$U_p=\dfrac{U_l}{\sqrt{3}}=220$V

设$\dot{U}_A=220\underline{/0°}$V，则A相负载的相电流为

$$\dot{I}_{A'}=\dot{I}_A=\frac{\dot{U}_A}{Z+Z_l}=\frac{220\angle 0^\circ}{8+j6+2+j4}=\frac{220\angle 0^\circ}{10+j10}$$

$$=\frac{220\angle 0^\circ}{10\sqrt{2}\angle 45^\circ}=11\sqrt{2}\angle -45^\circ\text{(A)}$$

由对称关系直接写出另外两相负载的相电流

$$\dot{I}_{B'}=\dot{I}_B=11\sqrt{2}\angle -165^\circ\text{(A)},\quad \dot{I}_{C'}=\dot{I}_C=11\sqrt{2}\angle 75^\circ\text{(A)}$$

因为负载是星形连接，所以各端线中的电流（即线电流）等于对应各相负载中的相电流。

A 相负载的相电压为

$$\dot{U}_{A'}=\dot{I}_{A'}Z=11\sqrt{2}\angle -45^\circ\times(8+j6)$$

$$=11\sqrt{2}\angle -45^\circ\times 10\angle 36.9^\circ=11\sqrt{2}\angle -8.1^\circ\text{(V)}$$

B 相、C 相负载的相电压可直接写出

$$\dot{U}_{B'}=110\sqrt{2}\angle -128.1^\circ\text{(V)},\quad \dot{U}_{C'}=110\sqrt{2}\angle 111.9^\circ\text{(V)}$$

二、对称负载三角形连接分析

（1）考虑端线阻抗 Z_l 时，电路图如图 5-11 所示。

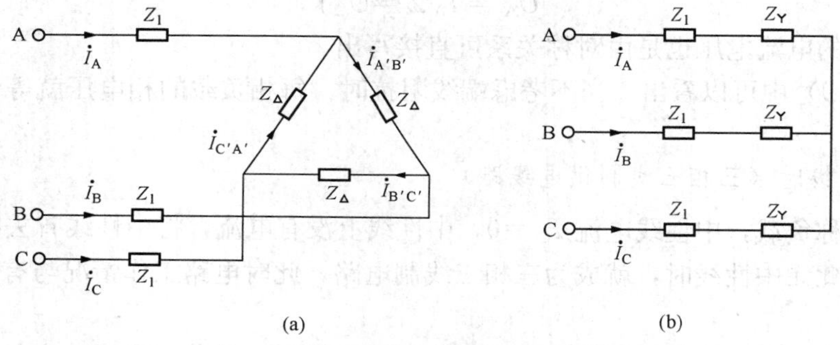

图 5-11 对称负载三角形连接分析（$Z_l\neq 0$）

（a）三角形连接；（b）转换为星形连接

此时，可以利用阻抗的△—Y 形连接进行等效变换，先将△形连接的对称三相负载转换为 Y 形连接，如图 5-11（b）所示，Y 形连接的负载阻抗为

$$Z_Y=\frac{1}{3}Z_\triangle$$

这样又归成对称负载星形连接的分析计算了。计算步骤为线电流 $\dot{I}_A$→A 相负载的相电流 $\dot{I}_{A'B'}$→A 相负载的相电压 $\dot{U}_{A'}$→由对称关系直接写出线电流 $\dot{I}_B$、$\dot{I}_C$；相电流 $\dot{I}_{B'C'}$、$\dot{I}_{C'A'}$；负载相电压 $\dot{U}_{B'}$、$\dot{U}_{C'}$。计算公式为

$$\left.\begin{aligned}\dot{I}_A&=\frac{\dot{U}_A}{\frac{1}{3}Z_\triangle+Z_L}\\ \dot{I}_{A'B'}&=\frac{1}{\sqrt{3}}\dot{I}_A\angle 30^\circ\\ \dot{U}_{A'}&=\dot{I}_{A'B'}Z_\triangle\end{aligned}\right\}\qquad(5-14)$$

【例 5-3】　图 5-11（a）所示为对称三相负载，其每相复阻抗 $Z_{\triangle}=27+j27\Omega$，输电线阻抗为 $Z_L=1+1j\Omega$，接在线电压为 380V 的对称三相电源上，试求各相负载的相电流。

解　先将△连接的三相对称负载转换为 Y 连接［见图 5-11（b）］，Y 连接的负载阻抗为

$$Z_Y=\frac{1}{3}Z_{\triangle}=9+j9\Omega$$

已知电源线电压为 380V，则电源相电压为 220V。

设相电压 $\dot{U}_A=220\angle 0^\circ$ V，则图 5-11（b）中，线电流为

$$\dot{I}_A=\frac{\dot{U}_A}{Z_Y+Z_l}=\frac{220\angle 0^\circ}{10\sqrt{2}\angle 45^\circ}=11\sqrt{2}\angle -45^\circ(\text{A})$$

即在图 5-11（a）中，线电流 $I_l=11\sqrt{2}$ A，△形连接负载的相电流为

$$I_p=\frac{I_l}{\sqrt{3}}=\frac{11\sqrt{2}}{\sqrt{3}}=\frac{11\sqrt{6}}{3}\approx 8.98(\text{A})$$

由线电流和相电流的关系，可求得 A 相负载的相电流为

$$\dot{I}_{A'B'}=8.98\angle -15^\circ(\text{A})$$

由对称性直接写出相电流 $\dot{I}_{B'C'}$、$\dot{I}_{C'A'}$ 为

$$\dot{I}_{B'C'}=8.98\angle -135^\circ,\quad \dot{I}_{C'A'}=8.98\angle 105^\circ(\text{A})$$

（2）不考虑端线阻抗时（$Z_l=0$）时，电路图如图 5-12 所示。

此时，当然仍可按 $Z_l\neq 0$ 时的方法，只是令式（5-11）中 $Z_L=0$。但是有更为简便的计算方法如下。从图 5-12 中可以看出，$Z_l=0$ 时，每相负载接在电源的两根端线之间，即每相负载两端的电压为对应的电源线电压，负载各相电压为 $\dot{U}_{A'}=\dot{U}_{AB}$，$\dot{U}_{B'}=\dot{U}_{BC}$，$\dot{U}_{C'}=\dot{U}_{CA}$，各相负载的相电流、线电流计算公式如下：

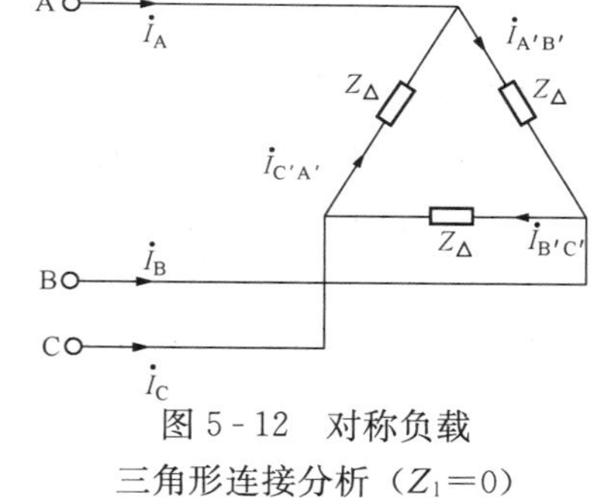

图 5-12　对称负载三角形连接分析（$Z_l=0$）

1）各相负载的相电流。相电流为 $\dot{I}_{A'B'}=\frac{\dot{U}_{AB}}{Z}$，另外两个相电流 $\dot{I}_{B'C'}$、$\dot{I}_{C'A'}$ 可由对称关系直接写出。

2）线电流。对称电路中，三个相电流是对称三相电流，三个线电流也是一组对称三相电流，根据线电流与相电流的关系写出其中一个线电流为 $\dot{I}_A=\sqrt{3}\dot{I}_{A'B'}\angle -30^\circ$，$\dot{I}_A$ 相位滞后 $\dot{I}_{A'B'}$ 30°，另外两个线电流 $\dot{I}_B$、$\dot{I}_C$ 可由对称性直接写出。

【例 5-4】　有一个对称三相负载作三角形连接，设每相电阻为 $R=6\Omega$，每相感抗为 $X_L=8\Omega$，电源电压对称，线电压为 380V，求各相电流、线电流，并画出电压、电流相量图。

解　由于电源对称，负载对称，是一个对称三相电路，只需计算其中一相即可推知其余两相。

设线电压为 $\dot{U}_{AB}=380\angle 0^\circ$ V，每相负载阻抗为

$$Z=R+jX_l=6+j8\Omega=10\angle 53.1^\circ(\Omega)$$

则 A 相负载的相电流为

$$\dot{I}_{A'B'}=\frac{\dot{U}_{AB}}{Z}=\frac{380\angle 0^\circ}{10\angle 53.1^\circ}=38\angle -53.1^\circ(\text{A})$$

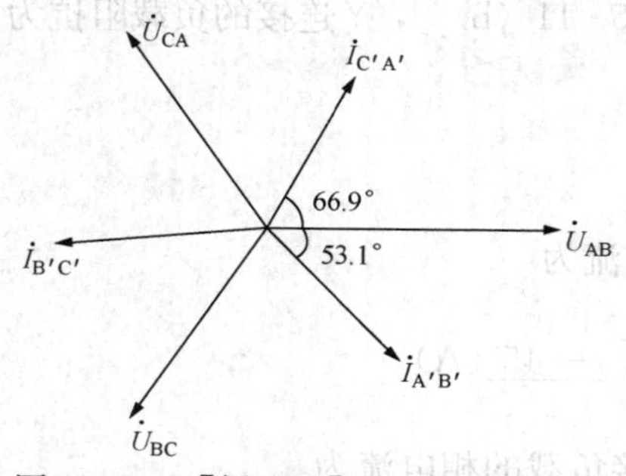

图 5-13　[例 5-4] 电压电流相量图

由对称关系直接写出另外两个相电流 $\dot{I}_{B'C'}$、$\dot{I}_{C'A'}$ 为

$$\dot{I}_{B'C'}=38\angle -173.1^\circ\text{A},\qquad \dot{I}_{C'A'}=38\angle 66.9^\circ\ \text{A}$$

再根据对称负载时线电流与相电流的关系，求出线电流 $\dot{I}_A$，即

$$\dot{I}_A=\sqrt{3}\dot{I}_{A'B'}\angle -30^\circ=38\sqrt{3}\angle -83.1^\circ(\text{A})$$

由对称关系直接写出另外两个线电流 $\dot{I}_B$、$\dot{I}_C$，即

$$\dot{I}_B=38\sqrt{3}\angle -203.1^\circ$$

$$=38\sqrt{3}\angle -156.9^\circ(\text{A}),\qquad \dot{I}_C=38\sqrt{3}\angle 36.9^\circ\ \text{A}$$

最后作出电压电流的相量图，如图 5-13 所示。

第五节　不对称电路的分析

一般情况下，三相电源电压是对称的，三根端线的复阻抗也是相等（对称的），引起三相电路不对称的主要原因是三相负载的不对称，这时电路不具有对称三相电路的特点。

一、不对称负载星形连接分析

1. 有中性线时

分析时可参照对称负载时的情况，因为三相负载不对称，所以各相负载的电流（相电流）不再是一组对称三相电流。

分析计算时，与对称负载星形连接的区别是：每相负载必须单独计算，不能应用对称关系只计算其中一相推知其他两相。

各相负载的相电流（也是线电流）计算公式为

$$\left.\begin{aligned}\dot{I}_{A'}&=\dot{I}_A=\frac{\dot{U}_A}{Z_A+Z_L}\\ \dot{I}_{B'}&=\dot{I}_B=\frac{\dot{U}_B}{Z_B+Z_L}\\ \dot{I}_{C'}&=\dot{I}_C=\frac{\dot{U}_C}{Z_C+Z_L}\end{aligned}\right\}\tag{5-15}$$

中性线电流计算公式为

$$\dot{I}_N=\dot{I}_A+\dot{I}_B+\dot{I}_C\tag{5-16}$$

各相负载的相电压计算公式为

$$\dot{U}_{A'}=\dot{I}_A Z_A,\quad \dot{U}_{B'}=\dot{I}_B Z_B,\quad \dot{U}_{C'}=\dot{I}_C Z_C\tag{5-17}$$

2. 无中性线时

分析时也可参照对称负载时的情况，只是令图 5-10 中三相负载的复阻抗不相等，依次为 Z_A、Z_B、Z_C，此时中性点电压为

$$\dot{U}_{N'N}=\frac{\dfrac{\dot{U}_A}{Z_A+Z_L}+\dfrac{\dot{U}_B}{Z_B+Z_L}+\dfrac{\dot{U}_C}{Z_C+Z_L}}{\dfrac{1}{Z_A+Z_L}+\dfrac{1}{Z_B+Z_L}+\dfrac{1}{Z_C+Z_L}} \tag{5-18}$$

由于负载不对称，显然 $\dot{U}_{N'N}\neq 0$，即 N′、N 两点电位不相等，这种现象称为中性点位移。$Z_L=0$ 时，各相负载的相电压为

$$\dot{U}_{A'}=\dot{U}_A-\dot{U}_{N'N},\quad \dot{U}_{B'}=\dot{U}_B-\dot{U}_{N'N},\quad \dot{U}_{C'}=\dot{U}_C-\dot{U}_{N'N}$$

$\dot{U}_{A'}$、$\dot{U}_{B'}$、$\dot{U}_{C'}$ 不再是对称三相电压，其电压有效值不会相同，会造成某些相负载电压过低，而某些相的负载电压过高，使负载不能正常工作，甚至被烧坏。

【例 5-5】 图 5-14 所示是一个三相四线制照明电路，已知电源相电压为 220V，各相负载的额定电压均为 $U_N=220$V，额定功率分别为 $P_A=200$W，$P_B=P_C=1000$W。试求：(1) 各相负载电流和中性线电流；(2) A 相负载断开时，其他各相电流如何变化？

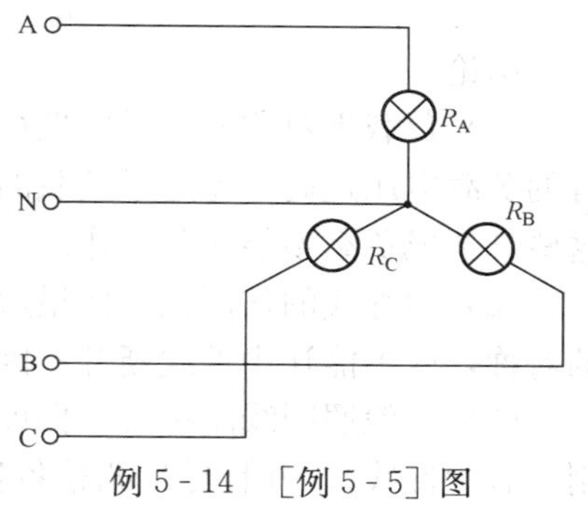

例 5-14　[例 5-5] 图

解　A、B、C 三相白炽灯的电阻分别为

$$R_A=\frac{U_N^2}{P_A}=\frac{220^2}{200}=242(\Omega)$$

$$R_B=R_C=\frac{220^2}{1000}=48.4(\Omega)$$

(1) 各相负载的电流（相电流）。设电源相电压 $\dot{U}_A=220\angle 0°$ V，则 $\dot{U}_B=220\angle -120°$ V，$\dot{U}_C=220\angle 120°$ V

$$\dot{I}_A=\frac{\dot{U}_A}{R_A}=\frac{220\angle 0°}{242}=0.91\angle 0°(\text{A})$$

$$\dot{I}_B=\frac{\dot{U}_B}{R_B}=\frac{220\angle -120°}{48.4}=4.55\angle -120°(\text{A})$$

$$\dot{I}_C=\frac{\dot{U}_C}{R_C}=\frac{220\angle 120°}{48.4}=4.55\angle 120°(\text{A})$$

由 KCL 得中性线电流为

$$\dot{I}_N=\dot{I}_A+\dot{I}_B+\dot{I}_C=0.91\angle 0°+4.55\angle -120°+4.55\angle 120°=-3.64(\text{A})$$

(2) A 相负载断开后，$\dot{I}_A=0$。由于有中线的存在，负载 B 相、C 相两端的电压不变，仍是电源对应的相电压，所以 $\dot{I}_B$、$\dot{I}_C$ 不变，而中性线电流变为

$$\dot{I}_N=\dot{I}_B+\dot{I}_C=4.55\angle -120°+4.55\angle 120°=-4.55(\text{A})$$

中线电流上升为 4.55A。

[例 5-5] 说明，负载的不对称程度越小，中性线电流就越小。当负载对称时，电路便成为对称三相电路，中性线电流为零。

【例 5-6】 [例 5-5] 中，求下列故障情况下各相负载的相电压。(1) A 相负载短路且中性线断开时；(2) A 相负载断开且中性线也断开时。

解 （1）A相负载短路且中性线断开时，负载中性点N′即为A点，各相负载的相电压为

$$\dot{U}_{A'}=0,\quad U_{A'}=0$$

$$\dot{U}_{B'}=\dot{U}_{BA},\quad U_{B'}=380V$$

$$\dot{U}_{C'}=\dot{U}_{CA},\quad U_{C'}=380V$$

此时，B相与C相的灯两端所加电压为线电压，超过了灯的额定电压（220V），这是不允许的。

（2）A相负载断开且中性线也断开时，这时B相与C相的灯是串联的，接于线电压$U_{BC}=380V$之间，两相电流相同，两相负载上的电压取决于两相等效电阻的大小。本例中，因$R_B=R_C$，所以$U_{B'}=U_{C'}=\frac{1}{2}U_{BC}=190V$。

结论：

（1）负载不对称而又无中性线时，负载的相电压就不再对称了。负载电压不对称，导致有的负载电压过高，超过了负载的额定电压；而有的负载电压过低，低于负载的额定电压。这些都造成负载不能正常工作。

（2）中性线的作用在于使星形连接的不对称负载的相电压对称。为了保证负载上相电压的对称，就不能让中性线断开。因此，中性线上不允许安装熔断器或开关。

（3）一般照明线路都难于保证三相负载对称，因此在作星形连接时，必须采用三相四线制（有中性线）。并且尽量调整各相负载，使之尽可能接近，以减少中性线电流，使中性线截面得以减小。

3. 相序指示器

在三相三线制星形负载电路中，一般是不希望发生中性点位移的，但在某些情况下有时又可利用中性点位移现象，为了判明三相电源的相序所用的相序指示器就是一例。

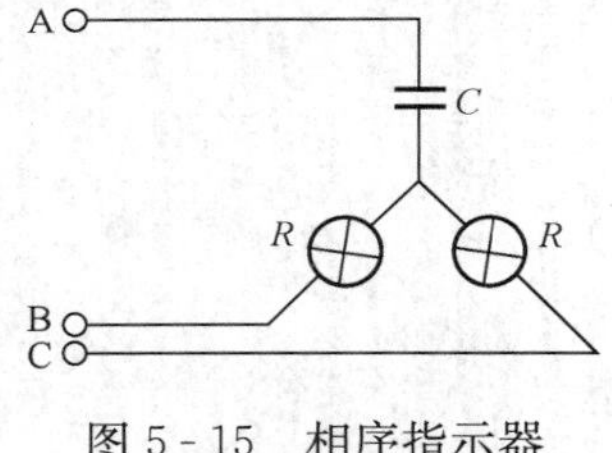

图5-15　相序指示器

相序指示器的电路如图5-15所示。它是由一支电容器和两个相同的灯泡组成的无中性线星形连接电路，这时三相负载显然是不对称的，从而各相负载上的电压将不相等。若以接有电容器的这一相定为A相，则灯泡较亮的一相即为B相，灯泡较暗的一相就是C相。下面进行分析。

设两支灯泡的电阻均为R，并使电容器的容抗$X_C=\frac{1}{\omega C}=R$，取A相电压的相量为参考相量，则有$\dot{U}_A=U\angle 0^\circ$，$\dot{U}_B=U\angle -120^\circ$，$\dot{U}_C=U\angle 120^\circ$，代入式（5-15），得

$$\dot{U}_{N'N}=0.632U\angle 108^\circ$$

则B相、C相负载的相电压为

$$\begin{aligned}\dot{U}_{B'}&=\dot{U}_B-\dot{U}_{N'N}\\&=U\angle -120^\circ-0.632U\angle 108^\circ\\&=1.5U\angle -102^\circ\end{aligned}$$

$$\begin{aligned}\dot{U}_{C'}&=\dot{U}_C-\dot{U}_{N'N}\\&=U\angle 120^\circ-0.632U\angle 108^\circ=0.4U\angle 138^\circ\end{aligned}$$

显然，B 相灯泡电压的有效值 $U_{B'}$ 大于 C 相灯泡电压的有效值 $U_{C'}$，故可判断灯泡较亮的这一相应为 B 相，而灯泡较暗的一相则为 C 相。

二、不对称负载三角形连接分析（不考虑端线阻抗）

不对称负载三角形连接时，如图 5-16 所示，此时各相负载的相电流和线电流都不是对称三相电流，但每相负载的相电压仍是对应的电源线电压，其分析计算如下：

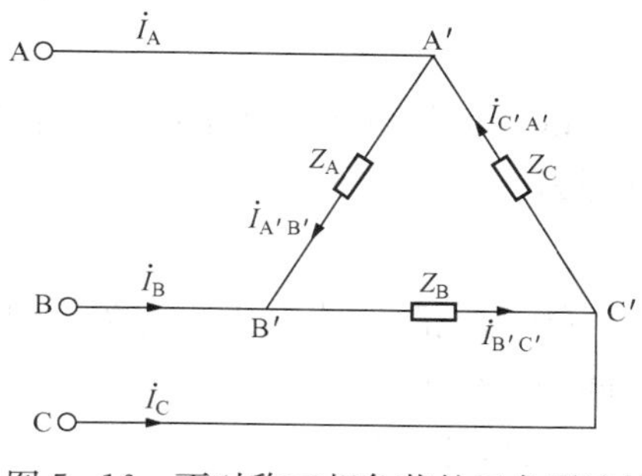

图 5-16　不对称三相负载的三角形连接

各相负载的相电流计算如下

$$\dot{I}_{A'B'}=\frac{\dot{U}_{AB}}{Z_A},\quad \dot{I}_{B'C'}=\frac{\dot{U}_{BC}}{Z_B},\quad \dot{I}_{C'A'}=\frac{\dot{U}_{CA}}{Z_C}$$

各线电流的计算见式（5-4）。

第六节　三相交流电路的功率及其测量

一、三相电路的功率

1. 有功功率

三相负载不论对称或不对称，不论是星形连接还是三角形连接，三相负载的有功功率均应等于各相负载有功功率之和，即

$$\begin{aligned}P&=P_A+P_B+P_C\\&=U_{Ap}I_{Ap}\cos\varphi_A+U_{Bp}I_{Bp}\cos\varphi_B+U_{Cp}I_{Cp}\cos\varphi_C\end{aligned}\tag{5-19}$$

式中：U_{Ap}、U_{Bp}、U_{Cp} 为各相负载的相电压；I_{Ap}、I_{Bp}、I_{Cp} 为各相负载中流过的电流（即相电流）；φ_A、φ_B、φ_C 为各相负载的阻抗角，也是各相负载的相电压与相电流的相位差角。

在对称三相电路中三相负载的电压、电流都对称，故有

$$U_{Ap}=U_{Bp}=U_{Cp},\quad I_{Ap}=I_{Bp}=I_{Cp},\quad \varphi_A=\varphi_B=\varphi_C=\varphi_Z$$

因此，在对称三相电路中，各相负载的有功功率相等，于是三相负载的有功功率为

$$P=3U_pI_p\cos\varphi_Z\tag{5-20}$$

式中：U_p、I_p 为各相负载的相电压和相电流；φ_Z 为对称负载的阻抗角，也是各相负载的相电压与相电流的相位差角。

式（5-20）表明：对称三相电路中，三相负载的有功功率为每相有功功率的三倍。

在忽略端线阻抗 Z_L 时，各相负载的相电压与电源线电压之间又存在如下关系：

（1）对称三相负载作星形连接时，负载的相电压等于电源相电压，负载相电流等于线电流，即有

$$U_p=\frac{1}{\sqrt{3}}U_L,\quad I_p=I_L$$

（2）对称三相负载作三角形连接时，负载的相电压等于电源线电压，负载相电流等于线电流的 $\frac{1}{\sqrt{3}}$，即有

$$U_p = U_L, \quad I_p = \frac{1}{\sqrt{3}} I_l$$

所以对称负载无论是采用哪种连接方式，总有 $3U_pI_p = \sqrt{3}U_lI_l$，故三相负载的有功功率又可写为

$$P = \sqrt{3}U_lI_l\cos\varphi_Z \tag{5-21}$$

式中：U_l 为电源的线电压；I_l 为线电流；φ_Z 为负载的阻抗角，不可误认为是线电压与线电流之间的相位差角。

2. 无功功率

同理，三相电路的无功功率也等于各相负载无功功率之和，即

$$\begin{aligned} Q &= Q_A + Q_B + Q_C \\ &= U_{Ap}I_{Ap}\sin\varphi_A + U_{Bp}I_{Bp}\sin\varphi_B + U_{Cp}I_{Cp}\sin\varphi_C \end{aligned} \tag{5-22}$$

在对称三相电路中，对称负载无论是采用哪种连接方式，则有

$$Q = 3U_pI_p\sin\varphi_Z = \sqrt{3}U_lI_l\sin\varphi_Z \tag{5-23}$$

3. 视在功率

三相电路的视在功率 S 定义为

$$S = \sqrt{P^2 + Q^2} \tag{5-24}$$

即三相电路的有功功率 P、无功功率 Q、视在功率 S 符合功率三角形的关系。当三相电路对称时则，有

$$S = 3U_pI_p = \sqrt{3}U_lI_l \tag{5-25}$$

三相电路中有时将三相电路的功率因数定义为

$$\cos\varphi' = \frac{P}{S} \tag{5-26}$$

在对称三相电路中，$\cos\varphi'$ 即为每相负载的功率因数 $\cos\varphi_Z$，而在不对称电路中，$\cos\varphi'$ 没有实际意义。

结论：一般三相电气设备给出的额定电压、额定电流在三相电路中都是指线电压、线电流的额定值，线电压、线电流的测量也比较方便。因此对称三相电路中的常用的功率计算公式为式（5-21）、式（5-23）～式（5-25），即

$$P = \sqrt{3}U_lI_l\cos\varphi_Z, \quad Q = \sqrt{3}U_lI_l\sin\varphi_Z, \quad S = \sqrt{P^2 + Q^2} = \sqrt{3}U_lI_l$$

【例 5-7】 如图 5-17 所示，在线电压为 380V 的三相四线制线路上，接有星形负载，已知 $R_A = R_B = R_C = X_L = X_C = 10\Omega$，求三相电路的有功功率、无功功率及视在功率。

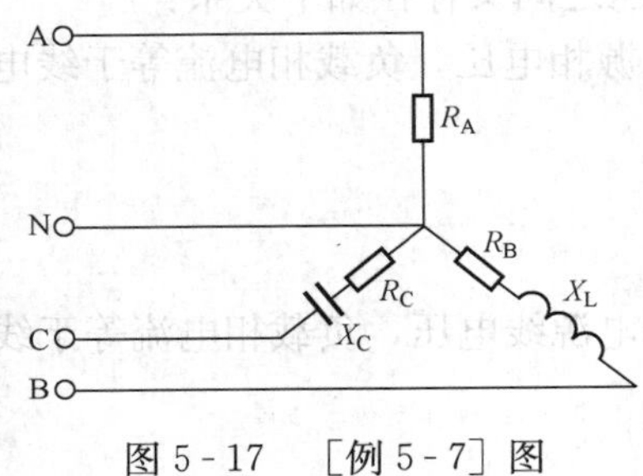

图 5-17 ［例 5-7］图

解 三相四线制电路中，由电源线电压 $U_l = 380$V，则电源的相电压为

$$U_p = \frac{1}{\sqrt{3}}U_l = \frac{380}{\sqrt{3}} \approx 220(\text{V})$$

又 $Z_A = R_A = 10\Omega$

$Z_B = R_B + jX_l = 10 + j10 = 10\sqrt{2}\angle 45^\circ$ （Ω）

$Z_C = R_C - jX_C = 10 - j10 = 10\sqrt{2}\angle -45^\circ$ （Ω）

设 $\dot{U}_A = 220\angle 0^\circ$ V，$\dot{U}_B = 220\angle -120^\circ$ V，$\dot{U}_C = 220\angle 120^\circ$ V，则各相电流为

$$\dot{I}_A = \frac{\dot{U}_A}{Z_A} = \frac{220\angle 0^\circ}{10} = 22\angle 0^\circ \text{(A)}$$

$$\dot{I}_B = \frac{\dot{U}_B}{Z_B} = \frac{220\angle -120^\circ}{10\sqrt{2}\angle 45^\circ} = 11\sqrt{2}\angle -165^\circ \text{(A)}$$

$$\dot{I}_C = \frac{\dot{U}_C}{Z_C} = \frac{220\angle 120^\circ}{10\sqrt{2}\angle -45^\circ} = 11\sqrt{2}\angle 165^\circ \text{(A)}$$

因为是不对称负载，运用式（5-19）、式（5-22）、式（5-24）计算三相电路的有功功率、无功功率、视在功率分别为

$$P = P_A + P_B + P_C = U_{Ap}I_{Ap}\cos\varphi_A + U_{Bp}I_{Bp}\cos\varphi_B + U_{Cp}I_{Cp}\cos\varphi_C$$

$$= 220 \times 22\cos 0^\circ + 220 \times 11\sqrt{2}\cos 45^\circ + 220 \times 11\sqrt{2}\cos(-45^\circ) \approx 9680\text{(W)}$$

$$Q = Q_A + Q_B + Q_C = U_{Ap}I_{Ap}\sin\varphi_A + U_{Bp}I_{Bp}\sin\varphi_B + U_{Cp}I_{Cp}\sin\varphi_C$$

$$= 220 \times 22\sin 0^\circ + 220 \times 11\sqrt{2}\sin 45^\circ + 220 \times 11\sqrt{2}\sin(-45^\circ) = 0$$

$$S = \sqrt{P^2 + Q^2} = 9680\text{VA}$$

【例 5-8】 有一台三相电动机，其每相负载的等效复阻抗 $Z = 60 + \text{j}80\Omega$，电源线电压 $U_l = 380$V。求当三相负载分别连接成 Y 形和△形时，电路的有功功率和无功功率。

解
$$Z = 60 + \text{j}80 = 100\angle 53^\circ\ (\Omega)$$

（1）负载接成星形时，负载的相电压等于电源的相电压，则

$$I_l = I_p = \frac{\frac{U_l}{\sqrt{3}}}{|Z|} = \frac{220}{100} = 2.2\text{(A)}$$

$$P = \sqrt{3}U_l I_l \cos\varphi_Z = \sqrt{3} \times 380 \times 2.2\cos 53^\circ \approx 868.8\text{(W)}$$

$$Q = \sqrt{3}U_l I_l \sin\varphi_Z = \sqrt{3} \times 380 \times 2.2\sin 53^\circ \approx 1158.4\text{(var)}$$

（2）负载接成三角形时，负载的相电压等于电源的线电压，则

$$I_p = \frac{U_l}{|Z|} = \frac{380}{100} = 3.8\text{(A)},\quad I_l = \sqrt{3}I_p = 3.8\sqrt{3}\text{(A)}$$

$$P = \sqrt{3}U_l I_l \cos\varphi_Z = \sqrt{3} \times 380 \times 3.8\sqrt{3}\cos 53^\circ \approx 2606.4\text{(W)}$$

$$Q = \sqrt{3}U_l I_l \sin\varphi_Z = \sqrt{3} \times 380 \times 2.2\sin 53^\circ \approx 3475.2\text{(var)}$$

从本例可得到，同一对称三相负载接到同一个三相电源上，三角形连接时的线电流、有功功率、无功功率分别是星形连接时的三倍。

二、三相电路的功率测量

三相四线制电路中，负载一般是不对称的，需分别测出各相功率后再相加，才能得到三相负载的总功率，测量线路如图 5-18 所示。这种测量方法称为“三瓦计”法。

三相四线制电路中，若负载是对称的，只要测出一相负载的功率，然后再乘以三倍，就可得到三相负载的总功率。这种测量方法称为“一瓦计”法。

对于三相三线制电路，不论负载对称与否，都可用如图 5-19 所示的线路来测量总功

率。这种测量方法称为“二瓦计”法。两支功率表的接线方法是：两支功率表的电流线圈分别串联在任意两根端线中，而电压线圈则分别并联在本端线与第三根端线之间，两支功率表的读数之和就是三相电路的总功率。两支功率表的接线除了如图 5-19 所示外，还有另外两种方式，请读者自行画出。

“二瓦计”法中任一个功率表的读数是没有意义的。

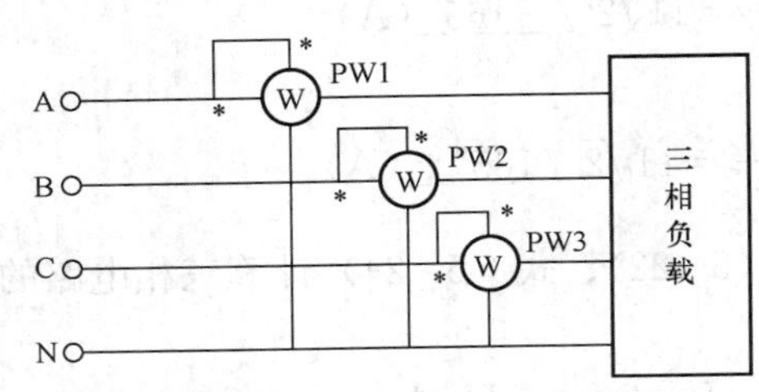

图 5-18　测量三相电路功率的“三瓦计”法

图 5-19　测量三相电路功率的“二瓦计”法

【例 5-9】　三相电动机的功率为 3kW，功率因数为 0.866，如图 5-20 所示，电源线电压为 380V，求两功率表的读数。

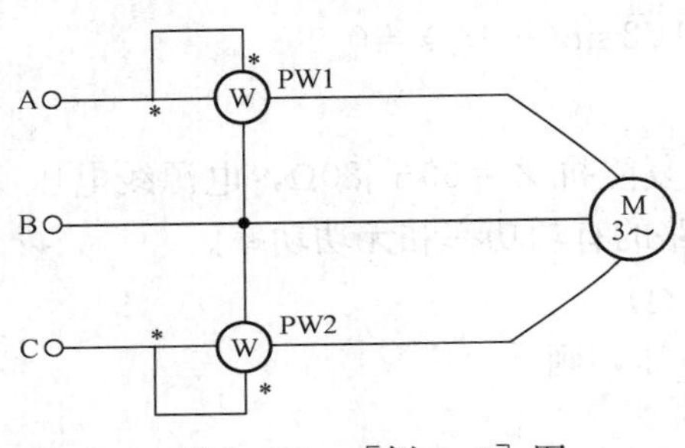

图 5-20　［例 5-9］图

解　由 $P=\sqrt{3}U_1L_1\cos\varphi_Z$ 得，线电流 I_1 为

$$I_L=\frac{P}{\sqrt{3}U_1\cos\varphi_z}=\frac{3000}{\sqrt{3}\times380\times0.866}\approx5.26(\text{A})$$

又 $\cos\varphi_z=0.866$，电动机是感性负载，所以 $\varphi_Z=30°$。

设三相电动机是星形连接方式（任何形式连接的三相负载都可以等效变换为星形连接），电源相电压为 $\dot{U}_A=220\angle0°$ V，则

$$\dot{I}_A=5.26\angle-30°\ \text{A},\quad \dot{I}_C=5.26\angle90°\ \text{A},\quad \dot{U}_{AB}=380\angle30°\ \text{V},\quad \dot{U}_{BC}=380\angle-90°\ \text{V}$$

$$\dot{U}_{CB}=380\angle90°\ \text{V}$$

功率表 PW1 的读数为

$$P_1=U_{AB}I_A\cos\varphi_1=380\times5.26\times\cos[30°-(-30°)]=1(\text{kW})$$

功率表 PW2 的读数为

$$P_2=U_{CB}I_C\cos\varphi_2=380\times5.26\times\cos(90°-90°)=2(\text{kW})$$

显然，两支功率表的读数之和等于总功率，即 $P_1+P_2=P$。

小　结

1. 对称三相电源

对称三相正弦量的特点：最大值相等、频率相同、相位互差 120°，并且有 $\dot{U}_A+\dot{U}_B+\dot{U}_C=0$ 和 $u_A+u_B+u_C=0$ 相量表示形式和相量图 $\dot{U}_A=U\angle0°$、$\dot{U}_B=U\angle-120°$、$\dot{U}_C=U\angle120°$。

2. 三相电源的连接方式

三相电源的连接方式有星形连接（Y）和三角形连接（△）。

(1) Y形连接。线电压U_L和相电压U_p，两者关系为$U_L=\sqrt{3}U_p$，线电压在相位上超前相应相电压30°，即$\dot{U}_{AB}$超前$\dot{U}_A$ 30°、$\dot{U}_{BC}$超前$\dot{U}_B$ 30°、$\dot{U}_{CA}$超前$\dot{U}_C$ 30°。

(2) △形连接。线电压等于相电压。

分析计算三相电路时，一般不需知道电源的连接方式，只要知道电源的线电压即可。

3. 三相负载的连接方式

三相负载的连接方式有星形（Y）和三角形（△）。相电流I_p指流过每相负载的电流。线电流I_l指三根端线（电源线）中流过的电流。

(1) 负载Y形连接。不论负载对称与否，不论有无中性线，线电流恒等于相应的相电流。均用$\dot{I}_A$、$\dot{I}_B$、$\dot{I}_C$表示。

(2) 负载△形连接。相电流用$\dot{I}_{AB}$、$\dot{I}_{BC}$、$\dot{I}_{CA}$表示，线电流用$\dot{I}_A$、$\dot{I}_B$、$\dot{I}_C$表示。

当三相负载对称时，线电流与相电流的关系由KCL得出，如$\dot{I}_A=\dot{I}_{A'B'}-\dot{I}_{C'A'}$。

当三相负载对称时，线电流与相电流的关系为$I_l=\sqrt{3}I_p$，线电流在相位上落后相应相电流30°，即$\dot{I}_A$落后$\dot{I}_{A'B'}$ 30°、$\dot{I}_B$落后$\dot{I}_{B'C'}$ 30°、$\dot{I}_C$落后$\dot{I}_{C'A'}$ 30°。

4. 对称三相电路的分析计算

分析计算其中一相（一般是A相），利用对称关系直接写出其他两相的电压或电流。

(1) 负载Y形连接。线电流等于相电流$\dot{I}_{A'}=\dot{I}_A=\dfrac{\dot{U}_A}{Z+Z_l}$。

(2) 负载△形连接。线电流$\dot{I}_A=\dfrac{\dot{U}_A}{\frac{1}{3}Z_\triangle+Z_l}$，相电流$\dot{I}_{A'B'}=\sqrt{3}\dot{I}_A\angle 30°$。

5. 不对称三相电路的分析计算

对于不对称三相电路，各相要单独分析计算。

6. 三相电路的功率及其测量

(1) 一般情况下三相电路的功率计算公式如下

$$P=P_A+P_B+P_C,\quad Q=Q_A+Q_B+Q_C,\quad S=\sqrt{P^2+Q^2}$$

(2) 对称三相电路的功率计算公式如下

$$P=\sqrt{3}U_lI_l\cos\varphi_Z,\quad Q=\sqrt{3}U_lI_l\sin\varphi_Z,\quad S=\sqrt{P^2+Q^2}=\sqrt{3}U_lI_l$$

三相电路功率的测量方法有“一瓦计”法、“二瓦计”法、“三瓦计”法。其中三相四线制电路对称负载采用“一瓦计”法，不对称负载采用“三瓦计”法；三相三线制电路不论负载是否对称，都采用“二瓦计”法。

思　考　题

5-1　对称三相电压有哪些特点？

5-2　对称三相电源$u_A=[220\sqrt{2}\sin(\omega t+60°)]$ V，根据正序写出其他两相电压的瞬时值表达式及三相电源的相量式，并画出电压相量图。

5-3　星形连接的发电机线电压为380V，相电压为多少？若发电机绕组连接成三角形，则线电压又为多少？

5-4　对称三相电源星形连接时，若线电压 $\dot{U}_{BC}=380\angle 60°$V，写出相电压 $\dot{U}_A$、$\dot{U}_B$、$\dot{U}_C$ 及线电压 $\dot{U}_{AB}$、$\dot{U}_{CA}$，并画出电压相量图。

5-5　什么是相电流和线电流？当三相负载作星形连接时，相电流与线电流必定相等吗？当三相负载作三角形连接时，线电流有效值必定等于相电流有效值的$\sqrt{3}$倍吗？

5-6　在三相负载作三角形连接的三相电路中，对称三相电流 $\dot{I}_{A'B'}=1\angle -30°$A，写出其他相电流 $\dot{I}_{B'C'}$、$\dot{I}_{C'A'}$ 及线电流 $\dot{I}_A$、$\dot{I}_B$、$\dot{I}_C$，并画出电流相量图。

5-7　图 5-21 所示是一台三相交流电动机绕组的 6 个接线端子，并已引出后接到出线盒中，已知电动机每相绕组的额定电压为 220V，试分别绘出：（1）电源线电压为 220V；（2）电源线电压为 380V 时的接线图。

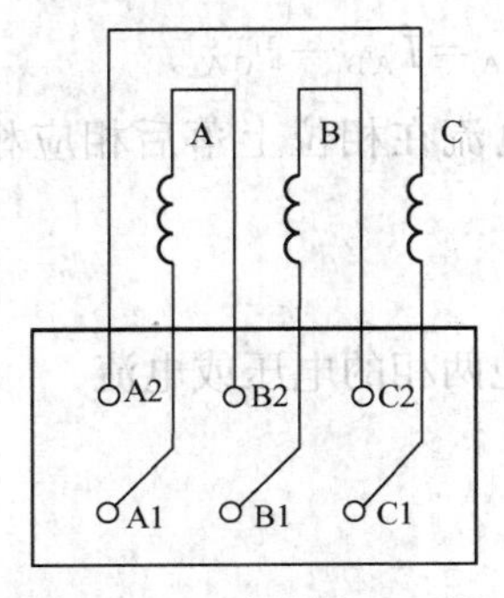

图 5-21　思考题 5-7 图

5-8　对称三相三线制负载作三角形连接电路中，已知 $\dot{U}_{AB}=380\angle 45°$ V，$\dot{I}_A=20\angle 15°$ A，求线电流 $\dot{I}_B$、$\dot{I}_C$ 和相电流 $\dot{I}_{A'B'}$、$\dot{I}_{B'C'}$、$\dot{I}_{C'A'}$。

5-9　一组三角形连接的对称三相负载接入对称三相电源，测得线电流为 9A，问负载相电流是多大？将这组对称负载改成星形连接后接入同样的电源中，问线电流又是多大？

5-10　在三相四线制电路中，中性线上为什么不允许安装开关或熔断器？

5-11　相序指示器中，若用电感代替电容，问此时灯泡较亮的是哪一相？

5-12　画出“二瓦计”法测量线路的另外两种接线形式，并写出两支功率表的读数与哪些量有关。

5-13　已知星形连接的对称三相负载，电源线电压 $\dot{U}_{AB}=380\angle 30°$ V，线电流 $\dot{I}_A=10\angle -45°$A，求：（1）每相负载的阻抗；（2）三相电路的 P、Q、S。

5-14　“一瓦计”法、“二瓦计”法、“三瓦计”法分别适用于什么电路的功率测量？采用“二瓦计”法测量功率时，功率表的读数一定为正值吗？

习　题

5-1　已知对称三相电源星形连接，$u_{AB}=[380\sqrt{2}\sin(314t+90°)]$ V，求：（1）相电压 $\dot{U}_A$、$\dot{U}_B$、$\dot{U}_C$；（2）线电压 $\dot{U}_{AB}$、$\dot{U}_{BC}$、$\dot{U}_{CA}$；（3）在同一张图上绘制相电压和线电压的相量图。

5-2　对称三相负载星形连接，每相为电阻 $R=4\Omega$、感抗 $X_L=3\Omega$ 的串联负载，接于线电压为 $U_l=380$V 的对称三相电源上，试求相电流、线电流，并画相量图。

5-3　三相四线制电路中，已知电源线电压为 380V，三相负载复阻抗均为 $38\angle 30°\Omega$，求各相负载的电流。

5-4　对称三相负载星形连接，每相负载阻抗 $Z=(6+j8)\Omega$，端线阻抗 $Z_l=(3+j1)\Omega$，

接于线电压为 $U_l=380V$ 的对称三相电源上，试求相电流、线电流和负载相电压。

5-5　对称三相负载△形连接，每相负载阻抗 $Z=(12+j16)\Omega$，接于线电压为 $U_l=380V$ 的对称三相电源上，试求相电流、线电流，并画相量图。

5-6　对称三相负载△形连接，每相负载阻抗 $Z=(24+j33)\Omega$，端线阻抗 $Z_l=(1+j1)\Omega$，接于线电压为 $U_l=380V$ 的对称三相电源上，试求相电流、线电流和负载各相电压。

5-7　三相电动机每相绕组的额定电压为 220V，现欲接至线电压为 220V 的三相电源中，此电动机的绕组应采用何种连接方式？若电动机每相绕组的等效阻抗为 $36\angle 30^\circ\Omega$，求电动机的相电流和线电流。

5-8　对称三相电源的线电压为 380V，接有两组对称三相负载，其中 $Z_1=(12+j16)\Omega$，作 Y 形连接；$Z_2=(48+j36)\Omega$，作△形连接。求：(1) 两组负载的相电流、线电流；(2) 总电路的线电流。

5-9　几个单相负载分别接入三相四线制的三个相中。已知 $Z_A=(6+j8)\Omega$，$Z_B=10\angle -30^\circ\Omega$，$Z_C=10\Omega$，对称三相电源的线电压为 $\dot{U}_{BC}=380\angle 0^\circ V$。求各相负载电流。

5-10　如图 5-22 所示，电源线电压为 380V，已知 $R=X_L=X_C=10\Omega$。求：(1) 各相负载电流；(2) 中性线电流；(3) 画出电压电流的相量图。

5-11　有一台三相电动机，其从电源处吸收的功率为 3.2kW，功率因数 $\cos\varphi=0.866$，电源线电压为 380V。求电动机的线电流。

5-12　对称三相感性负载接在三相电源中，电源线电压为 380V，功率因数为 0.8，线电流为 2A，求三相电路的有功功率、无功功率和视在功率。

5-13　已知对称三相负载的阻抗角为 45°（感性）接在线电压为 380V 的三相电源中，线电流为 10A，求：(1) 三相负载的有功功率和无功功率；(2) 画出用“二瓦计”法测量功率的接线图，并求两功率表的读数。

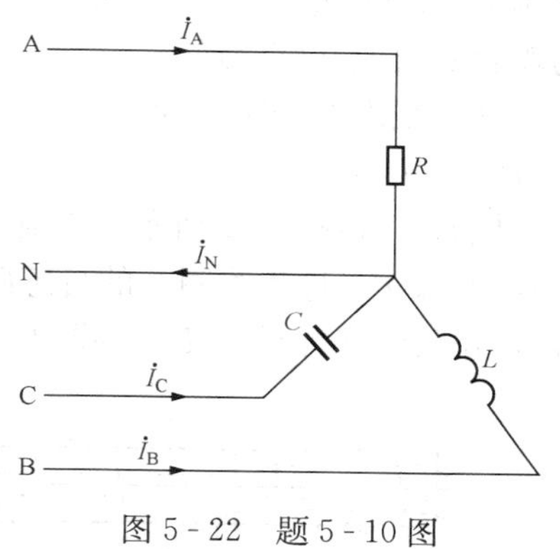

图 5-22　题 5-10 图

5-14　已知三相电动机的功率为 3.2kW，功率因数 $\cos\varphi=0.866$，接在线电压为 380V 的电源上。试画出用“二瓦计”法测量功率的电路图，并求两功率表的读数。

第六章　互　感　电　路

本章提要　本章从复习互感的物理现象开始，首先阐述了互感系数与耦合系数的概念，又从两个具有互感的线圈的研究中，引出了同名端的概念。本章主要介绍互感电路中电压和电流的关系、同名端、互感电路的串并联的分析计算以及空心变压器的初步概念。

第一节　基　本　概　念

一、互感现象

当一个线圈中的电流发生变化时，在相邻线圈中引起电磁感应的现象称为互感。如图6-1所示为两个有磁耦合的线圈（简称耦合电感），电流 i_1 在线圈1和线圈2中产生的磁通分别为 Φ_{11} 和 Φ_{21}，则 $\Phi_{21} \leqslant \Phi_{11}$。电流 i_1 称为施感电流，Φ_{11} 称为线圈1的自感磁通，Φ_{21} 称为耦合磁通或互感磁通。

如果线圈2的匝数为 N_2，并假设互感磁通 Φ_{21} 与线圈2的每一匝都交链，则互感磁链为 $\Psi_{21}=N_2\Phi_{21}$。

同理，如图6-2所示，电流 i_2 在线圈2和线圈1中产生的磁通分别为 Φ_{22} 和 Φ_{12}，且 $\Phi_{12} \leqslant \Phi_{22}$。$\Phi_{22}$ 称为线圈2的自感磁通，Φ_{12} 称为耦合磁通或互感磁通。如果线圈1的匝数为 N_1，并假设互感磁通 Φ_{12} 与线圈1的每一匝都交链，则互感磁链为 $\Psi_{12}=N_1\Phi_{12}$。

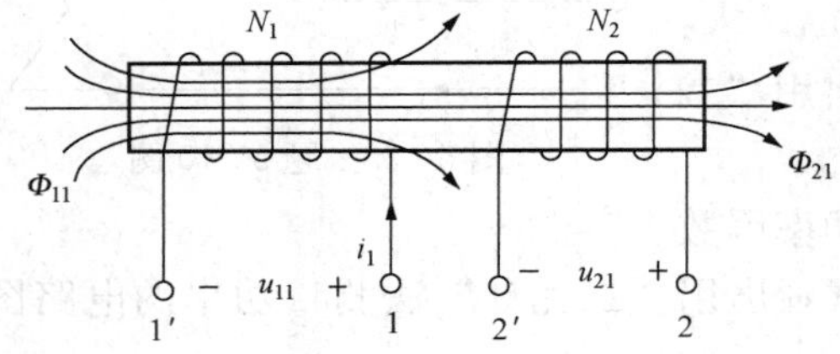

图6-1　两个线圈的互感现象1

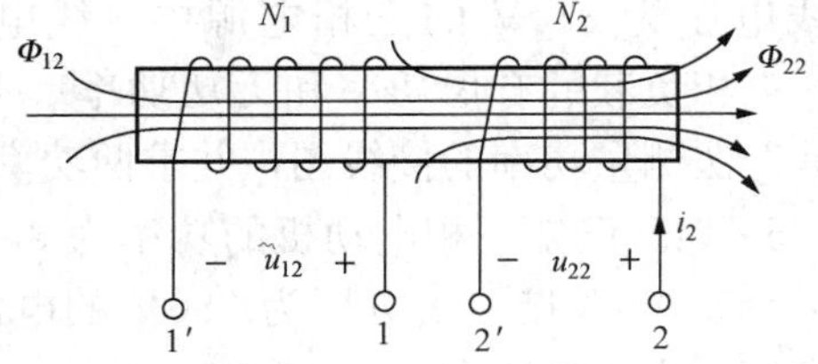

图6-2　两个线圈的互感现象2

二、互感电压

当线圈1中施感电流 i_1 变化时，除了在线圈1中产生自感电压 u_{11} 外，在线圈2中产生互感电压，记为 u_{21}。这种由于一个线圈中的电流变化而在另一线圈中产生互感电压的现象称为互感现象。设定 u_{21} 和 Φ_{21} 的参考方向，使它们符合右螺旋的关系，则有

$$u_{21}=\frac{\mathrm{d}\Psi_{21}(t)}{\mathrm{d}t} \tag{6-1}$$

同样，当线圈2中的施感电流 i_2 变化时，除了在线圈2中产生自感电压 u_{22} 外，在线圈1中产生互感电压，记为 u_{12}。设定 u_{12} 和 Φ_{12} 的参考方向，使它们符合右螺旋的关系，则有

$$u_{12}=\frac{\mathrm{d}\Psi_{12}(t)}{\mathrm{d}t} \tag{6-2}$$

如果线圈之间耦合介质不是铁磁材料，可以将互感电压写为

$$\left.\begin{aligned}u_{12}&=M_{12}\frac{\mathrm{d}i_2}{\mathrm{d}t}\\u_{21}&=M_{21}\frac{\mathrm{d}i_1}{\mathrm{d}t}\end{aligned}\right\}\tag{6-3}$$

其中
$$M_{12}=\frac{\Psi_{12}}{i_2},\ M_{21}=\frac{\Psi_{21}}{i_1}$$

式中：M_{12}、M_{21}为互感系数或互感，它反映了一个线圈的电流在另一个线圈中产生磁链的能力。它和自感有相同的单位，国际单位为亨利（H）。其他常用单位有毫亨（mH）或微亨（μH）。可以证明，$M_{12}=M_{21}$，所以在表达时往往省去其下标，用M表示。

互感M的大小只与两个线圈的几何尺寸、线圈的匝数、相互位置及线圈所处位置介质的导磁率有关。

为了表示互感线圈的耦合紧密程度，还使用耦合系数这一概念：把两个具有互感的线圈的互感磁链与自感磁链的比值的几何平均值定义为耦合系数，记为k，即

$$k=\sqrt{\frac{\Psi_{12}}{\Psi_{11}}\times\frac{\Psi_{21}}{\Psi_{22}}}\tag{6-4}$$

由于$\Psi_{11}=N_1\Phi_{11}=L_1i_1$，$\Psi_{21}=N_2\Phi_{21}=Mi_1$，$\Psi_{22}=L_2i_2$，$\Psi_{12}=Mi_2$。代入式（6－4）得

$$k=\frac{M}{\sqrt{L_1L_2}}\tag{6-5}$$

因为$\Psi_{12}\leqslant\Psi_{22}$，$\Psi_{21}\leqslant\Psi_{11}$，所以，$k\leqslant1$；只有当线圈1和线圈2耦合得相当紧密的时候，$\Psi_{12}$近似等于$\Psi_{11}$，$\Psi_{21}$近似等于$\Psi_{22}$，$k$将接近于1，此时称为全耦合。所以$\sqrt{L_1L_2}\geqslant M$，而互感的最大值为$M=\sqrt{L_1L_2}$。

两个线圈之间的耦合程度（耦合系数）与线圈的结构、周围磁介质以及两者之间的相互位置有关。如果线圈靠得很紧或者密绕在一起，耦合系数可能接近于1，但如果两个线圈相隔很远，或者它们的轴线相互垂直，则耦合系数就可能很小，甚至接近于0。利用这一特点，当线圈电感值L_1、L_2一定时，可以通过调整两个线圈之间的相对位置来调整它们的互感M，来满足实际需要。

第二节　互感线圈的同名端

在分析由施感电流引起的互感电压时，必须明确知道互感线圈的绕向，如图6－3（a）所示，图中施感电流如果由A端流入，互感线圈上的感应电压方向由B至Y，而图6－3（b）所示中由于互感线圈的绕向发生了改变，使得即使施感电流方向完全没变的情况下，互感线圈上的感应电压方向也发生了变化，为由Y至B。

对互感电压，因产生该电压的电流在另一线圈上，因此，要确定其符号，就必须知道两个线圈的绕向。这在电路分析中显得很不方便。因此引入同名端，这样就可以解决这个问题。

研究表明无论线圈绕向怎样，施感电流流进线圈的端子与其互感电压的正极性端总有一

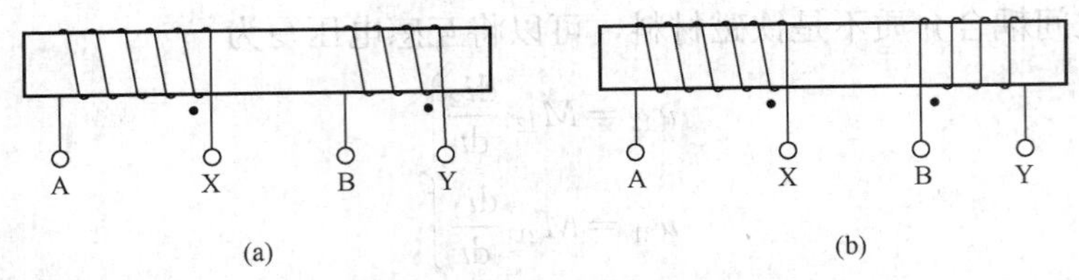

图 6-3 互感线圈的同名端

(a) 绕向相同；(b) 绕向相反

一对应的关系。当两个电流分别从两个线圈的对应端子流入，其所产生的磁场相互加强时，则这两个对应端子称为同名端。换句话说，当同时有电流从同名端流入时，线圈中的自感磁通和互感磁通的方向应该是一致的，并用相同的符号，例如小黑点“·”或者星号“*”将它们标记起来。这样就不必在分析问题时再去画出线圈的实际绕向，如可以把图 6-3 所示的互感线圈用图 6-4 所示的图形符号来表示。根据同名端的定义，当两个线圈的同名端确定下来以后，剩下的两端必然也是同名端，但不再作标记。

那么，对于两个线圈如何来判断它的同名端呢?

对于图 6-3 所示这样的已知绕向的线圈，可以根据定义：当同时有电流从同名端流入时，线圈中的自感磁通和互感磁通的方向应该是一致来判断。如图 6-3 (a) 所示，当电流同时从标记端流入时，它们产生的自感磁通和互感磁通方向是一致的，所以标记端就是同名端。

对于不知绕向的线圈，可以用实验法判断，如图 6-5 所示。判断步骤如下：

(1) 将线圈 1 与直流电源、限流电阻接成一个回路，线圈 2 与电压表接成一个回路；

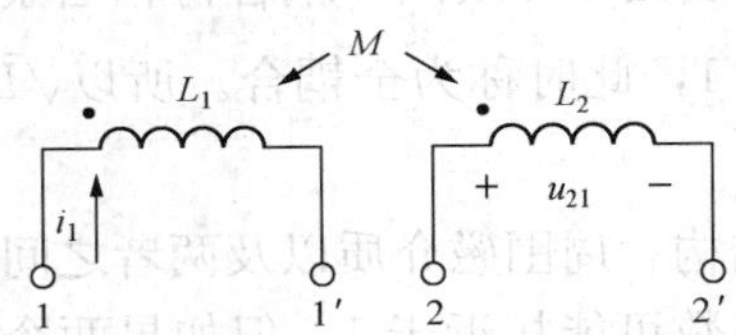

图 6-4 互感线圈电路符号

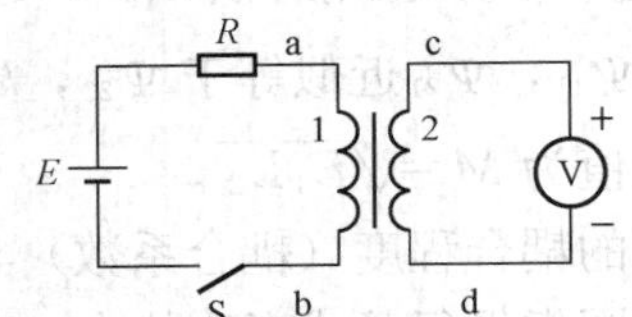

图 6-5 实验法判断同名端

(2) 合上开关，观察电压表的偏转方向；

(3) 判断同名端。如果电压表正偏，则 a 与 c（或 b 与 d）是同名端；如果电压表反偏，则 a 与 d（或 b 与 c）是同名端。

电压表向正值方向摆动，说明线圈两端的互感电压极性与电压表极性相同；线圈流入电流的瞬间，电流是增强的，自感电压的高极性端应为电流流入端。因此一次侧线圈的电流流入端端子和二次侧线圈与电压表高极性相联的端子为一对同名端。

有了同名端，在设定互感电压的方向时，就可以不必再画出线圈的绕向。在直流电路中曾经学过，电压和电流的参考方向可以任意建立，但在假设互感电压的参考方向时，为了解题方便和符合习惯，一般按照同名端原则进行。

如图 6-6 所示，已知 i_1 的参考方向由 1 指向 1′点（从同名端指向非同名端），那么规定，互感电压 u_{M2} 的参考方向也由同名端指向非同名端（2′指向 2），在这样的规定下，互感电压才能使用方程 $u_{M2}=M\dfrac{di_1}{dt}$。以图 6-6 为例，如果假设互感电压 u_{M2} 的参考方向由 2 指向 2′时，就应该使用公式 $u_{M2}=-M\dfrac{di_1}{dt}$。只有这样，互感电压的正负号才有意义。

【例 6-1】　电路如图 6-7 所示，当一次侧线圈电路中原先合上的开关 S 断开时，检流计显示二次侧线圈中互感电流的方向为由端点 B 流出，试问哪两个端点是同名端。

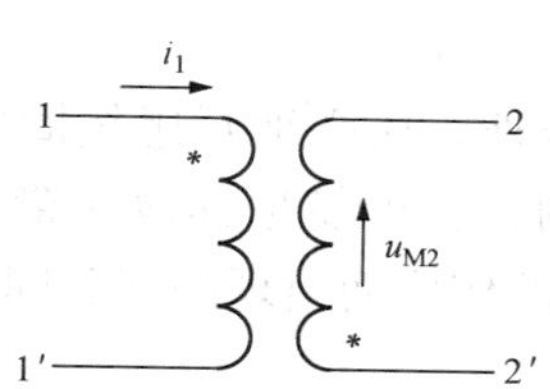

图 6-6　互感电压的参考方向符合同名端原则

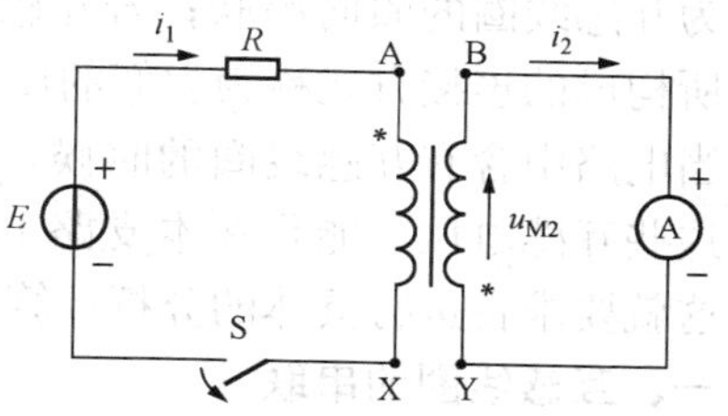

图 6-7　直流通断法判断同名端

解　一次侧线圈未断开之前 i_1 由 A 端流入，标为带星号点，当 S 断开时，由检流计中电流方向可推知，互感电压 u_{M2} 的实际方向由 B 点指向 Y 点，但因为 i_1 减小，u_{M2} 应该为负值 $\left(\dfrac{di_1}{dt}<0\Rightarrow u_{M2}=M\dfrac{di_1}{dt}<0\right)$，所以 u_{M2} 的参考方向和实际流向相反，应该由 Y 指向 B，也就是说：在同名端原则下，Y 点是互感电压参考方向的正极性端，它和施感电流的流入点 A 是同名端，而 X、B 为另一对同名端。

【例 6-2】　电路如图 6-8 所示，已知 $i_2=[10\sin(400t+30°)]$ A，两线圈之间的互感 $M=0.025$H，求互感电压 u_{M1}，并标出参考方向。

解　根据线圈的绕向，可以判断同名端为 X、Y，当然 A、B 也是同名端。由于施感电流 i_2 从同名端流入，所以互感电压的参考方向设为由同名端指向非同名端（X→A），如图 6-8 所示，有

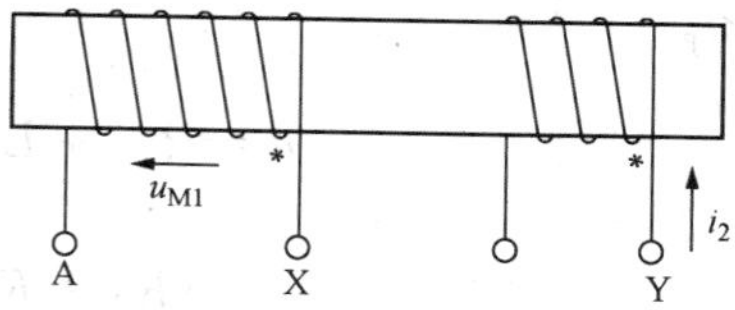

$$u_{M1}=M\frac{di_2}{dt}$$

图 6-8　[例 6-2] 图

由于施感电流为正弦交流电流，可以写出其相量形式

$$\dot{U}_{M1}=j\omega M\dot{I}_2$$

其中 $X_M=\omega M$ 称为互感抗，单位为欧姆（Ω）。

根据已知条件得

$$\omega M=0.025\times 400=10(\Omega)$$

$$\dot{I}_2=\frac{10}{\sqrt{2}}\angle 30°\ \text{A}$$

所以

$$\dot{U}_{M1}=\frac{10}{\sqrt{2}}\angle 30°\times 10\angle 90°=\frac{100}{\sqrt{2}}\angle 120°\ \text{V}$$

或者写成

$$u_{M1}=100\sin(400t+120°)\text{V}$$

结论：互感电压的参考方向与施感电流的参考方向符合同名端原则时，才有 $u_{M2}=M\dfrac{di_1}{dt}$（相量式为 $\dot{U}_{M2}=j\omega M\dot{I}_1$），否则 $u_{M2}=-M\dfrac{di_1}{dt}$（相量式 $\dot{U}_{M2}=-j\omega M\dot{I}_1$）。

第三节 互感线圈的串并联

当两互感线圈的一对异名端相连，另一对异名端与电路其他部分相接时，构成的连接方式称为互感线圈的顺向串联；若互感线圈的一对同名端相连，另一对同名端与二端网络相连，所构成的连接方式称为它们的反向串联。

当电路中含有互感线圈的时候，除了考虑自感电压外，还必须互感线圈之间的互感电压。这些互感电压可能是在本支路上的互感线圈引起的，也可能是其他支路上的线圈引起的，这就要求在进行具体的分析计算时，注意由于互感的作用而出现的特殊问题。

一、互感线圈的串联

1. 互感线圈的顺向串联

互感线圈异名端串接在一起称顺向串联，简称顺串，如图 6-9（a）所示。由 KVL 可得

$$u = R_1 i + L_1 \frac{di}{dt} + M \frac{di}{dt} + L_2 \frac{di}{dt} + M \frac{di}{dt} + R_2 i$$

$$= (R_1 + R_2) i + (L_1 + L_2 + 2M) \frac{di}{dt} = Ri + L_s \frac{di}{dt}$$

因此等效电阻 $R = R_1 + R_2$，等效电感 $L_s = L_1 + L_2 + 2M$，这就表明，具有互感的两线圈顺串时，可用一个电感量为 L_s 的电感元件等效，如图 6-9（b）所示。

2. 互感线圈的反向串联

互感线圈同名端串接在一起称反向串联，简称反串，如图 6-10（a）所示。由 KVL 可得

$$u = R_1 i + L_1 \frac{di}{dt} - M \frac{di}{dt} + L_2 \frac{di}{dt} - M \frac{di}{dt} + R_2 i$$

$$= (R_1 + R_2) i + (L_1 + L_2 - 2M) \frac{di}{dt} = Ri + L_f \frac{di}{dt}$$

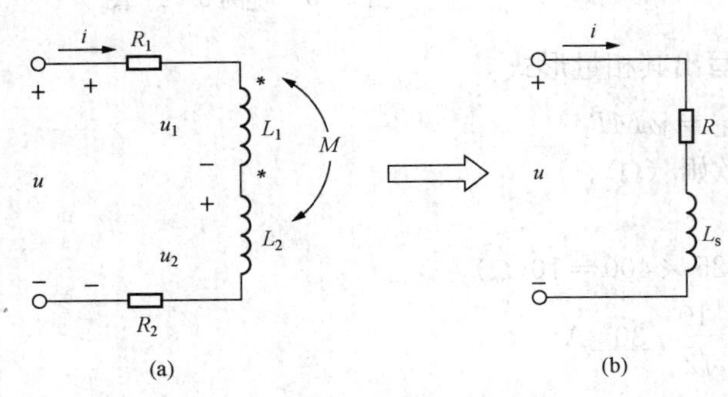

图 6-9 互感线圈的顺串
（a）顺向串联；（b）等效电路

因此等效电阻 $R = R_1 + R_2$，等效电感 $L_f = L_1 + L_2 - 2M$，这就表明，具有互感的两线圈反串时，可用一个电感量为 L_f 的电感元件等效，如图 6-10（b）所示。

如果外加电压是正弦交流电压，利用相量法进行分析，得到

$$\dot{U} = (R_1 + R_2)\dot{I} + j\omega(L_1 + L_2 \pm 2M)\dot{I}$$

$$= \dot{I}(R_1 + j\omega L_1) + \dot{I}(R_2 + j\omega L_2) \pm 2Mj\omega\dot{I}$$

$$= \dot{I}(Z_1 + Z_2 \pm 2Z_M)$$

其中 $Z_M = j\omega M = jX_M$ 称为互感复阻抗，互感复阻抗前对应的符号，“+”号对应顺串，“−”号对应反串。将两个串联的互感线圈看成是由一个电阻 $R = R_1 + R_2$ 和等效电感 $L = L_1 + L_2 \pm 2M$ 串联等效成的。其中 $L_s = L_1 + L_2 + 2M$，称为顺串等效电感，此时电感加强了，说明

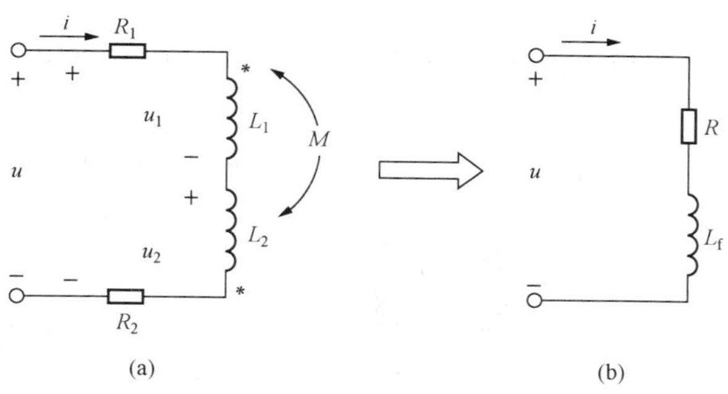

图 6-10 互感线圈的反串

(a) 反向串联；(b) 等效电路

顺串时互感有加强自感的效应；$L_f = L_1 + L_2 - 2M$，称为反串等效电感，此时电感减弱了，说明反串时互感有削弱自感的效应。

只要分别测得顺串时的等效电感 L_s 和反串时的等效电感 L_f，就可以求得互感系数 M

$$L_s - L_f = L_1 + L_2 + 2M - (L_1 + L_2 - 2M) = 4M \Rightarrow M = \frac{L_s - L_f}{4}$$

利用两个互感线圈的串联可以判断互感线圈的同名端：在同一个正弦交流电压源作用下，分别将互感线圈顺串和反串，然后测量两种情况下电路中的电流，因线圈顺串时等效阻抗要比线圈反串时的等效阻抗大，所以，电流较大时线圈是反串的，也就是说，两个线圈靠近的一端就是同名端，另两端也是同名端。

【例 6-3】 如图 6-11（a）所示电路处于正弦稳态中，已知 $u_S(t) = \sqrt{2} \times 220\sin 314t$ V，$L_1 = 1$H，$L_2 = 2$H，$M = 1.4$H，$R_1 = R_2 = 1\Omega$，求 $i(t)$。

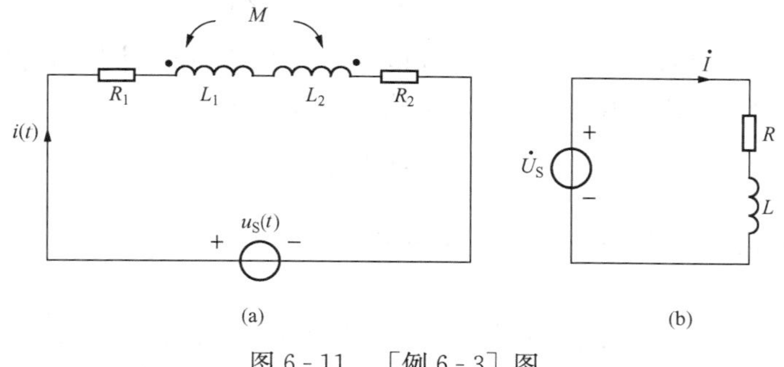

图 6-11 ［例 6-3］图

(a) 正弦稳态；(b) 相量模型电路

解 相量模型电路如图 6-11（b）所示，图中 $\dot{U}_S = 220\angle 0°$ V

$$L = L_1 + L_2 - 2M = 1 + 2 - 2 \times 1.4 = 0.2\text{H}$$

$$j\omega L = j314 \times 0.2 = j62.8\Omega$$

所以

$$\dot{I} = \frac{\dot{U}_S}{R_1 + R_2 + j\omega L} = \frac{220\angle 0}{2 + j68.2} = 3.5\angle -88.18°(\text{A})$$

$$i_S(t) = [\sqrt{2} \times 3.5\sin(314t - 88.18°)]\text{A}$$

二、互感线圈的并联

并联的互感线圈也有两种连接方式，如图 6-12（a）所示为同侧并联，图 6-12（b）所示为异侧并联。

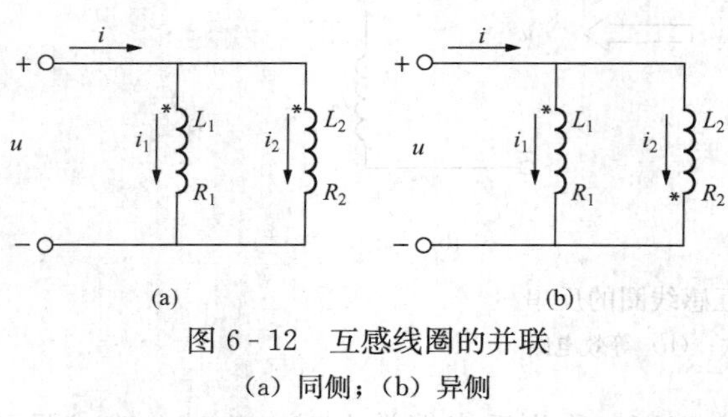

图 6-12 互感线圈的并联

（a）同侧；（b）异侧

同名端并接在一起称同侧并联，如图 6-12（a）所示。由 KCL、KVL 可得

$$\dot{U}=(R_1+\mathrm{j}\omega L_1)\dot{I}_1+\mathrm{j}\omega M\dot{I}_2$$
$$=Z_1\dot{I}_1+Z_M\dot{I}_2$$
$$\dot{U}=(R_2+\mathrm{j}\omega L_2)\dot{I}_2+\mathrm{j}\omega M\dot{I}_1$$
$$=Z_2\dot{I}_2+Z_M\dot{I}_1$$

联立方程，求出 $\dot{I}_1$ 和 $\dot{I}_2$

$$\dot{I}_1=\dot{U}\frac{Z_2-Z_M}{Z_1Z_2-Z_M^2},\quad \dot{I}_2=\dot{U}\frac{Z_1-Z_M}{Z_1Z_2-Z_M^2}$$

因为并联电路 $\dot{I}=\dot{I}_1+\dot{I}_2$，可得

$$\dot{I}=\frac{\dot{U}(Z_1+Z_2-2Z_M)}{Z_1Z_2-Z_M^2}$$

对于异侧并联的电路，分析可得

$$\dot{I}=\frac{\dot{U}(Z_1+Z_2+2Z_M)}{Z_1Z_2-Z_M^2}$$

这样，可以得到互感线圈并联时的等效阻抗

$$Z_{\mathrm{eq}}=\frac{\dot{U}}{\dot{I}}=\frac{Z_1Z_2-Z_M^2}{Z_1+Z_2\mp 2Z_M}$$

其中互感阻抗前的符号，“－”号对应同侧并联，“＋”号对应异侧并联。

在不考虑线圈自身电阻（$R_1=R_2=0$）的情况下，可得

$$L_{\mathrm{eq}}=\frac{L_1L_2-M^2}{L_1+L_2\mp 2M}$$

式中：L_{eq}为耦合电感 L_1、L_2 并联后的等效电感。

列写电路方程的注意事项如下：

（1）正确判别同名端，以便在列写电压方程式时能够正确标示互感电压前面的正负号；

（2）对未消除互感的电路列写电压方程式时，千万不要漏写互感电压；

（3）前面学过的电路定律及分析方法，不易直接应用于含有互感的电路中。一般应对具有互感的电路先进行互感消去法变换，求出其等效的无互感电路后，再应用这些定律和分析方法求解电路。

【例 6-4】 已知 $\omega L_1=\omega L_2=10\Omega$，$\omega M=5\Omega$，$R_1=R_2=6\Omega$，$U_{\mathrm{S1}}=6\mathrm{V}$。求如图 6-13 所示电路 a、b 之间的电压。

解 如图 6-13 中 L_1 所在回路中有电流，所以在 L_2 上会产生感应电压 u_{M2}，根据同名端原则，标出 $\dot{I}_1$ 和 $\dot{U}_{M2}$的参考方向。而 L_2 上由于 a、b 开路，没有电流，所以 L_1 线圈上只有自感电压。考虑到电阻 R_2 和左边电路为并联关系，R_2 上的电压就是左边电路上的电

压，所以可得电压方程为

$$\dot{U}_{ab}=\dot{U}_{M2}+\dot{I}_1R_2=j\omega M\dot{I}_1+\dot{I}_1R_2$$

又因为

$$\dot{I}_1=\frac{\dot{U}_{S1}}{R_1+R_2+j\omega L_1}$$

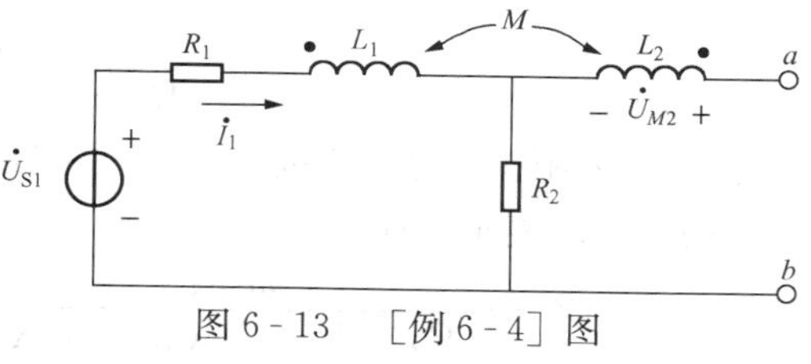

图 6-13 [例 6-4] 图

设 $\dot{U}_{S1}=6\angle 0^\circ$ V，则

$$\dot{I}_1=\frac{6\angle 0^\circ}{12+j10}$$

可以求得

$$\dot{U}_{ab}=(j\omega M+R_2)\dot{I}_1=(6+j5)\frac{6\angle 0^\circ}{12+j10}=3\angle 0^\circ\ \text{V}$$

第四节 空 心 变 压 器

空心变压器是由两个绕在非铁磁材料制成的芯子上并且具有互感的线圈组成的。它是一种利用互感来实现从一个电路向另一个电路传输能量或信号的器件。图 6-14 所示为一个空心变压器的等效电路图。

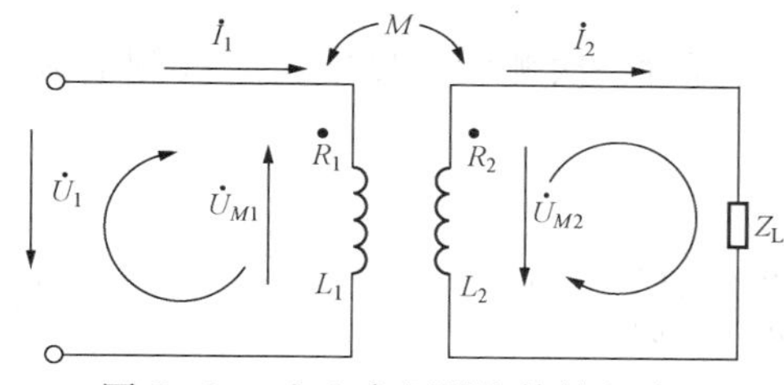

图 6-14 空心变压器的等效电路图

与电源相连的一边称为一次侧，其线圈称为一次绕组；与负载相连的一边称为二次侧，其线圈称为二次绕组。图 6-14 中的 R_1、R_2、L_1、L_2 分别代表一次、二次绕组的电阻和电感，负载阻抗 $Z_L=R_L+jX_L$。对于一次、二次绕组之间的匝间电容一般忽略不计。

若在一次绕组上加一个正弦交流电压 $\dot{U}_1$，假设一次、二次绕组上电压电流参考方向如图 6-14 所示，根据基尔霍夫电压定律，可得方程

$$\left.\begin{aligned}&\dot{I}_1(R_1+j\omega L_1)-\dot{I}_2 j\omega M=\dot{U}_1\\&\dot{I}_2(R_2+j\omega L_2)-\dot{I}_1 j\omega M+(R_L+jX_L)\dot{I}_2=0\end{aligned}\right\}\tag{6-6}$$

根据式 (6-6) 可以求得一次侧和二次侧电流 $\dot{I}_1$ 和 $\dot{I}_2$

$$\dot{I}_1=\frac{\dot{U}_1}{(R_1+j\omega L_1)+\dfrac{\omega^2M^2}{(R_2+R_L)+j(\omega L_2+X_L)}}\tag{6-7}$$

$$\dot{I}_2=\frac{\dot{U}_1(j\omega M)}{\left[(R_2+R_L+j\omega L_2+jX_L)+\dfrac{\omega^2M^2}{R_1+j\omega L_1}\right](R_1+j\omega L_1)}\tag{6-8}$$

分析式 (6-7)，分母部分表示一次绕组此时的阻抗，其中的 $R_1+j\omega L_1$ 是一次绕组本来的阻抗，在存在着二次侧电流的情况下，二次侧的回路阻抗反映到了一次侧，实际阻抗变成了

$$(R_1+j\omega L_1)+\frac{\omega^2M^2}{(R_2+R_L)+j(\omega L_2+X_L)}$$

其中

$$\frac{\omega^2 M^2}{(R_2+R_L)+j(\omega L_2+X_L)}$$

称为引入阻抗，或反映阻抗，它是二次侧的回路阻抗通过互感反映到一次侧的等效阻抗，用字母 Z_r 表示，而

$$\begin{aligned}Z_r &= \frac{\omega^2 M^2}{(R_2+R_L)+j(\omega L_2+X_L)} \\ &= \frac{\omega^2 M^2(R_2+R_L)}{(R_2+R_L)^2+(\omega L_2+X_L)^2} - j\frac{\omega^2 M^2(\omega L_2+X_L)}{(R_2+R_L)^2+(\omega L_2+X_L)^2} \\ &= R_r - jX_r \end{aligned} \tag{6-9}$$

可以看到 Z_r 中分母部分就是二次侧电路的总阻抗（包括线圈阻抗和负载阻抗），用 Z_{22} 来表示这一阻抗，则引入阻抗可以写成

$$Z_r = \frac{\omega^2 M^2}{Z_{22}} = \omega^2 M^2 Y_{22} \tag{6-10}$$

其中 $$Z_{22} = Z_2 + Z_L = (R_2+R_L)+j(\omega L_2+X_L)$$

显然，引入阻抗和二次侧电路的实际阻抗 Z_{22} 性质正好相反，即感性（容性）变成了容性（感性）。而且，引入阻抗吸收的复功率就是二次侧回路吸收的复功率。

上面讨论了空心变压器的一般情况，下面对于两种特殊情况进行讨论，分析二次侧对一次侧的影响。

1）当二次侧开路时，$R_L=\infty$，此时 $Z_r=0$，二次侧对一次侧没有影响，一次侧电流仅决定于本身的阻抗。

2）当二次侧短路时，$Z_L=0$，有

$$Z_r = \frac{\omega^2 M^2}{R_2 + j\omega L_2} = \frac{\omega^2 M^2 R_2}{R_2^2+\omega L_2^2} - j\frac{\omega^2 M^2 \omega L_2}{R_2^2+\omega L_2^2} = R_r - jX_r \tag{6-11}$$

此时的 $-jX_r$ 将在很大程度上抵消一次侧的 $j\omega L_1$，这样的结果就是导致 $\dot{I}_1$ 增加很多。

有时分析空心变压器，只需要分析一次侧，即直接利用图 6-15 所示的等效电路。

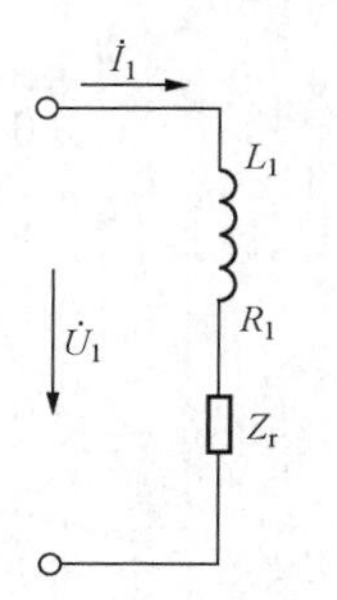

图 6-15 空心变压器一次侧等效电路图

当然也可以分析二次侧得到等效电路来分析空心变压器，这里从略。

【例 6-5】 已知空心变压器 $R_1=5\text{k}\Omega$，$j\omega L_1=j12\text{k}\Omega$，$R_2=0$，$j\omega L_2=j10\text{k}\Omega$，$j\omega M=j2\text{k}\Omega$，$Z_L=(0.2-j9.8)\text{k}\Omega$。外加电压 $\dot{U}_1=10\angle 0^\circ$ V，求 $\dot{I}_1$、$\dot{I}_2$ 与 $\dot{U}_L$ 及输入功率和输出功率 P_1、P_2。

解 $Z_{11}=R_1+j\omega L_1=(5+j12)\text{k}\Omega$，$Z_{22}=R_2+j\omega L_2=j10(\text{k}\Omega)$

$$Z_r = \frac{(\omega M)^2}{Z_{22}+Z_L} = \frac{(2)^2}{j10+0.2-j9.8} = (10-j10)(\text{k}\Omega)$$

$$Z_1 = 5+j12+10-j10 = (15+j2)(\text{k}\Omega)$$

$$\dot{I}_1 = \frac{\dot{U}_1}{Z_1} = \frac{10\angle 0^\circ}{15+j2} = \frac{10\angle 0^\circ}{15.13\angle 7.6^\circ} = 0.661\angle -7.6^\circ(\text{mA})$$

$$\dot{I}_2 = \frac{j\omega M\dot{I}_1}{Z_{22}+Z_L} = \frac{1.32\angle 82.4^\circ}{0.2+j0.2} = 4.67\angle 37.4^\circ(\text{mA})$$

$$\dot{U}_L = \dot{I}_2 Z_L = 4.67\angle 37.4^\circ \times (0.2-j9.8) = 45.8\angle -51.4^\circ(\text{V})$$

输入功率为 $P_1 = UI_1\cos\varphi = 10 \times 0.661 \times \cos 7.6° \approx 6.55(\mathrm{mW})$

输出功率为 $P_2 = I_2^2 R_L = 4.67^2 \times 0.2 \approx 4.36(\mathrm{mW})$

小 结

(1) 互感现象。当一个线圈中的电流发生变化时，在相邻线圈中引起电磁感应的现象称为互感。

(2) 互感电压。互感电压是通过磁路耦合而产生的，互感电压的大小取决于两个耦合线圈的互感系数 M，对两个相互之间具有互感的线圈来讲，它们互感系数的大小是相同的，即 $M = M_{12} = \frac{\Phi_{12}}{i_2} = M_{21} = \frac{\Phi_{21}}{i_1}$，即互感 M 的大小只与两个线圈的几何尺寸、线圈的匝数、相互位置及线圈所处位置介质的导磁率有关。

(3) 耦合系数和同名端。两个互感线圈磁路耦合的松紧程度用耦合系数 k 表示，当 $k=1$ 时为全耦合，即线圈电流的磁场不仅穿过本身，也全部穿过互感线圈。当漏磁通越多时，耦合得越差，k 值就越小。利用互感原理工作的电气设备，总是希望耦合情况越接近 1 越好。

关于同名端的概念，主要是为了分析、作图的方便。所谓同名端就是：互感线圈中施感电流的流入端和另一线圈上得到的互感电压的正极性端，它们之间总有一一对应的关系。一般用符号（黑点或星号）标记同名端，除去同名端外的另外两端也为同名端。同名端是客观存在的，与两线圈是否通入电流无关。

同名端的判别方法很多，在两线圈位置、绕向已知的情况下，可以根据同名端定义用右手螺旋定则来判断。实验方法有直流通断法和交流判断法（顺串和反串）。

(4) 电路中互感线圈串联时，有顺串和反串两种。电流从两个线圈的同名端流入（或流出）的接法，称为顺串，具有加强自感的效应；电流从一个线圈的同名端流入，从另一个线圈的同名端流出，这种接法称为反串，反串有削弱自感的效应。在串联时，可以将互感线圈看成是由电阻 $R = R_1 + R_2$ 和等效电感 $L = L_1 + L_2 \pm 2M$ 串联等效成的，互感 $M = \frac{L_s - L_f}{4}$。

(5) 电路中互感线圈并联时，有同侧并联和异侧并联两种。同侧并联时，电流从两个线圈的同名端流入（或流出）；异侧并联时电流从一个线圈的同名端流入，从另一个线圈的同名端流出。重点是在给定的电流参考方向下，根据 KCL 和 KVL 列出端口的电压方程式。

(6) 空心变压器是利用磁路来实现能量传递的设备，是变压器的一种，不过它是通过非铁磁材料来耦合的。当空心变压器的二次侧接负载时，由于二次侧阻抗反映到一次侧形成引入阻抗，使一次侧的等效阻抗发生变化，会对一次侧电流产生影响。

思 考 题

6-1 如果互感线圈是通过铁磁材料耦合的，它们之间有互感电压吗？此时互感电压是否可以表示成 $u = M\frac{\mathrm{d}i}{\mathrm{d}t}$？

6-2　互感和自感之间的区别和联系分别是什么？

6-3　互感线圈中的施感电流如果用的是直流电，两线圈之间的互感作用还存在吗？

6-4　两个互感耦合线圈，已知 $L_1=0.4\text{H}$，$k=0.5$，互感系数 $M=0.1\text{H}$，求 L_2。若两个互感耦合线圈为全耦合，互感系数 M 为多少。

6-5　$k=1$ 和 $k=0$ 各表示两个线圈之间怎样的关系？

6-6　同名端的建立有什么意义？

6-7　如果没有按照规定设立互感电压的参考方向，对分析计算有何影响？

6-8　互感线圈中的电压是否仅仅由流过该线圈的电流决定。

6-9　如图 6-16 所示，若同名端已知，开关原先闭合已久，若瞬时切断开关，电压表指针如何偏转？为什么？这与同名端一致原则矛盾吗？

6-10　电感元件和互感元件有区别吗，区别在哪里？

6-11　互感线圈顺串和反串时对电路的影响是否相同？

6-12　两线圈的自感分别为 0.8H 和 0.7H，互感为 0.5H，电阻不计。试求当电源电压一定时，两线圈反向串联时的电流与顺向串联时的电流之比。

6-13　引入阻抗主要反映了一次侧、二次侧什么之间的关系？

6-14　如图 6-17 所示的空心变压器，其参数为 $R_1=5\Omega$，$\omega L_1=30\Omega$，$R_2=15\Omega$，$\omega L_2=120\Omega$，$\omega M=50\Omega$，$U_1=10\text{V}$，二次侧回路中接一纯电阻负载 $R_\text{L}=100\Omega$，$X_\text{L}=0$。求负载端电压。

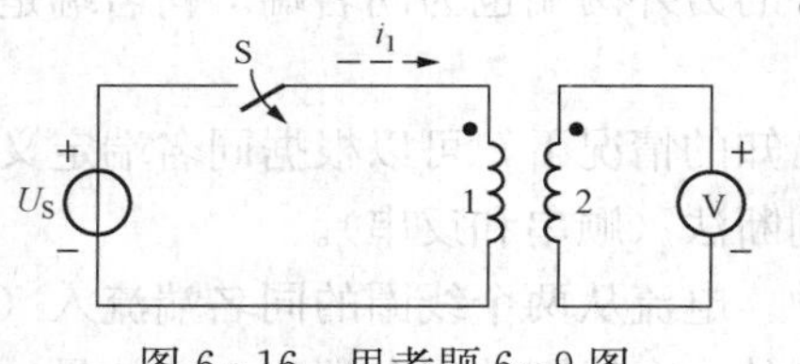

图 6-16　思考题 6-9 图

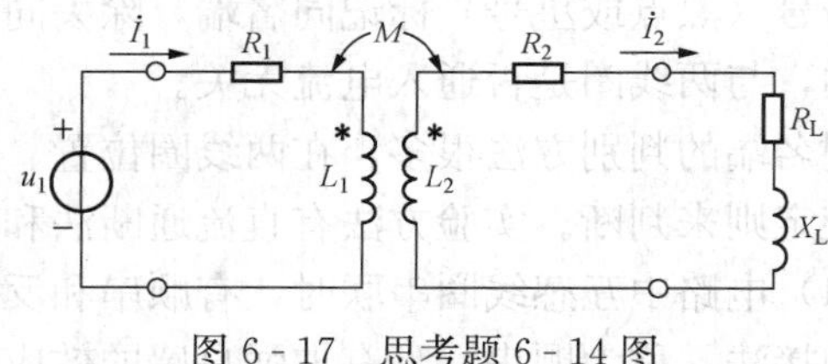

图 6-17　思考题 6-14 图

习　　题

6-1　电路如图 6-18 所示，已知 $L_1=0.01\text{H}$，$L_2=0.02\text{H}$，$C=20\mu\text{F}$，$M=0.01\text{H}$，求两个线圈顺串和反串时电路的谐振角频率。

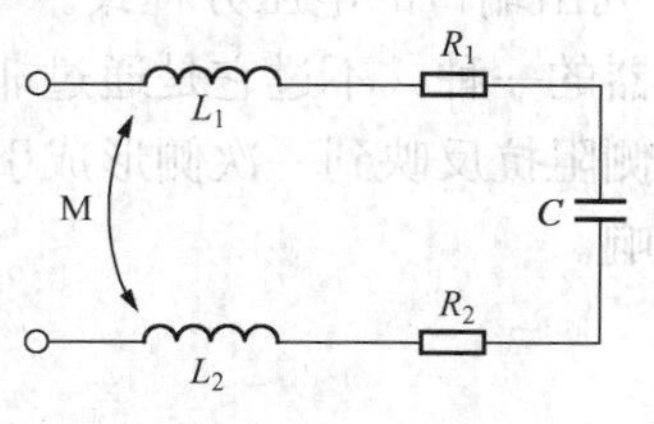

图 6-18　题 6-1 图

6-2　图 6-18 所示电路中，若已知 $L_1=6\text{H}$，$L_2=4\text{H}$，当两线圈顺串时，电路的谐振频率是反串时谐振频率的 $\frac{1}{2}$，试求电路的互感 M。

6-3　具有互感的两个线圈顺接串联时总电感为 0.6H，反接串联时总电感为 0.2H，若两线圈的电感量相同时，求互感和线圈的电感。

6-4　如图 6-19 所示，已知 $R_1=R_2=100\Omega$，$L_1=4\text{H}$，$L_2=14\text{H}$，$M=5\text{H}$，$C=10\mu\text{F}$，电源电压 $\dot{U}=220\angle 0°$，$\omega=100\text{rad/s}$，求电路总电流 $\dot{I}$。

6-5 如图 6-20 所示，电源频率是 50Hz，电流表读数为 2A，电压表读数为 220V，求两线圈的互感系数 M。

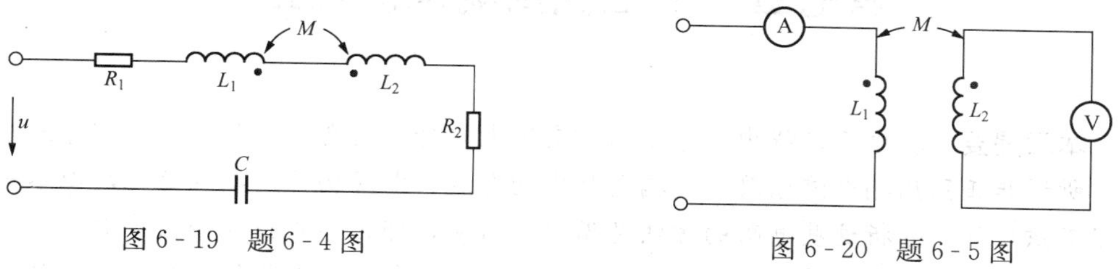

图 6-19 题 6-4 图　　图 6-20 题 6-5 图

6-6 两互感线圈串联，外加一有效值 220V，频率为 50Hz 的正弦交流电，线圈顺串时测得 $I_S=2.5A$，$P_S=62.5W$，反串时测得 $I_f=5A$，$P_f=250W$，试求互感 M。

6-7 图 6-20 所示电路中，已知 $R_1=R_2=6\Omega$，$\dot{U}_S=12\angle 0°V$，$\omega L_1=\omega L_2=\omega L_3=10\Omega$，$\omega M_1=\omega M_2=\omega M_3=6\Omega$，求 A、B 两点之间的开路电压 $\dot{U}_o$。

第七章　非正弦周期电流电路

本章提要　在电气工程中，除了正弦交流电路外，还会遇到非正弦周期电流电路。所谓非正弦周期电流电路，是指电路中的电流、电压仍作周期性变化，但不是按照正弦规律。分析这些电路的方法是谐波分析法，即把非正弦周期信号看成是由不同频率的正弦周期信号合成的，然后按照直流电路和交流电路的计算方法，分别计算在直流和单个正弦信号作用下的电路响应，再根据线性电路叠加原理，将所得结果相加。

本章主要内容有：非正弦周期信号分解为傅里叶级数，非正弦周期电压、电流的有效值、平均功率，非正弦周期电流电路的分析计算等。

第一节　非正弦周期量的产生

在一个正弦电源作用或多个同频率正弦电源同时作用的线性电路中，电路各个部分的稳态电压、电流都按同频率正弦规律变动。这样的电路称为正弦交流电路。但是，现实生活中，经常会碰到按非正弦规律变化的电源和信号。图 7 - 1 所示为电工技术中几种常见的非正弦周期信号的波形图。

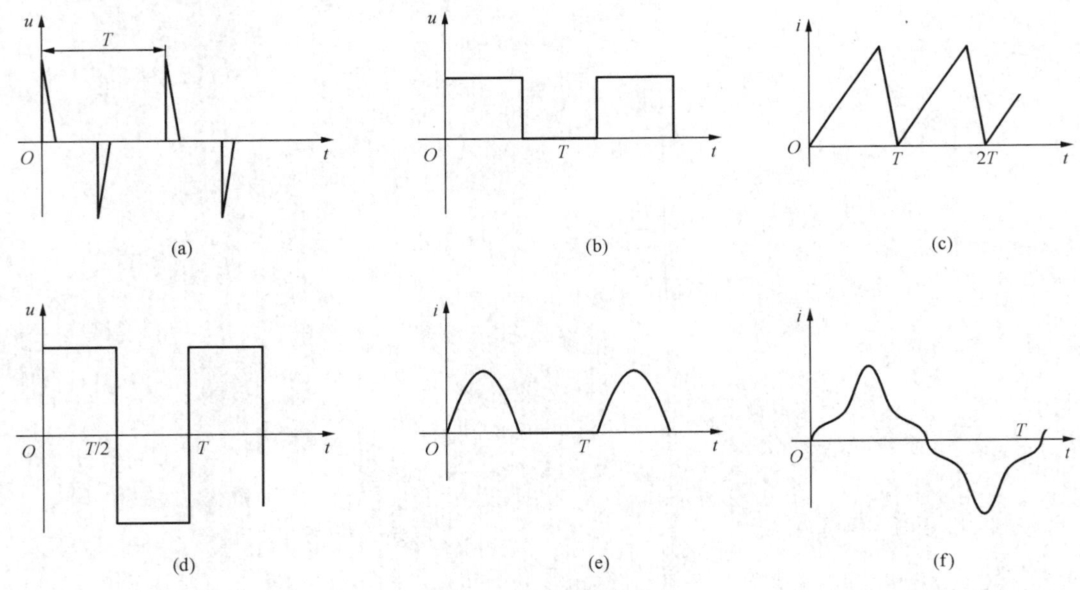

图 7 - 1　非正弦周期信号

(a) 脉冲波形；(b) 方波电压；(c) 锯齿波；(d) 矩形波；(e) 单相半波整流波形；(f) 磁化电流

产生图 7 - 1 中这些非正弦波形的原因主要来自于以下两方面：

(1) 电源方面，发电机由于内部结构的原因很难保证电压是理想的正弦波。

（2）负载方面，正弦电源经过非线性元件（如整流元件或铁芯线圈）时，产生的电流将是非正弦周期量。

一般说来，电机工程和大型电力系统中，电压或电流都应该尽量地接近于正弦，否则会带来很多不良的影响，例如降低发电机或电动机的效率，增加输电线路上的损耗等。但随着现代科技的日新月异，越来越需要非正弦周期信号，如现在很多设备中使用的脉冲电源等。

非正弦信号可以分为周期的与非周期的两种，本章讨论的是非正弦周期信号作用于线性电路中的分析和计算，主要使用傅里叶级数展开法，将非正弦周期信号分解为一系列不同频率的正弦量之和，分别计算各个不同频率正弦量作用时电路中的电压和电流分量，再利用线性电路的叠加原理将各分量叠加，从而得到实际电路中的电压和电流。这种方法称为谐波分析法。通过这种方法，将非正弦周期信号转换为正弦信号。利用已知知识，来分析和解决新的问题，这种思路也正是在今后工作实践中所要掌握的。

第二节　非正弦周期信号的分解形式

几个同频率的正弦量的和依旧是正弦信号。但是，如果几个不同频率的正弦量相加，又会得到怎样的信号呢？在介绍非正弦周期信号的分解之前，先讨论几个不同频率的正弦波的合成。设有一个正弦电压 $u_1=U_{1m}\sin\omega t$，其波形如图 7－2（a）所示。显然这一波形与同频率矩形波相差甚远。如果在这个波形上面加上第二个正弦电压波形，其频率是 u_1 的频率的 3 倍，而振幅为 u_1 振幅的 1/3，则合成电压表示式为

$$u_2=U_{1m}\sin\omega t+\frac{1}{3}U_{1m}\sin3\omega t$$

其波形如图 7－2（b）所示。如果再加上第三个正弦电压波形，其频率为 u_1 频率的 5 倍，振幅为 u_1 的 1/5，其合成电压表示式为

$$u_3=U_{1m}\sin\omega t+\frac{1}{3}U_{1m}\sin3\omega t+\frac{1}{5}U_{1m}\sin5\omega t$$

其波形如图 7－2（c）所示。照这样继续下去，如果叠加的正弦项是无穷多个，那么它

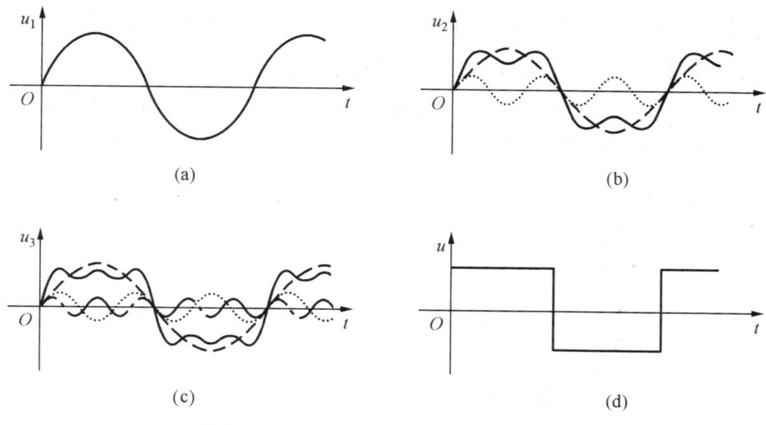

图 7－2　不同频率的正弦信号相加

（a）正弦电压 u_1；（b）加上第二个正弦电压；（c）加上第三个正弦电压；（d）矩形波

们的合成波形就会与图 7-2（d）的矩形波一样。

由此可以看出，几个不同频率的正弦波可以合成一个周期性的非正弦波。既然几个不同频率的正弦信号相加后，合成为一个非正弦周期信号。那么，非正弦周期信号是否可以表示成几个不同频率周期信号的和呢？

利用数学知识，周期信号可以用周期函数表示为

$$f(t)=f(t+kT)$$

式中：T 为周期函数的周期，且 $k=0，1，2，\cdots$当这一函数满足狄利克雷（Dirichlet）条件时，可以将其分解为一个收敛的无穷三角级数，即傅里叶级数。在电工技术中所遇到的周期函数一般都满足狄利克雷条件，都可以分解成傅里叶级数。

设周期函数 $f(t)$ 的周期为 T，角频率为 $\omega=\dfrac{2\pi}{T}$，可展开为傅里叶级数，如下式

$$\begin{aligned}f(t)&=A_0+A_{1\mathrm{m}}\sin(\omega t+\varphi_1)+A_{2\mathrm{m}}\sin(2\omega t+\varphi_2)+\\&\quad\cdots+A_{k\mathrm{m}}\sin(k\omega t+\varphi_k)+\cdots\\&=A_0+\sum_{k=1}^{\infty}A_{k\mathrm{m}}\sin(k\omega t+\varphi_k)\end{aligned}\tag{7-1}$$

式（7-1）又可用三角公式展开为如下形式

$$\begin{aligned}f(t)&=a_0+(a_1\cos\omega t+b_1\sin\omega t)+(a_2\cos2\omega t+b_2\sin2\omega t)+\\&\quad\cdots+(a_k\cos k\omega t+b_k\sin k\omega t)+\cdots\\&=a_0+\sum_{k=1}^{\infty}(a_k\cos k\omega t+b_k\sin k\omega t)\end{aligned}\tag{7-2}$$

比较上述式（7-1）和式（7-2），可以发现它们之间有这样的关系

$$\left.\begin{aligned}A_0&=a_0\\A_{k\mathrm{m}}&=\sqrt{a_k^2+b_k^2}\\\tan\varphi_k&=\frac{b_k}{a_k}\end{aligned}\right\}\tag{7-3}$$

式（7-1）这样的无穷三角级数称为傅里叶级数，其中第一项 A_0 称为周期函数 $f(t)$ 的恒定分量（或直流分量），而 $A_{1\mathrm{m}}\sin(\omega t+\varphi_1)$ 称为一次谐波（又称基波分量），它的周期或频率与非正弦周期函数的相同；其他各项的频率为基波频率的整数倍，分别称为二次、三次，…，k 次谐波，统称为高次谐波，k 为奇数的谐波称为奇次谐波；k 为偶数的谐波称为偶次谐波。例如 $A_{2\mathrm{m}}\sin(2\omega t+\varphi_2)$ 称为二次谐波，$A_{3\mathrm{m}}\sin(3\omega t+\varphi_3)$ 称为三次谐波等。

这种把一个周期函数分解或展开为具有一系列谐波的傅里叶级数称为谐波分析。其中的系数可以通过下式求得

$$\left.\begin{aligned}a_0&=\frac{1}{T}\int_0^T f(t)\mathrm{d}t=\frac{1}{2\pi}\int_0^{2\pi}f(t)\mathrm{d}(\omega t)\\a_k&=\frac{1}{\pi}\int_0^{2\pi}f(t)\cos k\omega t\,\mathrm{d}(\omega t)\\b_k&=\frac{1}{\pi}\int_0^{2\pi}f(t)\sin k\omega t\,\mathrm{d}(\omega t)\end{aligned}\right\}k=1，2，\cdots\tag{7-4}$$

这些不同频率的谐波反映了周期函数的组成，但不同频率的谐波分量在其中的比重是各不相同的，一般来说谐波的频率越低，所占的比重就越大，谐波的频率越高，所占的比重就

越小。但是，傅里叶级数是一个无穷级数，如果在电工分析中也取无穷级数的话，显然不切实际。工程上根据精度要求取前若干项进行计算。一般 5 次以上的谐波略去。通常波形越光滑、越接近正弦波形，级数收敛越快。

并不是每一个非正弦周期量的傅里叶展开式中都包含有所有的项，有些展开式中只有部分项。例如关于原点对称的非正弦周期函数，其傅里叶分解式中将不含恒定分量和余弦项(有兴趣的读者可以自己分析)。

表 7 - 1 列出了几种非正弦波的三角级数展开式，供参考。

表 7 - 1　几种非正弦波的三角级数展开式

序号	非正弦波	波　形	傅里叶级数展开式
1	单相半波整流	u, $\sqrt{2}U$, $-\frac{\pi}{2}$, O, $\frac{\pi}{2}$, ωt	$u=0.45+0.707U\cos\omega t+0.3U\cos2\omega t-\cdots$
2	单相全波整流	u, $\sqrt{2}U$, $-\frac{\pi}{2}$, O, $\frac{\pi}{2}$, ωt	$u=0.9U+0.6U\cos2\omega t-0.12U\cos4\omega t+\cdots$
3	三相半波整流	$\sqrt{2}U$, $-\frac{\pi}{2}$, O, $\frac{\pi}{2}$, ωt	$u=1.17U+0.29U\cos3\omega t-0.067U\cos6\omega t+\cdots$
4	三相全波整流(桥式)	u, $\sqrt{2}U$, $-\frac{\pi}{6}$, O, $\frac{\pi}{6}$, ωt	$u=2.34U+0.133U\cos6\omega t-0.0326U\cos12\omega t+\cdots$
5	矩形波	u, U_m, π, O, π, ωt	$u=\frac{4U_m}{\pi}\left(\sin\omega t+\frac{1}{3}\sin3\omega t+\frac{1}{5}\sin5\omega t+\cdots\right)$
6	连续矩形脉冲	u, U_m, t, O, T, ωt	$u=U_m\left[\frac{\pi}{T}+\frac{2}{\pi}\left(\sin\frac{\pi}{T}\pi\cos\omega t+\frac{1}{2}\sin\frac{2\pi}{T}\pi\cos2\omega t+\frac{1}{3}\sin\frac{3\pi}{T}\pi\cos3\omega t+\cdots\right)\right]$
7	锯齿波	u, U_m, O, 2π, ωt	$u=U_m\left[\frac{1}{2}-\frac{1}{\pi}\left(\sin\omega t+\frac{1}{2}\sin2\omega t+\frac{1}{3}\sin3\omega t+\cdots\right)\right]$

第三节 非正弦周期量的有效值和平均功率

一、非正弦周期量的有效值

任何周期量的有效值都等于它的均方根值，即

$$F=\sqrt{\frac{1}{T}\int_0^T f^2(t)\mathrm{d}t}$$

可以利用这一定义求非正弦周期信号的有效值，设有一非正弦周期电压展开为傅里叶级数后的形式为

$$u=U_0+\sum_{k=1}^{\infty}U_{km}\sin(k\omega t+\varphi_k)$$

则该电压的有效值为

$$U=\sqrt{\frac{1}{T}\int_0^T\left[U_0+\sum_{k=1}^{\infty}U_{km}\sin(k\omega t+\varphi_k)\right]^2\mathrm{d}t} \tag{7-5}$$

将式（7 - 5）展开后可以得到 u 的有效值为

$$U=\sqrt{U_0^2+U_1^2+U_2^2+\cdots}=\sqrt{U_0^2+\sum_{k=1}^{\infty}U_k^2} \tag{7-6}$$

即非正弦周期电压的有效值等于恒定分量的平方与各次谐波有效值的平方之和的平方根。同理，非正弦周期电流的有效值为

$$I=\sqrt{I_0^2+I_1^2+I_2^2+\cdots} \tag{7-7}$$

在应用式（7 - 7）的时候要注意：在正弦电路中，正弦量的最大值与有效值之间存在$\sqrt{2}$倍的关系，即 $F=\frac{1}{\sqrt{2}}F_{\mathrm{m}}$。对于非正弦周期信号，其最大值与有效值之间并无此种简单关系。而应该对各次谐波分别求有效值，再利用式（7 - 6）或式（7 - 7）得到非正弦周期电压或电流的有效值。

恒定分量不存在最大值和有效值的问题。不要养成$\sqrt{2}$倍习惯。

【例 7 - 1】 已知周期电流的傅里叶级数展开式为 $i=(100-63.7\sin\omega t-31.8\sin2\omega t-21.2\sin3\omega t)$ A，求其有效值。

解 由式（7 - 7）得

$$I=\sqrt{I_0^2+I_1^2+I_2^2+I_3^2}$$

根据题意，有

$$I_0=100\mathrm{A},\ I_1=\frac{63.7}{\sqrt{2}}\approx45(\mathrm{A}),\quad I_2=\frac{31.8}{\sqrt{2}}\approx22.5(\mathrm{A}),\quad I_3=\frac{21.2}{\sqrt{2}}\approx15(\mathrm{A})$$

所以

$$I=\sqrt{100^2+45^2+22.5^2+15^2}\approx112.9(\mathrm{A})$$

二、非正弦周期电流电路的平均功率

设有一个二端网络，如图 7 - 3 所示，在非正弦周期电压 u 的作用下产生非正弦周期电流 i，分析此二端网络吸收的瞬时功率和平均功率。

二端网络端电压 $u(t)$ 和电流 $i(t)$ 在关联参考方向下，二端网络电路吸收的瞬时功率和平均功率为

$$p(t)=u(t)i(t),\ P=\frac{1}{T}\int_0^T p(t)\mathrm{d}t$$

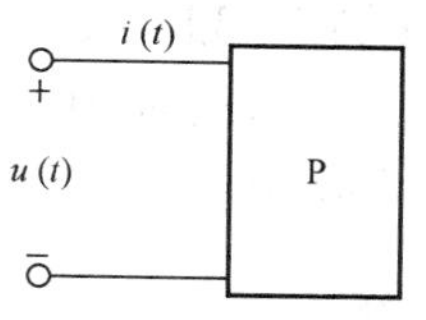

图 7-3　二端网络的平均功率

二端网络的电压 $u(t)$ 和电流 $i(t)$ 均为非正弦周期量，其傅里叶级数形式分别为

$$u(t)=U_0+\sum_{k=1}^{\infty}U_{km}\sin(k\omega t+\varphi_{uk})$$

$$i(t)=I_0+\sum_{k=1}^{\infty}I_{km}\sin(k\omega t+\varphi_{ik})$$

二端网络吸收的平均功率为

$$P=\frac{1}{T}\int_0^T p(t)\mathrm{d}t=\frac{1}{T}\int_0^T u(t)i(t)\mathrm{d}t$$

计算多项式的乘积，可有几种类型的项，如下：

(1) 直流电压与直流电流的乘积；

(2) 直流电压与电流多次谐波的乘积；

(3) 直流电流与电压多次谐波的乘积；

(4) 各同次谐波电压电流的乘积；

(5) 不同次谐波电压与电流的乘积。

将以上各类积分：(2)、(3)、(5) 类的值为零。将 (1)、(4) 两类求平均值，可得

$$P=P_0+P_1+P_2+\cdots=U_0I_0+U_1I_1\cos\varphi_1+U_2I_2\cos\varphi_2+\cdots \tag{7-8}$$

式 (7-8) 表明，不同频率的电压与电流只构成瞬时功率，不能构成平均功率；只有同频率的电压与电流间才产生平均功率。也就是说：非正弦周期量作用的电路的平均功率等于直流分量和各次谐波分量各自产生的平均功率之和，符合平均功率守恒。

同理无功功率为

$$Q=Q_0+Q_1+Q_2+\cdots=U_1I_1\sin\varphi_1+U_2I_2\sin\varphi_2+\cdots \tag{7-9}$$

视在功率可用电压有效值与电流有效值之积来计算，即

$$S=UI$$

若某电阻中流过的非正弦周期电流的有效值为 I，显然，该电阻吸收的平均功率

$$P=P_0+P_1+P_2+\cdots=RI_0^2+\sum_{k=1}^{\infty}RI_k^2=RI^2$$

【例 7-2】　电阻可以忽略的一个线圈，接到有效值 50V 的正弦电压时，电流的有效值为 5A，接到含有基波和三次谐波，有效值也为 50V 的非正弦电压时，电流的有效值为 4A。试求非正弦电压的基波和三次谐波的有效值。

解　由题意可知　$X_L=\dfrac{U}{I}=\dfrac{50}{5}=10(\Omega)$

又

$$\sqrt{U_1^2+U_3^2}=50,\ \sqrt{\left(\frac{U_1}{X_L}\right)^2+\left(\frac{U_3}{3X_L}\right)^2}=4$$

所以　$U_1=38.6\text{V},\ U_3=31.8\text{V}$

【例 7-3】 已知二端网络如图 7-3 所示，端口电压 $u(t)$ 和电流 $i(t)$ 均为非正弦周期量，其表达式为 $u(t)=10+100\sin\omega t+40\sin(2\omega t+30^\circ)$ V；$i(t)=2+4\sin(\omega t+60^\circ)+2\sin(3\omega t+45^\circ)$ A，求：(1) U、I；(2) 二端网络吸收的平均功率。

解 $U_0=10\text{V}$，$I_0=2\text{A}$；$U_1=\dfrac{100}{\sqrt{2}}\text{V}$，$I_1=\dfrac{4}{\sqrt{2}}\text{A}$

$$U_2=\frac{40}{\sqrt{2}}\text{V},\quad I_2=0\text{A};\quad U_3=0,\quad I_3=\frac{2}{\sqrt{2}}\text{A}$$

$$\varphi_1=0^\circ-60^\circ=-60^\circ$$

$$U=\sqrt{U_0^2+U_1^2+U_2^2+U_3^2}=\sqrt{10^2+\left(\frac{100}{\sqrt{2}}\right)^2+\left(\frac{40}{\sqrt{2}}\right)^2}=\sqrt{5900}\approx 76.8(\text{V})$$

$$I=\sqrt{I_0^2+I_1^2+I_2^2+I_3^2}=\sqrt{2^2+\left(\frac{4}{\sqrt{2}}\right)^2+\left(\frac{2}{\sqrt{2}}\right)^2}=\sqrt{14}\approx 3.74(\text{A})$$

$$P_0=U_0I_0=10\times 2=20(\text{W})$$

$$P_1=U_1I_1\cos\varphi_1=\frac{100}{\sqrt{2}}\times\frac{4}{\sqrt{2}}\times\cos(-60^\circ)\approx 100(\text{W})$$

$$P_2=0,\ P_3=0$$

$$P=P_0+P_1+P_2+P_3=120\text{W}$$

第四节 非正弦周期电流电路的分析计算

当一个非正弦周期信号加于线性电路上时，要想分析这个杂乱无章的波形，似乎比较困难。已经掌握了将一个复杂的非正弦周期信号分解为一系列正弦谐波的规律，这里可以充分利用这一点，化难为易，进行分析。

分析非正弦周期信号电路的基本依据是线性电路的叠加定理，步骤如下：

(1) 将给定的非正弦周期电压或电流分解为傅里叶级数，根据精度要求取前若干项。一般取 5 次以前各项。

(2) 分别计算直流分量和各次谐波分量单独作用于电路时产生的电压或电流。计算方法与直流电路或正弦交流电路的计算方法完全相同。

1) 直流分量作用时按直流电路计算：在直流分量单独作用时，电路中的电容相当于开路，电感相当于短路。

2) 各正弦谐波作用时可分别利用相量法计算电路的响应相量：应用相量法时注意感抗、容抗与频率的关系。

在一次谐波（基波）作用时，$X_{L1}=\omega L$，$X_{C1}=\dfrac{1}{\omega C}$，标明了电路中电压和电流参考方向的情况下，可以用正弦交流电路的相量法求解。

在 k 次谐波作用时，$X_{Lk}=k\omega L=kX_{L1}$，$X_{Ck}=\dfrac{1}{k\omega C}=\dfrac{X_{C1}}{k}$，同样可以采用相量法求解。

(3) 应用叠加定理，将电路在各次谐波作用下的瞬时值叠加。应该注意：叠加时以瞬时表达式相加，就得到电路对周期信号激励的稳态响应。但不能将相量相加，将相量形式直接相加没有意义（同频率的正弦量计算可以采用相量法，不同频率的相量形式相加什么也不表示）。

这就是线性电路在非正弦周期信号作用下的稳态响应。下面通过具体的例题说明。

【例 7-4】　在 RLC 串联电路中，已知 $R=10\Omega$，$L=0.05\text{H}$，$C=22.5\mu\text{F}$。作用于电路两端的电压 $u=40+180\sin\omega t+60\sin(3\omega t+45°)+20\sin(5\omega t+18°)\text{V}$，基波频率 $f=50\text{Hz}$，求电路中的电流并计算电路消耗的平均功率。

解　电压的展开式已经给出，只要将各次谐波的阻抗求出，就可以计算出各次谐波的电流。

直流分量：由于电路中含有电容，所以电路的直流电流为零（$I_0=0$）。

基波电流计算如下

$$
\begin{aligned}
Z_1&=R+\mathrm{j}\left(2\pi fL-\frac{1}{2\pi fC}\right)\\
&=10+\mathrm{j}\left(2\pi\times50\times0.05-\frac{1}{2\pi\times50\times10^{-6}\times22.5}\right)\\
&=10+\mathrm{j}(15.7-141.5)\\
&=10-\mathrm{j}125.8=126.2\angle{-85.5°}(\Omega)
\end{aligned}
$$

$$\dot{I}_{1\text{m}}=\frac{\dot{U}_{1\text{m}}}{Z_1}=\frac{180\angle 0°}{126.2\angle{-85.5°}}=1.43\angle 85.5°$$

$$i_1=[1.43\sin(\omega t+85.5°)]\text{A}$$

三次谐波电流计算如下

$$Z_3=R+\mathrm{j}\left(3X_{\text{L1}}-\frac{X_{\text{C1}}}{3}\right)=10+\mathrm{j}\left(3\times15.7-\frac{141.5}{3}\right)=10(\Omega)$$

由于三次谐波阻抗呈阻性，所以电流和电压的相位相同

$$\dot{I}_{3\text{m}}=\frac{\dot{U}_{3\text{m}}}{Z_3}=\frac{60\angle 45°}{10}=6\angle 45°\text{A},\quad i_3=6\sin(3\omega t+45°)\ \text{A}$$

五次谐波电流计算如下

$$
\begin{aligned}
Z_5&=R+\mathrm{j}\left(5X_{\text{L1}}-\frac{X_{\text{C1}}}{5}\right)=10+\mathrm{j}\left(5\times15.7-\frac{141.5}{5}\right)\\
&=10+\mathrm{j}(78.5-28.3)=51.2\angle 78.7°\ (\Omega)
\end{aligned}
$$

$$\dot{I}_{5\text{m}}=\frac{\dot{U}_{5\text{m}}}{Z_5}=\frac{20\angle 18°}{51.2\angle 78.7°}=0.39\angle{-60.7°}\ (\text{A})$$

$$i_5=0.39\sin(5\omega t-60.7°)\ \text{A}$$

电路中电流的瞬时值为各次谐波电流的瞬时值之和为

$$i=i_1+i_3+i_5=1.43\sin(\omega t+85.5°)+6\sin(3\omega t+45°)+0.39\sin(5\omega t-60.7°)$$

电路中电流的有效值为

$$
\begin{aligned}
I&=\sqrt{\left(\frac{I_{1\text{m}}}{\sqrt{2}}\right)^2+\left(\frac{I_{3\text{m}}}{\sqrt{2}}\right)^2+\left(\frac{I_{5\text{m}}}{\sqrt{2}}\right)^2}\\
&=\sqrt{\left(\frac{1.43}{\sqrt{2}}\right)^2+\left(\frac{6}{\sqrt{2}}\right)^2+\left(\frac{0.39}{\sqrt{2}}\right)^2}\\
&\approx4.4(\text{A})
\end{aligned}
$$

电路中的总功率为

$$P_0=0$$

$$P_1=U_1I_1\cos\varphi_1=\frac{180}{\sqrt{2}}\times\frac{1.43}{\sqrt{2}}\times\cos(-85.5^\circ)\approx 10.6(\text{W})$$

$$P_3=U_3I_3\cos\varphi_3=\frac{60}{\sqrt{2}}\times\frac{6}{\sqrt{2}}\times\cos 0^\circ\approx 180(\text{W})$$

$$P_5=U_5I_5\cos\varphi_5=\frac{20}{\sqrt{2}}\times\frac{0.39}{\sqrt{2}}\times\cos 78.7^\circ\approx 0.76(\text{W})$$

$$P=P_0+P_1+P_3+P_5=0+10.6+180+0.76=191.36(\text{W})$$

【例 7-5】 RLC 并联电路如图 7-4 所示，$R=100\Omega$，$L=0.159\text{H}$，$C=40\mu\text{F}$，端电压 $u=u_1+u_3=45\sin\omega t+15\sin 3\omega t\,\text{V}$，$\omega=314\text{rad/s}$，求各个元件中的电流。

解 （1）对于电阻支路

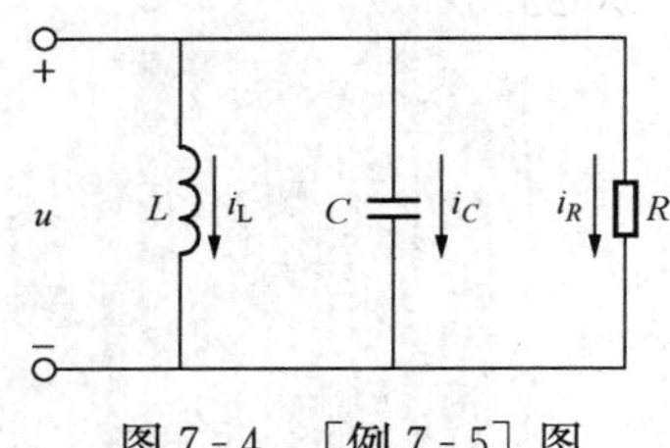

图 7-4 ［例 7-5］图

$$\dot{I}_{Rm1}=\frac{\dot{U}_{m1}}{R}=\frac{45\angle 0^\circ}{100}=0.45\angle 0^\circ(\text{A})$$

$$i_{R1}=0.45\sin\omega t\,\text{A}$$

$$\dot{I}_{Rm3}=\frac{\dot{U}_{m3}}{R}=\frac{15\angle 0^\circ}{100}=0.15\angle 0^\circ(\text{A})$$

$$i_{R3}=0.15\sin 3\omega t\,\text{A}$$

$$i_R=i_{R1}+i_{R3}=(0.45\sin\omega t+0.15\sin 3\omega t)(\text{A})$$

（2）电感支路

$$Z_{L1}=\text{j}\omega L=\text{j}314\times 0.159=\text{j}50(\Omega)$$

$$\dot{I}_{Lm1}=\frac{\dot{U}_{m1}}{Z_1}=\frac{45\angle 0^\circ}{\text{j}50}=0.9\angle -90^\circ(\text{A})$$

$$Z_{L3}=\text{j}3\omega L=\text{j}3\times 314\times 0.159=\text{j}150(\Omega)$$

$$\dot{I}_{Lm3}=\frac{\dot{U}_{m3}}{Z_3}=\frac{15\angle 0^\circ}{\text{j}150}=0.1\angle -90^\circ(\text{A})$$

$$i_L=i_{L1}+i_{L3}=[0.9\sin(\omega t-90^\circ)+0.1\sin(3\omega t-90^\circ)](\text{A})$$

（3）电容支路

$$\dot{I}_{Cm1}=\text{j}\omega C\dot{U}_{m1}=\text{j}314\times 40\times 10^{-6}\times 45\angle 0^\circ=0.565\angle 90^\circ(\text{A})$$

$$\dot{I}_{Cm3}=\text{j}3\omega C\dot{U}_{m3}=\text{j}3\times 314\times 40\times 10^{-6}\times 15\angle 0^\circ=0.565\angle 90^\circ(\text{A})$$

所以可得

$$i_C=i_{C1}+i_{C3}=[0.565\sin(\omega t+90^\circ)+0.565\sin(3\omega t+90^\circ)](\text{A})$$

小　　结

（1）非正弦周期量产生的原因。原因有来自电源和负载两方面，电源的非正弦或者负载是非线性元件都可能导致电路中产生非正弦周期量。

（2）非正弦周期量可分解成傅里叶级数，其表达式为

$$f(t)=A_0+A_{1m}\sin(\omega t+\varphi_1)+A_{2m}\sin(2\omega t+\varphi_2)+\cdots+A_{km}\sin(k\omega t+\varphi_k)+\cdots$$
$$=A_0+\sum_{k=1}^{\infty}A_{km}\sin(k\omega t+\varphi_k)$$

式中：A_0 为直流分量；$A_{1m}\sin(\omega t+\varphi_1)$ 为一次谐波；$A_{2m}\sin(2\omega t+\varphi_2)$ 为二次谐波；$A_{km}\sin(k\omega t+\varphi_k)$ 为 k 次谐波。

（3）非正弦周期量的有效值和平均功率。

1）非正弦周期信号的有效值等于恒定分量的平方与各次谐波有效值的平方之和的平方根，应用过程中容易出错的地方是恒定分量也去求有效值，或者直接加上恒定分量，而忘记了平方，计算公式如下

$$U=\sqrt{U_0^2+U_1^2+U_2^2+\cdots},\ I=\sqrt{I_0^2+I_1^2+I_2^2+\cdots}$$

2）非正弦周期电路的功率一般指电路的平均功率，等于直流分量和各次谐波分量各自产生的平均功率之和，即

$$P=P_0+P_1+P_2+\cdots=U_0I_0+U_1I_1\cos\varphi_1+U_2I_2\cos\varphi_2+\cdots$$

（4）计算非正弦周期信号电路的根据是叠加定理。计算时，分别考虑每个分量单独作用于电路时的电压或电流，再将所有分量的作用相叠加。计算时可以利用正弦量的相量分析方法，但在最后叠加时应该用瞬时表达式相叠加。

思　考　题

7-1　非正弦周期电流和电压是在什么情况下产生的？

7-2　下列各电流都是非正弦周期电流吗？

$i_1=10\sin\omega t+3\sqrt{2}\sin\omega t$；$i_2=10\sin\omega t+3\sqrt{2}\cos\omega t$；$i_3=10\sin\omega t+3\sqrt{2}\sin3\omega t$；$i_4=10\sin\omega t-5\sin3\omega t$；$i_5=10-5\sin\omega t$。

7-3　任意一个周期函数 $f(t)$，若将其波形向上平移某一数值后，它的傅里叶级数与原来周期函数 $f(t)$ 的傅里叶级数相比较，哪些分量有变化？哪些分量无变化？

7-4　已知某非正弦周期信号的周期 $T=10\mu s$，试求该信号的基波频率、三次谐波频率和五次谐波频率。

7-5　已知非正弦周期电压 $u=[10+5\sqrt{2}\sin(\omega t+20°)+2\sqrt{2}\sin(3\omega t-30°)]$V，求该电压的有效值。

7-6　已知周期电流 $i=[1+0.707\sin(\omega t-20°)+0.42\sin(2\omega t+50°)]$ A，试求其有效值。

7-7　非正弦周期量中，各次谐波的有效值与最大值之间有 $I_{km}=\sqrt{2}I_k$ 的关系，而整个非正弦周期量的有效值与峰值之间是否仍然存在 $I_m=\sqrt{2}I$ 的关系？为什么？

7-8　下列表达式哪些是正确的？

（1）$I=I_0+I_1+I_2+\cdots$；（2）$\dot{I}=\dot{I}_0+\dot{I}_1+\dot{I}_2+\cdots$；

（3）$I=\sqrt{\left(\frac{I_0}{\sqrt{2}}\right)^2+\left(\frac{I_1}{\sqrt{2}}\right)^2+\left(\frac{I_2}{\sqrt{2}}\right)^2+\cdots}$；（4）$I=\sqrt{I_0^2+I_1^2+I_2^2+\cdots}$；

（5）$P=\sqrt{P_0^2+P_1^2+P_2^2+\cdots}$；（6）$P=P_0+P_1+P_2+\cdots$。

7-9　在一个 RLC 串联电路中，已知 $R=40\Omega$，$X_{L1}=10\Omega$，$X_{C1}=30\Omega$，试求对应于基波，三次谐波的复阻抗 Z_1、Z_3。

7-10　线性 RLC 组成的串联电路，对不同频率的谐波分量阻抗值是否相同？变化规律是什么？

7-11　为什么对各次谐波分量的电压、电流计算可以用相量法？而对结果的电压、电流不能用各次谐波响应分量的相量叠加？

习　　题

7-1　已知某线性二端网络在关联参考方向下电压、电流为 $u=(100+50\sin\omega t+30\sin2\omega t+10\sin3\omega t)$ V，$i=[10\sin(\omega t-60°)+2\sin(3\omega t-135°)]$A。求：（1）电压、电流的有效值；（2）网络的平均功率。

7-2　流过电阻 $R=10\Omega$ 的电流为 $i=(5+14.1\sin\omega t+7.07\sin2\omega t)$ A，求电阻两端的电压 U、u 及电阻上的功率。

7-3　RC 并联电路，已知电压 $u=(60+40\sqrt{2}\sin1000t)$ V，$R=30\Omega$，$C=100\mu$F，求电路的总电流以及电路的平均功率。

7-4　有效值为 100V 的正弦电压加在电感 L 两端时，电流 $I=10$A。当电压有三次谐波分量而有效值仍为 100V 时，电流 $I=8$A。试求这一电压的基波和三次谐波电压有效值。

7-5　RLC 串联电路，已知 $R=11\Omega$，$L=15$mH，$C=70\mu$F，外施电压 $u(t)=[11+141.4\cos10^3t-35.4\sin(2\times10^3t)]$ V，试求电路中电流 $i(t)$ 及其有效值 I，并求电路消耗的平均功率。

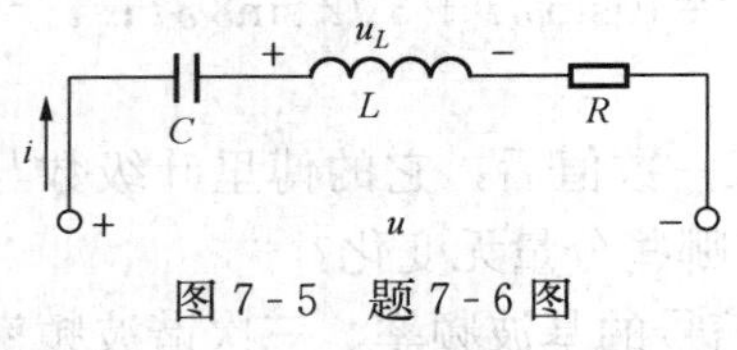

图 7-5　题 7-6 图

7-6　电路如图 7-5 所示，其中 $R=6\Omega$，$\omega L=2\Omega$，$\frac{1}{\omega C}=10\Omega$，电源电压 $u=[20+8\sqrt{2}\sin(\omega t+30°)]$V，求：（1）电流 i 及电流的有效值；（2）电感电压 u_L；（3）电源的平均功率。

7-7　若 RC 串联电路的电流 $i=(2\sin314t+\sin942t)$ A，总电压的有效值为 155V，且总电压中不含直流分量，电路消耗的功率为 120W，求：（1）电流的有效值；（2）R 和 C 的值。

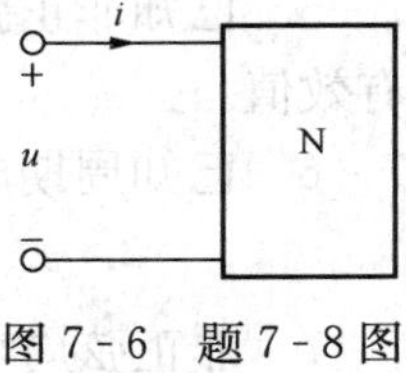

7-8　如图 7-6 所示无源一端口 N 的电压和电流为 $u(t)=[100\sin314t+50\sin(942t-30°)]$ V，$i(t)=[10\sin314t+1.755\sin(942t+\theta)]$ A，如果 N 可以看作 RLC 串联电路，求：（1）RLC 的值；（2）θ 的值；（3）电路消耗的平均功率。

图 7-6　题 7-8 图

第八章　线性电路过渡过程的暂态分析

本章提要　直流电路和正弦交流电路中，电路中的电流和电压都是不变或是按照正弦规律做周期变化的，电路的这种工作状态称为稳态。当含有储能元件的线性电路中元件的参数或者结构发生变化后，电路中的电流和电压并不能立刻达到一个新的稳定状态，而是会经过一个相对短暂的过程，即从一个稳态到新的稳态的过渡过程，电路的这种过渡过程称为暂态。当电路只含有一个储能元件（电感或电容）时，电路的电流电压关系可以用一阶微分方程来表示，这样的电路叫做一阶电路。

第一节　换路定律和电压电流初始值的确定

一、电路的换路

一阶线性电路处于稳态时，电感中的电流为 i_L，电容两端的电压为 u_C，此时电感中储存了磁场能$\frac{1}{2}Li_L^2$，电容中储存了电场能$\frac{1}{2}Cu_C^2$。当电路中的元件参数或者是电路结构发生变化时，电路将会达到一个新的平衡，则电感中的电流和电容两端的电压将会有所变化。但 i_L 和 u_C 分别表征了这两种储能元件所储存的能量，而元件中的能量是不能突然变多或变少的，只能慢慢变化，这就是过渡过程的成因。电路中的元件参数或者是电路结构发生变化，这一现象称为换路。

二、换路定律

现设定换路发生在 $t=0$ 时刻，以 $t=0_-$ 表示换路前的瞬间，以 $t=0_+$ 表示换路后的瞬间。那么根据能量不能突变的原则，可以推测，电感元件中的电流和电容元件两端的电压是不能突变的，这就是换路定律。其数学表达式为

$$\left.\begin{aligned}i_L(0_+)=i_L(0_-)\\u_C(0_+)=u_C(0_-)\end{aligned}\right\}\tag{8-1}$$

电路中除了这两个物理量，其他的电流和电压都是可以突变的。

三、电路换路后的初始值

电路在发生换路以后，电感中的电流和电容中的电压是不能突变的，只需求出它们在换路前的稳态值即可。在换路前，直流电路处于稳态，电感可看作导线，电容可看作开路，由直流电路的分析方法可以求得换路前瞬间的 $i_L(0_-)$ 和 $u_C(0_-)$，再由换路定律求得 $i_L(0_+)$ 和 $u_C(0_+)$。这里的 $i_L(0_+)$ 和 $u_C(0_+)$ 是换路后过渡过程开始时储能元件上的初始值，故称为初始值。电路换路后的各初始值计算方法总结如下。

1. 独立初始值 $i_L(0_+)$ 或 $u_C(0_+)$ 的计算

（1）由 $t=0_-$ 的电路求出 $i_L(0_-)$ 或 $u_C(0_-)$。在直流激励下，换路前电路已处于稳态，则在 $t=0_-$ 的电路中，电容元件可视作开路，电感元件可视作短路，根据直流电路的计算方法求得 $i_L(0_-)$ 或 $u_C(0_-)$。

（2）由换路定律求得 $t=0_+$ 时的 $i_L(0_+)$ 或 $u_C(0_+)$。

2. 其他电压或电流的初始值的计算

可通过求解 $t=0_+$ 的等效电路获得。$t=0_+$ 的等效电路，是指在换路后 $t=0_+$ 时刻，将电路中的电容 C 用电压为 $u_C(0_+)$ 的电压源替代，电感 L 用电流为 $i_L(0_+)$ 的电流源替代所得到的电路，画出 $t=0_+$ 时刻的等效电路，从而可算出相关初始值。

注意，$t=0_+$ 的等效电路仅用来确定电路各部分电压、电流的初始值，不能把它当作新的稳态电路。

【例 8-1】 如图 8-1（a）所示电路，已处于稳态，$U_S=15V$，$R_1=10\Omega$，$R_2=25\Omega$，$R_3=5\Omega$，$L=2H$，$C=3\mu F$，当 $t=0$ 时开关闭合，求换路后电路中的电感、电容及其他物理量的初始值。

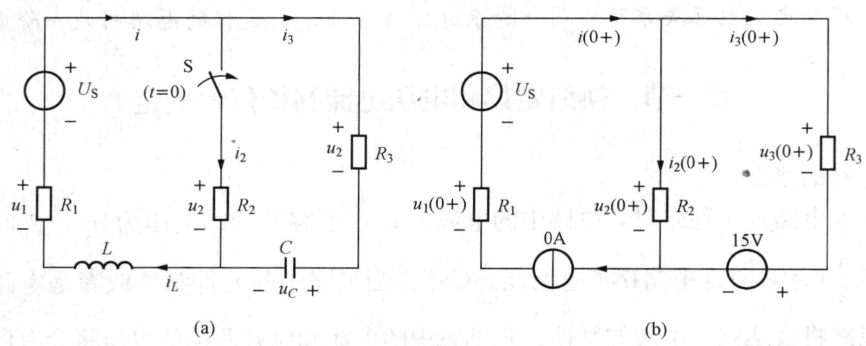

图 8-1 ［例 8-1］图

（a）换路前电路；（b）换路后 $t=0_+$ 时的等效电路

解 （1）换路前，S 断开，电路达到稳态，电容相当于开路，电感相当于短路，此电路中没有电流通过，$u_C(0_-)=U_S=15V$，$i_L(0_-)=0A$。

由换路定律可知

$$i_L(0_+)=i_L(0_-)=0A$$

$$u_C(0_+)=u_C(0_-)=15V$$

（2）其他物理量在换路前后可以突变，故应根据此时电路进行计算。换路后 $i_L(0_+)=i_L(0_-)=0A$，那么可以将电感看作一个电流为 0A 的电流源，即开路；$u_C(0_+)=u_C(0_-)=15V$，那么可以将电容看作一个电压为 15V 的电压源，画出换路后 $t=0_+$ 时的等效电路如图 8-1（b）所示，从而可算出相关初始值。

$$i(0_+)=i_L(0_+)=0A，u_1(0_+)=-i_L(0_+)\times R_1=0V，$$

$$i_2(0_+)=i_3(0_+)=\frac{u_C(0^+)}{R_2+R_3}=\frac{15}{25+5}=0.5A$$

$$u_2(0_+)=i_2(0_+)\times R_2=12.5V，u_3(0_+)=-i_3(0_+)\times R_3=-2.5V$$

由此可见，除了电容上的电压和电感上的电流不能突变外，电路中的其他物理量并不受此限制。

【例 8-2】 如图 8-2 所示，已知直流电压源的电压 $U_S=50V$，$R_1=R_2=5\Omega$，$R_3=20\Omega$，电路已达到稳态。在 $t=0$ 时断开开关 S。试求 $t=0_+$ 时的 $i_L(0_+)$、$u_C(0_+)$、$u_{R2}(0_+)$、$u_{R3}(0_+)$、$i_C(0_+)$、$u_L(0_+)$。

解 (1) 确定独立初始值 $u_C(0_+)$ 和 $i_L(0_+)$。因为电路换路前已达稳态，所以电感元件视作短路，电容元件视作开路，$i_C(0_-)=0$，故有

$$i_L(0_-)=\frac{U_S}{R_1+R_2}=\frac{50}{5+5}\text{A}=5\text{A}$$

$$u_C(0_-)=R_2 i_L(0_-)=5\times5\text{V}=25\text{V}$$

由换路定律得

$$i_L(0_+)=i_L(0_-)=5\text{A}$$

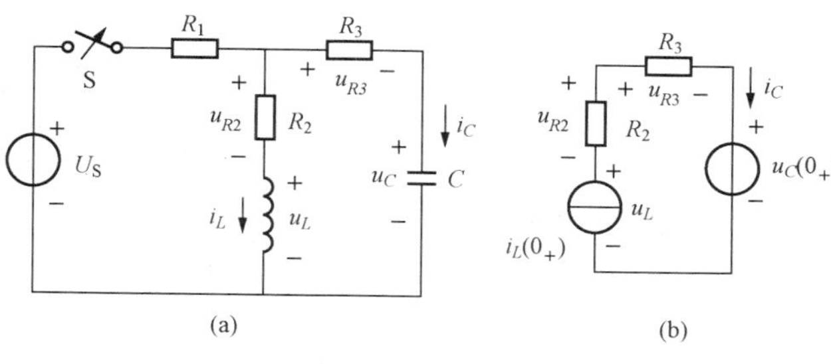

图 8-2 [例 8-2] 图

(a) 换路前电路；(b) 换路后 $t=0_+$ 时的等效电路

$$u_C(0_+)=u_C(0_-)=25\text{V}$$

(2) 计算相关初始值。将图 8-2 (a) 中的电容 C 及电感 L 分别等效成电压源 $u_C(0_+)$ 及等效电流源 $i_L(0_+)$ 代替，则得 $t=0_+$ 时刻的等效电路如图 8-2 (b) 所示，从而可算出相关初始值，即

$$u_{R2}(0_+)=R_2 i_L(0_+)=5\times5\text{V}=25\text{V}$$

$$i_C(0_+)=-i_L(0_+)=-5\text{A}$$

$$u_{R3}(0_+)=R_3 i_C(0_+)=20\times(-5)\text{V}=-100\text{V}$$

$$\begin{aligned}u_L(0_+)&=-u_{R2}(0_+)+u_{R3}(0_+)+u_C(0_+)\\&=[-25+(-100)+25]\text{V}=-100\text{V}\end{aligned}$$

由计算结果可以看出：相关初始值可能跃变也可能不跃变。

第二节 一阶电路的零输入响应

一阶电路是指可用一阶微分方程描述的电路。只含有一个储能元件（电容或电感）的电路都是一阶电路。

所谓零输入是指换路后电路无电源激励，输入信号为零，因而电路中的电压或电流响应纯由储能元件的初始值引起的，这样的响应就称为电路的零输入响应。

一、*RC* 电路的零输入响应

1. 工作过程分析

RC 电路的零输入响应实际上是一个电容器放电过程，如图 8-3 所示。图 8-3 (a) 中，开关 S 置于 1 的位置，电路处于稳定状态，电容 C 已充电到 U_0。$t=0$ 时将开关 S 倒向 2 的位置，则已充电的电容 C 与电源脱离，并开始向电阻 R 放电，如图 8-3 (b)。由于此时已没有外界能量输入，只靠电容中的储能在电路中产生响应，所以这种响应为零输入响应。

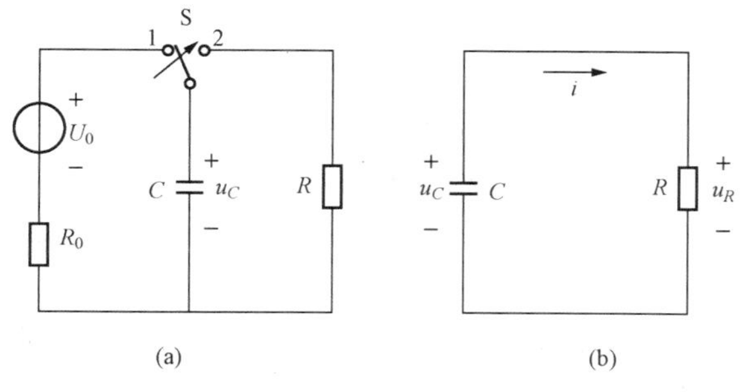

图 8-3 *RC* 电路的零输入响应

(a) 换路前电路；(b) 换路后电路

如图 8-3 (b) 所示，$t\geqslant0$ 时根据 KVL 定律，有

$$-u_R+u_C=0 \tag{8-2}$$

由元件约束条件得

$$u_R = Ri$$

$$i = -C\frac{du_C}{dt}$$

代入式（8-2）可得

$$RC\frac{du_C}{dt} + u_C = 0 (t \geqslant 0) \tag{8-3}$$

这是一个一阶常系数齐次线性微分方程，由高等数学知道它的解为

$$u_C = U_0 e^{-\frac{t}{RC}} \quad (t \geqslant 0) \tag{8-4}$$

2. 电压、电流响应

（1）放电电流。电路中电流为

$$i = -C\frac{du_C}{dt} = \frac{U_0}{R}e^{-\frac{t}{RC}} \quad (t \geqslant 0) \tag{8-5}$$

（2）电阻两端电压 u_R 为

$$u_R = Ri = U_0 e^{-\frac{t}{RC}} \quad (t \geqslant 0) \tag{8-6}$$

电容两端电压 u_C、放电电流 i 和电阻两端电压 u_R 随时间变化的曲线如图 8-4（b）所示。

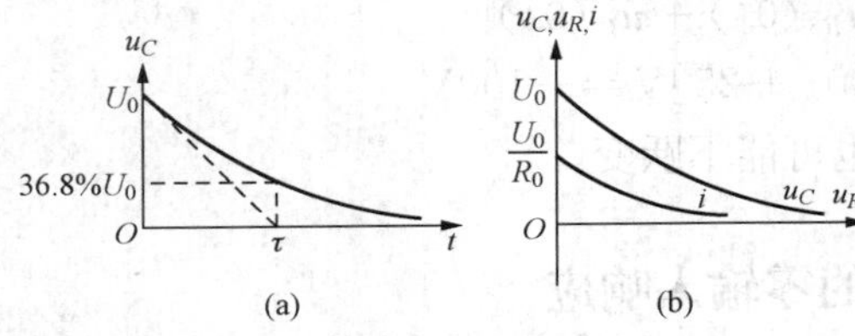

图 8-4 RC 电路的零输入响应曲线

（a）电容电压 u_C 随时间变化曲线；

（b）u_C、i 及 u_R 随时间变化曲线

3. 时间常数

若令 $\tau = RC$，式（8-4）、式（8-5）和式（8-6）可写成

$$\left.\begin{aligned} u_C &= U_0 e^{-\frac{t}{\tau}} \quad (t \geqslant 0) \\ i &= \frac{U_0}{R}e^{-\frac{t}{\tau}} \quad (t \geqslant 0) \\ u_R &= U_0 e^{-\frac{t}{\tau}} \quad (t \geqslant 0) \end{aligned}\right\} \tag{8-7}$$

τ 与时间单位相同，所以将 $\tau = RC$ 称为 RC 电路的时间常数。电压 u_C 衰减的快慢决定于电路的时间常数 τ。

当 $t = \tau$ 时，有

$$u_C = U_0 e^{-1} = \frac{U_0}{2.718} = 0.368U_0 \tag{8-8}$$

由式（8-8）可得出以下几点结论：

（1）时间常数就是按指数规律衰减的量衰减到它的初始值的 36.8%时所需时间。

（2）RC 电路的时间常数 τ 与电路的 R 和 C 成正比。在相同的初始电压 U_0 下，C 越大，它储存的电场能量越多，放电时间越长。同样 U_0 与 C 的情况下，R 越大，越限制电荷的流动和能量的释放，放电所需时间越长。

（3）从理论上讲，电路要经过 $t = \infty$ 的时间才能达到新的稳定状态，但是由于指数曲线开始变化较快，而后逐渐缓慢，见表 8-1。所以，实际经过（3～5）τ 的时间，电路就可以认为达到新的稳定状态了。

表 8-1　$e^{-\frac{t}{\tau}}$ 随时间的衰减趋势

t	τ	2τ	3τ	4τ	5τ	6τ
$e^{-\frac{t}{\tau}}$	e^{-1}	e^{-2}	e^{-3}	e^{-4}	e^{-5}	e^{-6}
具体数值	0.368	0.135	0.050	0.018	0.007	0.002

【例 8-3】 如图 8-5 所示，开关 S 长期置于位置 1 上，如在 $t=0$ 时把它接至位置 2，试求电容 u_C 及放电电流 i 的表达式。

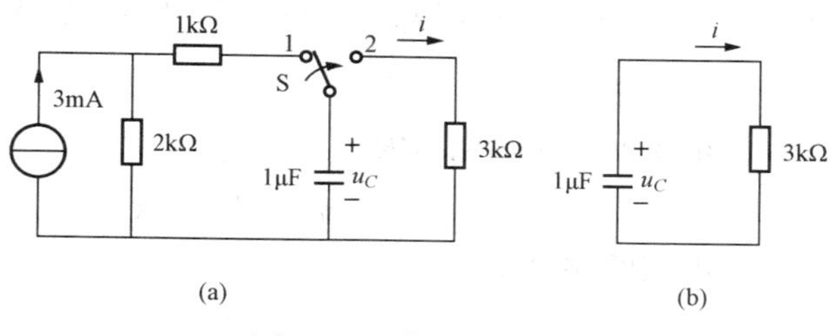

图 8-5　［例 8-3］图
（a）换路前电路；（b）换路后电路

解　换路前，电路已经稳定，如图 8-5（a）所示，电容相当于开路，其电压等于 3mA 的电流源在 2kΩ 电阻上产生的电压降。根据换路定律得

$$u_C(0_+)=u_C(0_-)=3\times10^{-3}\times2\times10^{3}\text{V}=6\text{V}=U_0$$

换路后电路如图 8-5（b）所示，电路的时间常数为 $\tau=RC=3\times10^{3}\times1\times10^{-6}\text{s}=3\times10^{-3}\text{s}$

由式（8-7）得

$$u_C=U_0e^{-\frac{t}{\tau}}=6e^{-\frac{t}{3\times10-3}t}=6e^{-3.3\times10^{2}t}\text{V}$$

$$i=\frac{U_0}{R}e^{-\frac{t}{\tau}}=\frac{6}{3}e^{-\frac{t}{3\times10-3}t}=2e^{-3.3\times10^{2}t}\text{mA}$$

二、*RL* 电路的零输入响应

1. 工作过程分析

RL 电路的零输入响应实际上是一个电感线圈磁场能量的释放过程，如图 8-6 所示。图 8-6（a）中，开关 S 置于 1 的位置，电路处于稳定状态，电感元件中通有电流 $I_0=\dfrac{U_S}{R}$。在 $t=0$ 时将开关从位置 1 合到位置 2，它将 *RL* 串联电路短路，电源不能再向此串联电路输送能量，因此短路后的 *RL* 电路中的响应称为零输入响应。*RL* 短路后，电路中的物理过程实质上就是把电感中原先储存的磁场能量转换为电阻中热能的过程。

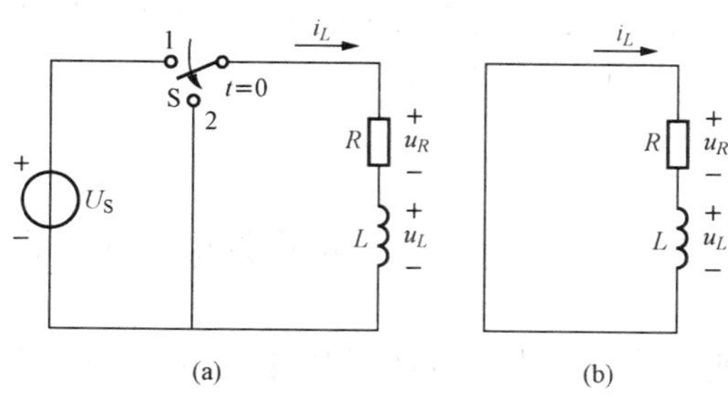

图 8-6　*RL* 电路的零输入响应
（a）换路前电路；（b）换路后电路

如图 8-6（b）所示，$t\geqslant0$ 时根据 KVL 定律，有

$$u_L+u_R=0 \tag{8-9}$$

由元件约束条件

$$u_R=Ri$$

$$u_L=L\frac{\mathrm{d}i}{\mathrm{d}t}$$

代入式（8-9）可得

$$L\frac{\mathrm{d}i}{\mathrm{d}t}+Ri=0\quad(t\geqslant 0)\tag{8-10}$$

这是一个一阶常系数齐次线性微分方程，由高等数学知识可知其解为

$$i=I_0\mathrm{e}^{-\frac{R}{L}t}=I_0\mathrm{e}^{-\frac{t}{\tau}}\quad(t\geqslant 0)\tag{8-11}$$

式中，$\tau=\dfrac{L}{R}$，它也具有时间的量纲，称为 RL 电路的时间常数。

2. 电压响应

（1）电阻元件两端电压为

$$u_R=Ri=RI_0\mathrm{e}^{-\frac{t}{\tau}}\quad(t\geqslant 0)\tag{8-12}$$

（2）电感两端电压为

$$u_L=L\frac{\mathrm{d}i}{\mathrm{d}t}=-RI_0\mathrm{e}^{-\frac{t}{\tau}}\quad(t\geqslant 0)\tag{8-13}$$

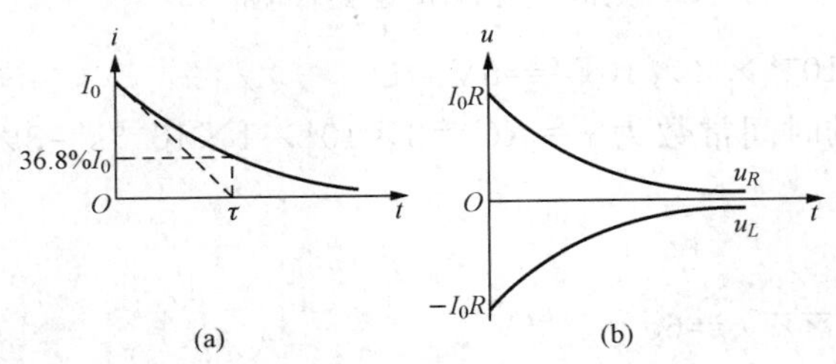

图 8-7　RL 电路的零输入响应曲线
（a）电流 i_L 随时间变化曲线；
（b）u_R 及 u_L 随时间变化曲线

i、u_R 及 u_L 随时间变化的曲线如图 8-7 所示。

RL 电路的零输入响应衰减的快慢同样与时间常数 τ 有关。τ 与电路的 L 成正比，而与 R 成反比。在相同的初始电流 I_0 下，L 越大，则储存的磁场能量也就越多，释放储能所需时间越长，τ 与 L 成正比。同样，I_0 及 L 的情况下，R 越大，消耗能量越快，放电所需时间越短，τ 与 R 成反比。

当 $t=\tau$ 时，有

$$i=I_0\mathrm{e}^{-1}=\frac{I_0}{2.718}=0.368I_0\tag{8-14}$$

式（8-14）说明：RL 电路的零输入响应电路中，时间常数就是按指数规律衰减的电路电流衰减到它的初始值的 36.8%时所需时间。

RL 短路后，电路中的物理过程实质上就是把电感中原先储存的磁场能量转换为电阻上消耗掉电功率的过程。

【例 8-4】　如图 8-8 所示，在 $t=0$ 之前电路已处于稳态，开关 S 在 $t=0$ 时刻闭合，求 S 闭合后电感上的电流。

解　换路前，电路处于稳态，电感、电阻和电源串联，电感中的初始电流为

$$i_L(0_+)=i_L(0_-)=\frac{6}{2+4}=1\mathrm{A}$$

换路之后，电路仅有电感和电阻，如图 8-8（b）所示，此时的响应为零输入响应。

$$i_L(t)=i_L(0_+)\mathrm{e}^{-\frac{t}{\tau}}=1\times\mathrm{e}^{-\frac{t}{0.5}}=\mathrm{e}^{-2t}\mathrm{A}$$

【例 8-5】　如图 8-9 所示电路中，某继电器线圈的电阻 $R=250\Omega$，电感 $L=2.5\mathrm{H}$，电源电压 $U_S=24\mathrm{V}$，$R_1=230\Omega$，已知此继电器释放电流为 0.004A，试问开关 S 闭合后，经过多长时间，继电器才能释放？

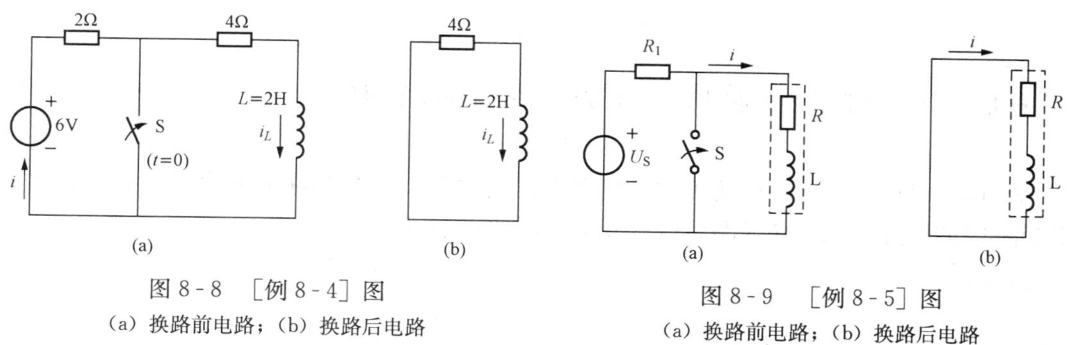

图 8-8　[例 8-4] 图

(a) 换路前电路；(b) 换路后电路

图 8-9　[例 8-5] 图

(a) 换路前电路；(b) 换路后电路

解　S 闭合后，电路如图 8-9 (b) 所示，电路的时间常数为

$$\tau=\frac{L}{R}=\frac{2.5}{250}=0.01\text{s}$$

继电器线圈的电流初始值为

$$i(0_+)=i(0_-)=\frac{U_S}{R_1+R}=\frac{24}{230+250}\text{A}=0.05\text{A}$$

因此，S 闭合后继电器线圈电流为 $i=0.05e^{-\frac{t}{0.01}}$A

将 $i=0.004$A 代入，解得 $t=0.01\times\ln\frac{0.05}{0.004}\text{s}=0.025\text{s}$

即 S 闭合后经过 0.025s，继电器释放。

第三节　一阶电路的零状态响应

所谓零状态是指，换路前，电路中所有储能元件没有储有能量，即 $u_C(0_-)=0$，$i_L(0_-)=0$。换路后在外部激励下引起的响应称为零状态响应。本节讨论一阶电路在直流激励下的零状态响应。

一、RC 电路在直流激励下的零状态响应

1. 工作过程分析

RC 电路的零状态响应，实际上就是电容的充电过程。如图 8-10 所示电路，在开关 S 闭合之前，电容两端电压为零，即 $u_C(0_-)=0$V，称为零状态。$t=0$ 时开关闭合，电源开始给电容充电。

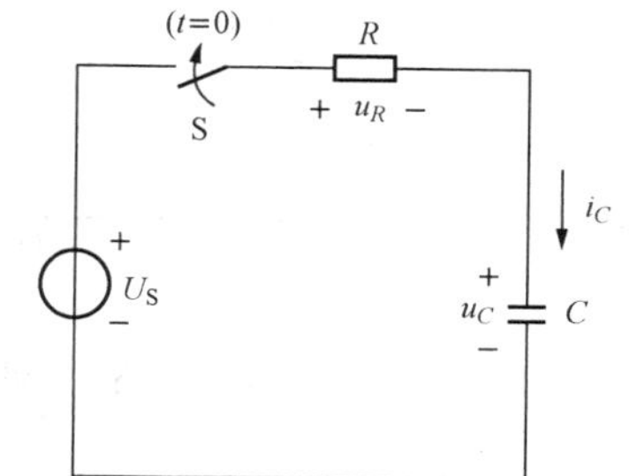

图 8-10　*RC* 电路零状态响应

换路后，电容上电压初始值可由换路定律确定

$$u_C(0_+)=u_C(0_-)=0\text{V}$$

由图 8-10，$t\geqslant 0$ 时根据 KVL 定律，有

$$u_R+u_C=U_S \tag{8-15}$$

由元件约束条件

$$u_R=Ri$$

$$i=C\frac{\mathrm{d}u_C}{\mathrm{d}t}$$

代入式 (8-15) 可得

$$RC\frac{du_C}{dt}+u_C=U_S\quad(t\geqslant 0)\tag{8-16}$$

这是一个一阶常系数齐次线性微分方程，由高等数学可知其解为

$$u_C=U_S(1-e^{-\frac{t}{\tau}})\tag{8-17}$$

式（8-17）中，$\tau=RC$ 为换路后电路的时间常数，R 是换路后从电容两端看进去的二端网络的等效电阻，U_S 是换路后电容充电电压的稳态值。

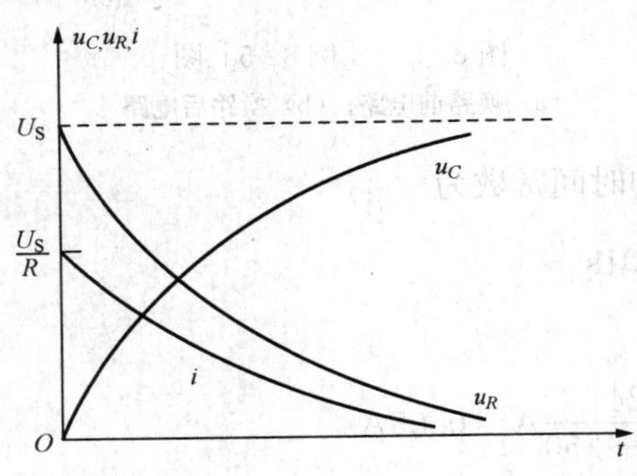

图 8-11　u_C、u_R 及 i 随时间变化的曲线

2. 电压、电流响应

（1）电容电压为

$$u_C=U_S(1-e^{-\frac{t}{\tau}})\quad(t\geqslant 0)\tag{8-18}$$

（2）充电电流为

$$i=C\frac{du_C}{dt}=\frac{U_S}{R}e^{-\frac{t}{\tau}}\quad(t\geqslant 0)\tag{8-19}$$

（3）电阻电压 u_R 为

$$u_R=Ri=U_Se^{-\frac{t}{\tau}}\quad(t\geqslant 0)\tag{8-20}$$

u_C、u_R 及 i 随时间变化的曲线如图 8-11 所示。

充电过程中，电容电压由初始值时间逐渐增长，其增长率按指数规律衰减，最后电容电压趋于直流电压源的电压 U，充电电流方向与电容电压方向一致，充电开始时其值最大，等于$\frac{U_S}{R}$，以后逐渐按指数规律衰减到零。充电速度的快慢取决于电路的时间常数 τ，τ 越大，充电持续时间越长，一般也认为经过（3～5）τ，充电过程基本结束。

电路的时间常数为 $\tau=RC$，时间常数 τ 愈大，暂态过程进行得愈慢。

【例 8-6】　如图 8-12 所示电路中，换路前 $u_C(0_-)=0$V，$t=0$ 时将开关 S 闭合，试求 $t\geqslant 0$ 时的电压 u_C。

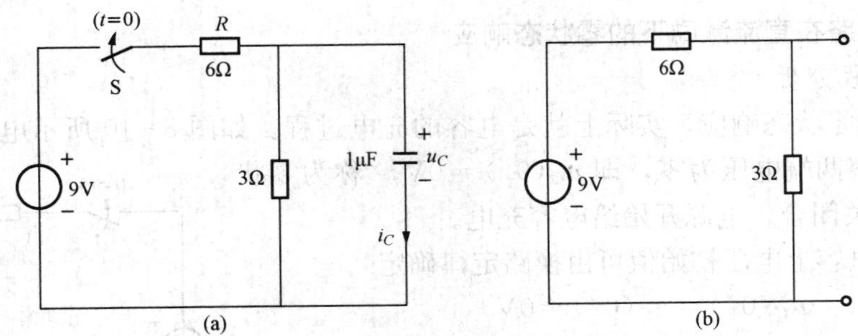

图 8-12　［例 8-6］图

（a）换路前电路；（b）换路后求电容电压稳态值和时间常数的等效电路

解　由换路定律得，$u_C(0_+)=u_C(0_-)=0$V，所以此电路在换路后的响应属于零状态响应。换路后，电容器两端的充电电压为电阻值为 3Ω 的电阻两端的电压。

$$U_C=\frac{3}{6+3}\times 9=3(\text{V})$$

在求换路后的时间常数时，此时的 R 应为除去了电容 C 所得的这个二端网络的等效电

阻，如图 8-11（b）所示，其值为

$$R=\frac{6\times3}{6+3}=2\Omega$$

$$\tau=RC=2\times10^{3}\times1000\times10^{-12}=2\times10^{-6}\text{s}$$

由式（8-17）得

$$u_C=3(1-e^{-\frac{t}{2\times10^{-6}}})\text{V}=3(1-e^{-5\times10^{5}t})\text{V}$$

二、RL 电路在直流激励下的零状态响应

1. 工作过程分析

如图 8-13 所示电路，在 $t=0$ 时将开关 S 合上，开关闭合前电感 L 无电流，为零状态，即 $i_L(0_-)=0\text{A}$。

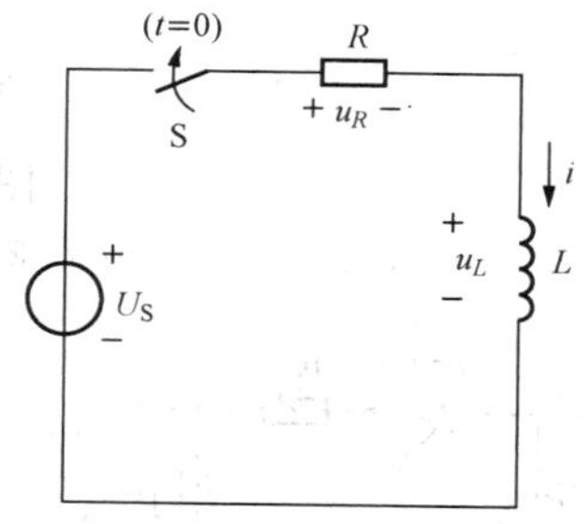

图 8-13　RL 电路零状态响应

换路后，电感中电流初始值可由换路定律确定

$$i_L(0_+)=i_L(0_-)=0\text{A}$$

由图 8-12，$t\geqslant0$ 时根据 KVL 定律，有

$$u_R+u_L=U_S \tag{8-21}$$

由元件约束条件

$$u_R=Ri$$

$$u_L=L\frac{\mathrm{d}i}{\mathrm{d}t}$$

代入式（8-21）可得

$$L\frac{\mathrm{d}i}{\mathrm{d}t}+Ri=U_S\quad(t\geqslant0) \tag{8-22}$$

这是一个一阶常系数齐次线性微分方程，由高等数学可知其解为

$$i=I_{SC}(1-e^{-\frac{t}{\tau}})\quad(t\geqslant0) \tag{8-23}$$

式（8-23）中，$\tau=\frac{L}{R}$为换路后电路的时间常数，R 是换路后从电感两端看进去的二端网络的等效电阻，$I_{SC}=\frac{U_S}{R}$是换路后电感中电流的稳态值。

2. 电压、电流响应

（1）电感中电流为

$$i=I_{SC}(1-e^{-\frac{t}{\tau}})\quad(t\geqslant0) \tag{8-24}$$

（2）电阻两端电压为

$$u_R=Ri=U_S(1-e^{-\frac{t}{\tau}})\quad(t\geqslant0) \tag{8-25}$$

（3）电感两端电压为

$$u_L=U_S-u_R=U_Se^{-\frac{t}{\tau}}\quad(t\geqslant0) \tag{8-26}$$

i、u_R 及 u_L 随时间变化的曲线如图 8-14 所示。

【例 8-7】　图 8-15（a）为一个继电器延时电路的模型。已知继电器线圈参数为 $R=100\Omega$，$L=4\text{H}$，当线圈电流达到 6mA 时，继电器开始动作，将触点接通。从开关闭合到触点接通时间称为延时时间。为了改变延时时间，在电路中串联一个电位器，其电阻值可以从 0 到 900Ω 之间变化。若 $U_S=12\text{V}$，试求电位器电阻值变化所引起的延时时间的变

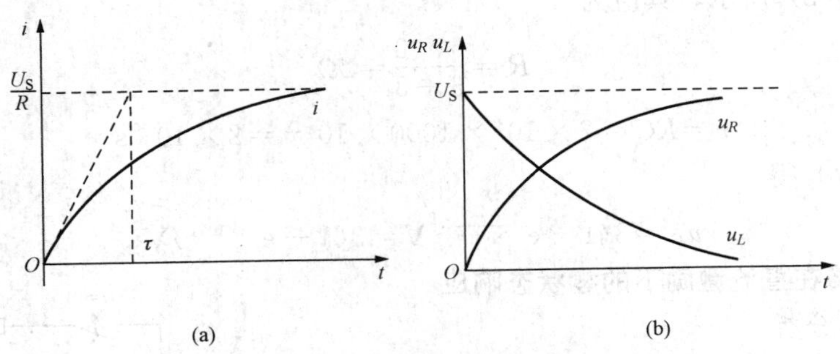

图 8-14 i、u_R 及 u_L 随时间变化的曲线

（a）i_L 随时间变化的曲线；（b）u_R 及 u_L 随时间变化的曲线

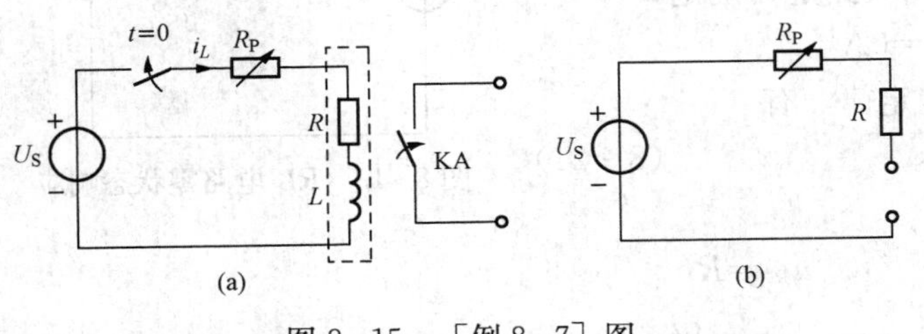

图 8-15 ［例 8-7］图

（a）换路前；（b）换路后求电感电流稳态值和时间常数的等效电路

化范围。

解 开关闭合前，电路处于零状态，$i_L(0_-)=0\text{A}$。开关接通瞬间电感电流不能跃变，由换路定律得，$i_L(0_+)=i_L(0_-)=0\text{A}$。求出换路后的稳定电流和时间常数，如图 8-15（b）所示。

$$I_{SC}=\frac{U_S}{R+R_P},\ R_{eq}=R+R_P,\ \tau=\frac{L}{R+R_P}$$

（1）当 $R_P=0\Omega$ 时，$R_{eq}=100\Omega$，$\tau_1=\frac{L}{R+R_P}=\frac{4}{100}=0.04\text{s}$，$I_{SC}=\frac{U_S}{R+R_P}=\frac{12}{100}=0.12\text{A}$

代入式（8-24）中，得继电器线圈中电流随时间变化的表达式

$$i=I_{SC}(1-e^{-\frac{t}{\tau}})=0.12(1-e^{-\frac{t}{0.04}})=0.12(1-e^{-25t})\text{A}$$

求出当线圈电流达到 6mA 时所需要的时间 t_1 即是电位器电阻调到零时对应的延时时间。

由 $0.12(1-e^{-25t_1})=0.006$ 解得 $t_1=2.05\text{ms}$

（2）当 $R_P=900\Omega$ 时，$R_{eq}=1000\Omega$，$\tau_2=\frac{L}{R+R_P}=\frac{4}{1000}=0.004\text{s}$，$I_{SC}=\frac{U_S}{R+R_P}=\frac{12}{1000}=0.012\text{A}$

代入式（8-24）中，得继电器线圈中电流随时间变化的表达式

$$i=I_{SC}(1-e^{-\frac{t}{\tau}})=0.012(1-e^{-\frac{t}{0.004}})=0.12(1-e^{-250t})\text{A}$$

求出当线圈电流达到 6mA 时所需要的时间 t_2 即是电位器电阻调到 900Ω 零时对应的延时时间。

由 $0.012(1-e^{-250t_2})=0.006$ 解得 $t_2=2.77\text{ms}$

所以，此继电器的延时时间的变化范围为 2.05～2.77ms。

第四节　一阶电路的全响应及三要素法

前面介绍了两种典型一阶电路的零输入响应和零状态响应，若是在一个一阶电路中，既有电源激励，储能元件的初始值也不为零，此时电路中的响应就称为全响应。全响应是零输入响应和零状态响应叠加的结果，也符合线性电路的叠加性。一阶电路的全响应，可以用三要素法很方便地求得，而且三要素法可用于求解电路换路后任一处电流或电压的全响应。

三要素法公式的一般形式为

$$f(t)=f(\infty)+[f(0_+)-f(\infty)]e^{-\frac{t}{\tau}} \tag{8-27}$$

式（8-26）中包含三个重要的基本量，即是三要素：响应的初始值 $f(0_+)$、响应的稳态值 $f(\infty)$ 及电路的时间常数 τ，只要求得了这三个要素，即可直接写出电路各响应的表达式。式中 $f(t)$ 可代表电路中各个物理量。

应该强调，三要素法只适用于求解只含一个（或可等效成一个）储能元件的一阶线性电路，在直流电源或无独立电源作用下的暂态过程。在同一个一阶电路中，各响应（不限于电容电压或电感电流）的时间常数 τ 都是相同的。对只有一个电容元件的电路，$\tau=RC$；对只有一个电感元件的电路，$\tau=\frac{L}{R}$，R 为换路后从该电容元件或电感元件看进去的电阻性二端网络的等效电阻。

【例 8-8】 如图 8-16（a）中，已知：$U_S=5V$，$C=0.2\mu F$，$R_1=R_2=3\Omega$，$R_3=2\Omega$，开关原来在 A 位置，电路处于稳态，$t=0$ 时开关 S 由 A 切换到 B，试求电容上电压 u_C。

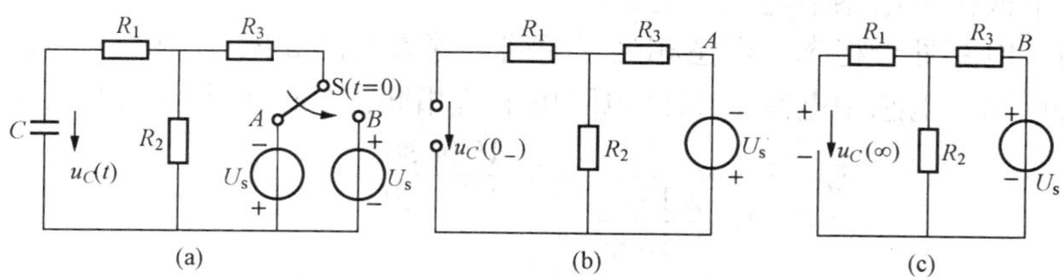

图 8-16　［例 8-8］图

（a）电路；（b）换路前求初始值 $u_C(0_+)$ 的等效电路；（c）换路后求稳态值 $u_C(\infty)$ 等效电路

解　（1）求换路后电容上电压的初始值 $u_C(0_+)$。

换路前，电路已处于稳态，其等效电路如图 8-15（b）所示。

$$u_C(0_-)=-\frac{U_S}{R_2+R_3}\times R_2=-\frac{5}{3+2}\times 3=-3V$$

由换路定律得

$$u_C(0_+)=u_C(0_-)=-3V$$

（2）求换路后电容器上电压的稳态值，换路后稳态电路等效成如图 8-15（c）所示的电路。

$$u_C(\infty)=\frac{U_S}{R_2+R_3}\times R_2=\frac{5}{3+2}\times 3=3V$$

（3）求时间常数 τ。

换路后，从电容器两端看进去的等效电阻（电压源短路）为

$$R_0=R_1+\frac{R_2R_3}{R_2+R_3}=3+\frac{3\times 2}{3+2}=4.2\Omega$$

时间常数 $\tau=R_0C=4.2\times 0.2\times 10^{-6}=0.84\times 10^{-6}=0.84\mu s$

将三要素代入式（8-27）得

$$\begin{aligned}u_C(t)&=u_C(\infty)+[u_C(0_+)-u_C(\infty)]e^{-\frac{t}{\tau}}\\&=3+[-3-3]e^{-\frac{t}{0.84\times 10^{-6}}}\\&=3-6e^{-1.19\times 10^{6}t}\text{V}\end{aligned}$$

【例 8-9】 如图 8-17（a）所示电路原已稳定，$t=0$ 时，开关 S 由位置 1 合到位置 2。用三要素法求 $i_L(t)$。

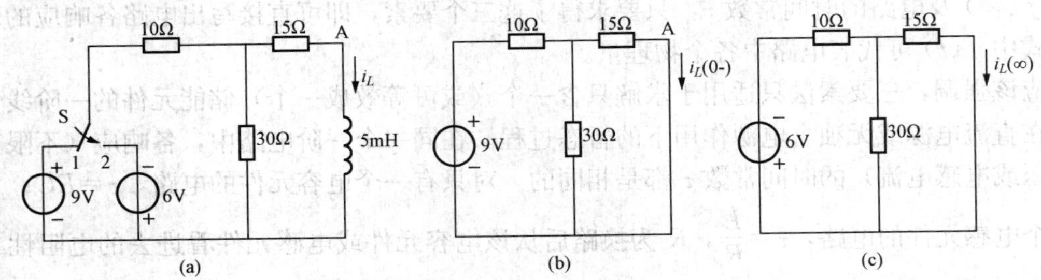

图 8-17 ［例 8-9］图

（a）电路；（b）换路前求初始值 $i_L(0_+)$ 的等效电路；（c）换路后求稳态值 $i_L(\infty)$ 等效电路

解 （1）求换路后电感中电流的初始值 $i_L(0_+)$。

在换路前，电路处于稳态，电感相当于短路，等效电路如图 8-16（b）所示。由直流电路的分析方法可知，电感中电流与 15Ω 电阻中电流相同。15Ω 电阻两端电压为

$$U_1=\frac{9}{10+\frac{15\times 30}{15+30}}\times\frac{15\times 30}{15+30}=4.5(\text{V})$$

那么电感中的电流为

$$i_L(0_-)=\frac{U_1}{R}=\frac{4.5}{15}=0.3(\text{A})$$

由换路定律

$$i_L(0_+)=i_L(0_-)=0.3(\text{A})$$

（2）求换路后电感中电流的稳态值，换路后稳态电路等效成如图 8-16（c）所示的电路。

在换路后，电路达到稳态，电压源的大小和方向都作了改变，此时 15Ω 电阻两端的电压为

$$U_2=\frac{-6}{10+\frac{15\times 30}{15+30}}\times\frac{15\times 30}{15+30}=-3(\text{V})$$

那么电感中的电流为

$$i_L(\infty)=\frac{U_2}{R}=\frac{-3}{15}=-0.2(\text{A})$$

（3）求时间常数 τ。

换路后，从电感两端看进去的等效电阻（电压源短路）求取如下。

将电感从换路后的电路中除去，得到一有源二端网络，可以看到此时 10Ω 和 30Ω 的电阻并联，再和 15Ω 的电阻串联，故此时的等效电阻 R_{eq} 为

$$R_{eq}=\frac{10\times 30}{10+30}+15=\frac{45}{2}(\Omega)$$

电路的时间常数

$$\tau=\frac{L}{R_{eq}}=\frac{5\times 10^{-3}}{\frac{45}{2}}=\frac{2}{9}\times 10^{-3}(\mathrm{s})$$

将三要素代入式（8-27）得

$$\begin{aligned}i_L(t)&=i_L(\infty)+[i_L(0+)-i_L(\infty)]\mathrm{e}^{-\frac{t}{\tau}}\\&=-0.2+[0.3+0.2]\mathrm{e}^{-\frac{t}{\frac{2}{9}\times 10^{-3}}}\\&=-0.2+0.5\mathrm{e}^{-4.5\times 10^{3}t}(\mathrm{A})\end{aligned}$$

【例 8-10】 图 8-18（a）所示电路换路前处于稳态，试用三要素法求换路后的全响应 u_C。已知 $C=0.01\mathrm{F}$，$R_1=R_2=10\Omega$，$R_3=20\Omega$，$U_S=10\mathrm{V}$，$I_S=1\mathrm{A}$。

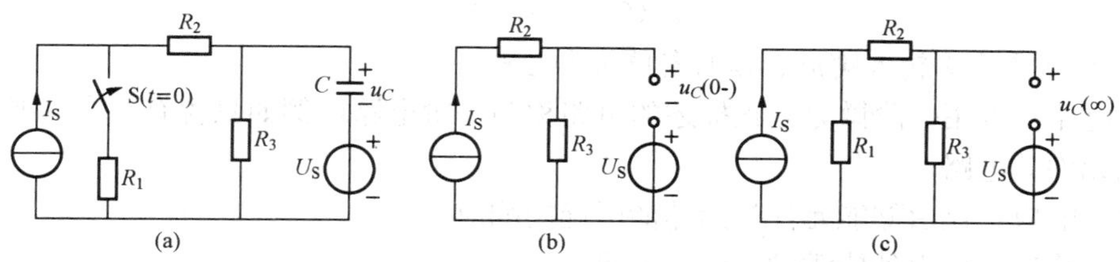

图 8-18　[例 8-10] 图

（a）电路；（b）换路前求初始值 $u_C(0_+)$ 的等效电路；（c）换路后求稳态值 $u_C(\infty)$ 等效电路

解　（1）求换路后电容上电压的初始值 $u_C(0_+)$。

在换路前，电路处于稳态，电容相当于开路，等效电路如图 8-17（b）所示，则电路中仅有电流源在输出功率

$$u_C(0_+)=u_C(0_-)=I_S\times R_3-U_S=10\mathrm{V}$$

（2）求换路后电容器上电压的稳态值，换路后稳态电路等效成如图 8-17（c）所示的电路。

在换路后，电路达到稳态

$$u_C(\infty)=I_S\times\frac{R_1}{R_1+R_2+R_3}\times R_3-U_S=-5\mathrm{V}$$

（3）求时间常数 τ

换路后，等效电阻为

将电容除去，得到一个有源二端网络，将电压源短路，电流源开路，从电容器两端看进去的等效电阻为

$$R_{eq}=\frac{R_3(R_1+R_2)}{R_3+R_1+R_2}=10\Omega$$

电路的时间常数

$$\tau = R_{eq} \times C = 0.1\text{s}$$

将三要素代入式（8-27）得

$$u_C = -5 + 15e^{-10t}\text{V}$$

小　结

1. 过渡过程及其产生原因

稳定状态：电路中的电流和电压在给定条件下已达到某一个稳定值，该稳定状态亦称稳态。

过渡过程：从一个稳态过渡到另一个稳定状态的中间过程称为过渡过程，亦称暂态过程。

过渡过程产生的原因由于电路中含有储能元件，物质所具有的能量不能跃变而造成的。

2. 换路定律与电路电压，电流初始值的确定

换路定律：在换路瞬间，电容元件的电压不能跃变，电感元件的电流不能跃变，即

$$u_C(0_+) = u_C(0_-)$$
$$i_L(0_+) = i_L(0_-)$$

3. 一阶电路的零输入响应、零状态响应和全响应

一阶电路：可用一阶微分方程描述的电路称为一阶电路，例如只含有一个（或等效成一个）储能元件的电路。

零输入响应：仅由储能元件初始储能引起的响应。

零状态响应：仅由外施激励引起的响应。

一阶电路的全响应：初始储能及外施激励共同产生的响应。

4. 分析暂态过程的重要方法——三要素法

直流激励的全响应：

$$f(t) = f(\infty) + [f(0_+) - f(\infty)]e^{-\frac{t}{\tau}}$$

$f(\infty)$ 为稳态分量，$f(0_+)$ 为初始值，τ 为时间常数，简称三要素。

稳态值 $f(\infty)$ 的求法：取换路后的电路，将其中电感视作短路，电容视作开路，获得直流电阻性电路，求出各支路电流和各元件端电压，即为它们的稳态值 $f(\infty)$。

时间常数 τ 的求法：对含有电容的一阶电路：$\tau = RC$。

对含有电感的一阶电路：$\tau = \dfrac{L}{R}$。

其中 R 是换路后的电路从储能元件两端看进去的无源二端网络的等效电阻，等效时将电压源看成短路，电流源看成开路。

τ 的大小反映了电路中能量储存和释放的速度，τ 愈大则暂态过程时间愈慢。

思　考　题

8-1　什么是换路？电路发生过渡过程的两个必要的条件是什么？

8-2　为何电容上的电压和电感中的电流在换路瞬间前后不能突变？

8-3　换路后电路中，除了电容上的电压和电感中的电流，其他物理量的初始值怎样求解？

8-4　在同一 RC 放电电路中，若电容的初始电压不同，放电至同一电压所需时间是否相等？衰减至各自初始电压的 10%所需时间是否相同？

8-5　RC 电路的零输入响应和零状态响应的实质是什么？

8-6　$C=20\mu F$，$u_C(0_-)=0$ 的 RC 串联电路接至 $U_S=24V$ 的直流电源。若需电容的充电过程在 0.2s 内完成，问所需电阻为多大。

8-7　现有一 1μF 的电容，两端的电压为 25V，如将一根电阻为 0.4Ω 的导线连接其两端放电，大约经过多久电容放电完毕。

8-8　一个 2mH 的电感和一盏标有“10W 20V”的小灯泡串联接到一个 20V 的电压源上，问小灯泡多久后正常发光。

8-9　电阻 $R=25\Omega$，电感 $L=25H$，$i_L(0_-)=0$ 的线圈接到 $U_S=200V$ 的直流电压源。求电路大约经过多长时间达到稳态，电感电流的稳态值是多少？

8-10　试用三要素法的公式写出一阶电路的零输入响应表达式及在直流电源激励下的零状态响应表达式。

习　　题

8-1　如图 8-19 所示电路中，电路原处于稳态，试求开关 S 在 $t=0$ 闭合后瞬间电感中的电流和电压。

8-2　如图 8-20 所示电路，在开关 S 断开前已处于稳态。$t=0$ 时开关 S 断开。求 $i(0_+)$，$u(0_+)$ 及 $u_C(0_+)$，$i_C(0_+)$。

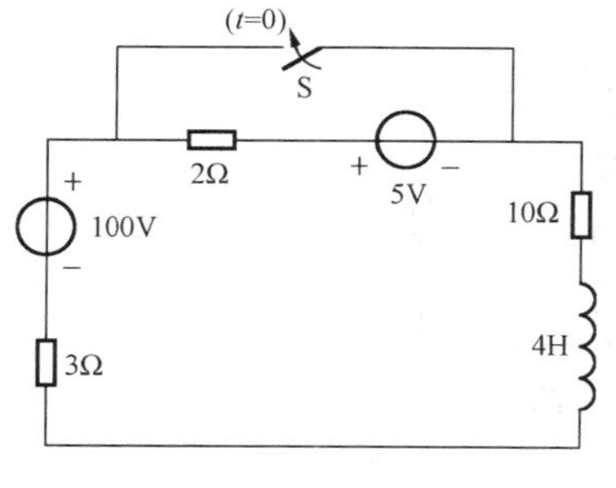

图 8-19　题 8-1 图

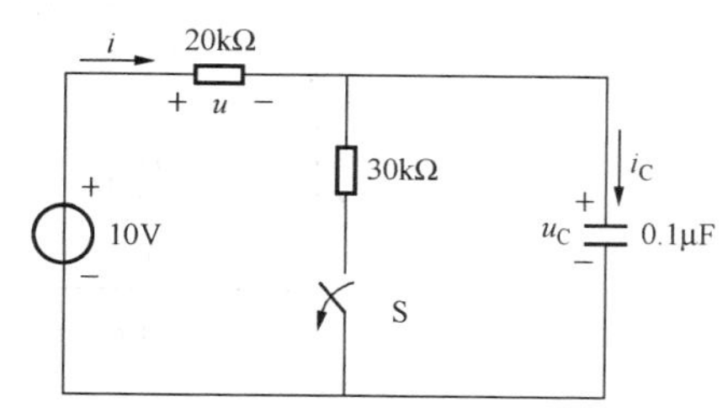

图 8-20　题 8-2 图

8-3　如图 8-21 所示电路在 S 闭合前处于稳态，试求换路后其中电流 i_L 的初始值 $i(0_+)$ 和稳态值 $i(\infty)$。

8-4　求图 8-22 所示电路的时间常数 τ。

8-5　电路如图 8-23 所示，$t=0$ 时开关 S 闭合。求 u_C 及 i_C。

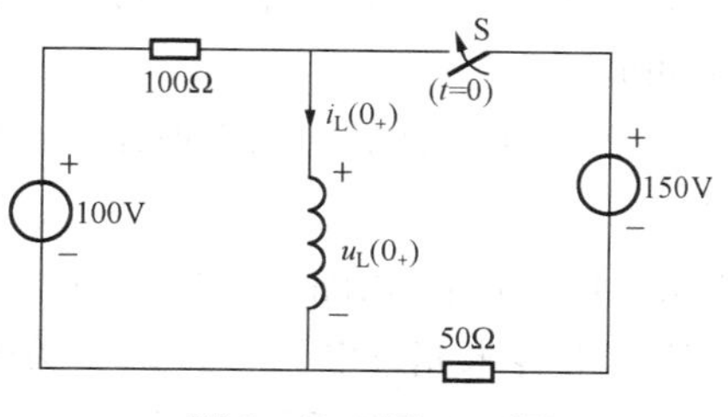

图 8-21　题 8-3 图

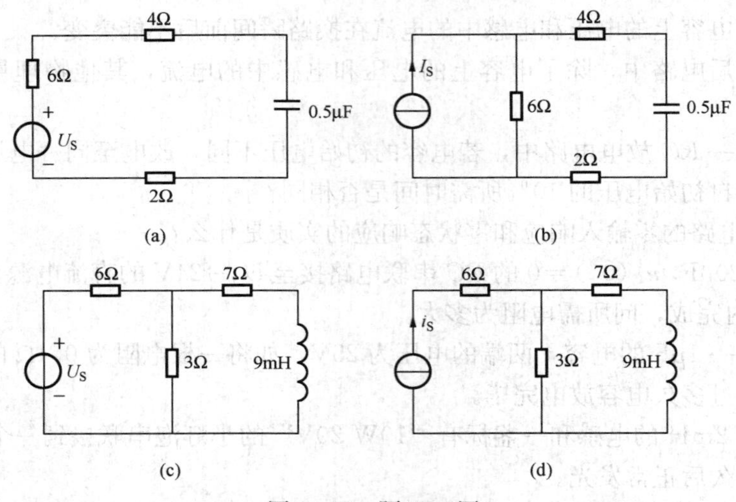

图 8-22　题 8-4 图

8-6　图 8-24 所示电路已处于稳态，$t=0$ 时开关 S 闭合。求 i_L 及 u_L。

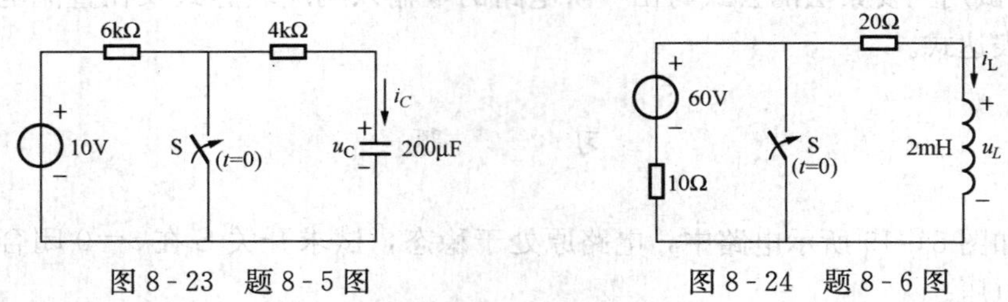

图 8-23　题 8-5 图　　图 8-24　题 8-6 图

8-7　图 8-25 所示电路中，$t=0$ 时开关 S 由 1 合向 2，换路前电路处于稳态，试求换路后 i_L 和 u_L。

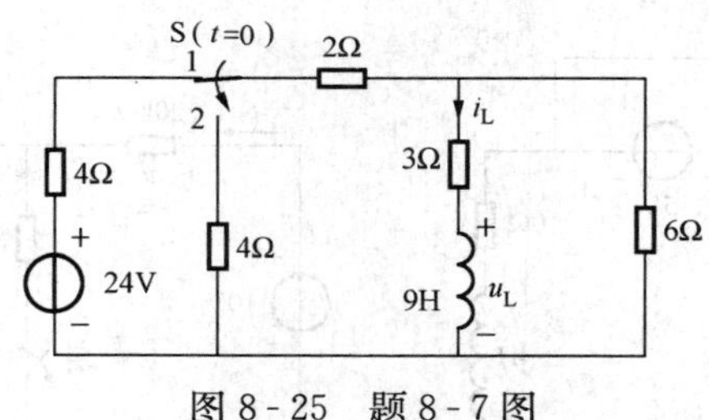

图 8-25　题 8-7 图

8-8　图 8-26 所示电路中，已知 $U_S=12V$，$R=25k\Omega$，$C=10\mu F$，开关 S 在 $t=0$ 时闭合，在 S 闭合前电容并未充过电。求 $t\geqslant0$ 时的电容电压 u_C 及电流 i，并定性地画出 u_C 及 i 的波形。

8-9　电路如图 8-27 所示，$t=0$ 时开关 S 闭合，$u_C(0_-)=0$。求换路后的 u_C、i_C 和 i。

8-10　电路如图 8-28 所示，$U_S=20V$，$R_1=100\Omega$，$R_2=300\Omega$，$R_3=25\Omega$，$C=0.05F$，电容未充过电。$t=0$ 时开关闭合。求 u_C。

8-11　图 8-29 所示电路原来处于零状态，$t=0$ 时开关 S 闭合。求 $i_L(t)$ 及 $u_C(t)$ 并定

性画出 $i_L(t)$ 及 $u_L(t)$ 的波形。

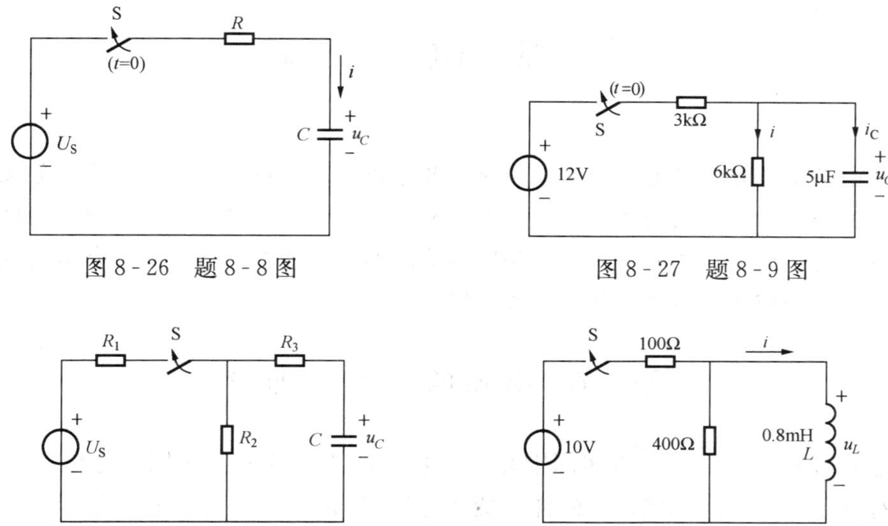

图 8-26　题 8-8 图　　图 8-27　题 8-9 图

图 8-28　题 8-10 图　　图 8-29　题 8-11 图

8-12　图 8-30 所示电路中，开关长期合在位置 1 上，如果在 $t=0$ 时把它合到位置 2 后，试求电容元件上的电压 u_C。已知 $R_1=1\text{k}\Omega$，$R_2=2\text{k}\Omega$，$C=3\mu\text{F}$，电压源 $U_1=3\text{V}$，$U_2=5\text{V}$。

8-13　如图 8-31 所示电路在开关 S 动作之前已达稳态，在 $t=0$ 时由位置 a 投向位置 b。求过渡过程中的 $u_L(t)$ 和 $i_L(t)$。

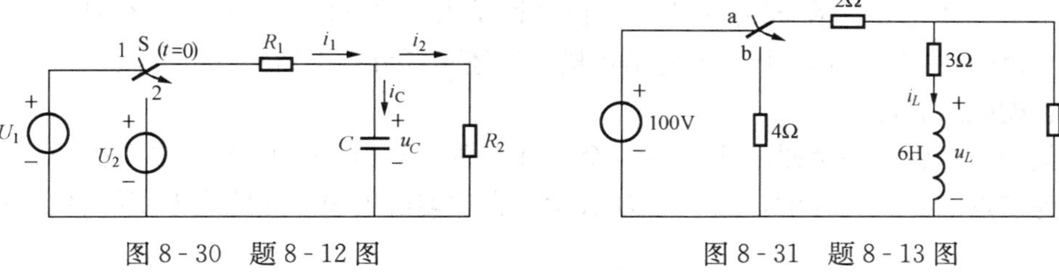

图 8-30　题 8-12 图　　图 8-31　题 8-13 图

第九章 磁 路

前面的章节介绍了电路的基本概念及其分析方法，但是常见的电气设备及电工仪表，例如变压器、电动机、电工测量仪表等，它们中不仅有电路问题，同时还存在磁路问题。因此，本章首先介绍磁路的基本知识和基本定律，然后介绍交流铁芯线圈，最后介绍变压器的结构及工作原理。

第一节 磁场的基本物理量

磁场是一种特殊的物质。磁体周围存在磁场，磁体间的相互作用就是以磁场作为介质的。磁场存在于电流、运动电荷、磁体或变化电场周围空间，一般磁体的磁极有两种，即N极和S极，且同性相斥，异性相吸。由于磁体的磁性来源于电流，电流是电荷的运动。磁场的基本特征是能对其中的运动电荷施加作用力，磁场对电流、对磁体的作用力或力矩皆源于此。

为了更好地了解磁场的特性，下面介绍磁场的几个基本物理量。

一、磁通量

在静电学中，用电力线来形象地描述电场的分布，类似地也可以用磁力线来表示磁场的分布。通过与磁场方向垂直的某一面积上的磁力线的总数，称为通过该面积的磁通量，简称磁通，用字母 Φ 表示。在SI中，它的单位名称是韦伯（Wb），简称韦，有时工程上还用麦克斯韦（Mx），$1\mathrm{Wb}=10^8\mathrm{Mx}$。磁通是标量，表述磁场分布的密集程度。

二、磁感应强度

在某种介质中有一个磁场中，取一个平面，垂直通过该平面上单位面积的磁力线的多少，称为该点的磁感应强度，用字母 B 表示。在均匀磁场中，此感应强度可表示为

$$B=\frac{\Phi}{S} \tag{9-1}$$

式（9-1）表明：磁感应强度 B 等于单位面积的磁通量。当磁通 B 单位为Wb，面积 S 单位为 m^2 时，那么磁感应强度 B 的单位是特斯拉（T），简称特。

磁感应强度是个矢量，它反映了磁场在空间某点上的方向和大小。磁力线上某点的切线方向就是该点磁感应强度的方向，也就是这一点磁场方向。所以磁感应强度不但表示了某点磁场的强弱，而且还能表示出该点的磁场方向。

由式（9-1）可见，磁感应强度在数值上可以看成是与磁场方向相垂直的单位面积所通过的磁通，故又称为磁通密度。

磁感应强度的大小和方向可用在该点磁场作用于长度为 ΔL，通有电流为 I 的导体上的磁场力 ΔF 来衡量，即

$$B=\frac{\Delta F}{I\Delta L} \tag{9-2}$$

磁感应强度是矢量，磁感应强度 B 的方向、载流导体中电流 I 的方向、导体所受磁场力 ΔF，这三者遵循左手定则，且三者相互垂直，如图 9-1 所示。

三、磁导率

在电路部分的章节中了解到，导体对电流起阻碍作用的大小可以用电阻来表示，且有

$$R=\rho\frac{l}{s}=\frac{l}{\nu s} \tag{9-3}$$

式中：ρ 为导体的电阻率，它反映了导体阻碍电流的性能；ν 为导体的电导率，它反映了导体导电性能的好坏。

$$\nu=\frac{1}{\rho} \tag{9-4}$$

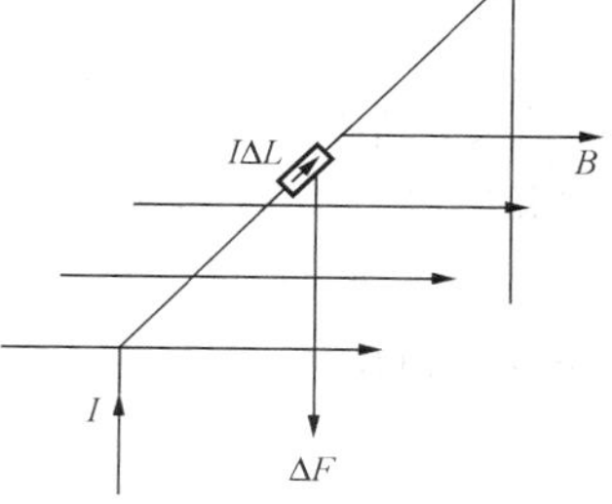

图 9-1　磁感应强度定义

在磁场中也引入一个和电导率对应的概念用来表示介质导磁性能好坏的物理量，即物质的磁导率 μ，在 SI 中其单位名称是亨/米（H/m）。

自然界的所有物质按磁导率的大小不同，大体上可分为磁性材料和非磁性材料两大类。对非磁性材料而言，$\mu\approx\mu_0$，$\mu_r\approx1$，μ_0 为物质在真空中的磁导率，μ_r 为物质的相对磁导率，差不多不具有磁化的特性，而且每一种非磁性材料的磁导率都是常数。而对磁性材料，磁导率就不是一个常数，它会随着外界磁场的变化而变化。由实验测得真空中的磁导率 $\mu_0=4\pi\times10^{-7}$ H/m，它是一个常数，所以，为了比较介质对磁场的影响，可以把任意物质的磁导率与真空的磁导率的比值称作相对磁导率，即

$$\mu_r=\frac{\mu}{\mu_0} \tag{9-5}$$

一些物质的相对磁导率 μ_r 见表 9-1。

表 9-1　一些物质的相对磁导率 μ_r

非磁性材料的 μ_r		磁性材料的 μ_r	
空气	1.000 000 36	钴	174
锡	1.000 004	镍	1120
铅	1.000 023	铸钢	500～2200
铂	1.000 364	铸铁（已退火）	200～400
石墨	0.999 895	硅钢	7000～10 000
银	0.999 981	坡莫合金	20 000～200 000
锌	0.999 989		
铜	0.999 991		

四、磁场强度

若在一个通电螺线管中恰好放置了一根铁钉，对于这根铁钉来说，通电螺线管的磁场即为外磁场，铁钉本身就是磁场介质。铁钉周围由通电螺线管激发的磁场，就以磁场强度 H 来描述，而铁钉中的磁场既有外磁场作用，又有本身（铁磁材料）对外磁场的作用合成的，故用介质中的磁感应强度来描述。由此可以看到，磁感应强度 B 是受到磁场强度 H 和磁导率 μ 影响的，而磁场强度是一个与磁导率 μ 无关的量。

可以定义，磁场中某点的磁感应强度 B 与介质磁导率的比值，称为该点的磁场强度，用 H 表示，即

$$H=\frac{B}{\mu} \tag{9-6}$$

在 SI 制中，磁场强度的单位为安/米（A/m）。磁场强度是矢量，在均匀介质中，它的方向和磁感应强度的方向一致。

磁场强度 H 是一个仅与产生磁场的电流大小及其分布情况有关的物理量，它与电流之间的关系可由安培环路定律（全电流定律）来描述，即

$$\oint H\mathrm{d}l=\sum I \tag{9-7}$$

式（9-7）中：$\oint H\mathrm{d}l$ 为磁场强度矢量 H 沿任意闭合回线（常取磁通为闭合回线）的线积分；$\sum I$ 为穿过该闭合回线所围面积的电流代数和。各个电流的正负是这样规定的：任意选定一个闭合回线的环绕方向，凡是电流方向与闭合回线环绕方向之间符合右螺旋定则的电流作为正，反之为负。

【例 9-1】 一个通电环形线圈，如图 9-2 所示，其内部为均匀介质，应用式（9-7）计算线圈内各点的 H。

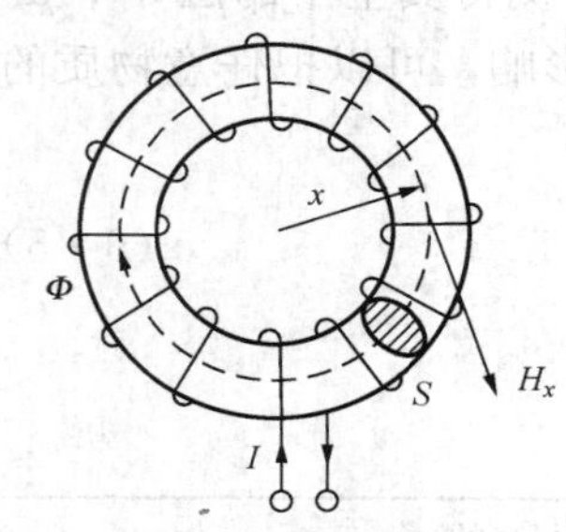

图 9-2 环形线圈

解 取磁通作为闭合回线，且以其方向作为回线的环绕方向，则

$$\oint H\mathrm{d}l=H_x l_x=H_x\times 2\pi x$$

$$\sum I=NI$$

则

$$H_x=\frac{NI}{2\pi x} \tag{9-8}$$

式（9-8）中：N 为线圈的匝数；H_x 为半径是 x 处的磁场强度。

五、磁动势

由［例 9-1］可以看到，磁场是由电流产生的，但取决于电流与线圈匝数的乘积 NI。把这一乘积称为磁动势或磁通势 F，简称磁势。用式（9-9）表示，即

$$F=NI \tag{9-9}$$

磁势是磁路中产生磁通的“动力”。磁动势的国际制单位为安（A）。如果磁路的平均长度（即磁路中心线的长度）为 l，则磁场强度为

$$H=\frac{NI}{l}$$

磁场强度是单位长度的磁动势，又因为 $B=\mu H$

因此又有磁感应强度为 $B=\frac{\mu NI}{l}$

第二节 磁性材料的磁性能

磁性材料主要是指铁、钴、镍及其合金等材料。它们主要的磁性能为高导磁性、磁饱和

性和磁滞性，介绍如下。

一、高导磁性

磁性材料的磁导率很大，$\mu_r \gg 1$，可达 $10^2 \sim 10^5$ 量级，这就使它们具有被强烈磁化的特性。

磁性材料之所以具有这种能被强烈磁化的特性，是由它特殊的内部结构确定的。在磁性材料中，每个分子中电子的绕核运动和自转将形成分子电流（电子的定向移动），分子电流将产生磁场，故每个分子都相当于一个小磁铁。由于磁性物质分子的相互作用，使分子电流在局部形成有序排列而显示出磁性，这些小区域称为磁畴。

当磁性材料没有外加磁场时，各磁畴是混乱排列的，磁场互相抵消，如图 9－3（a）所示；当在外磁场作用下，磁畴就逐渐转到与外加磁场一致的方向上，即产生了一个与外加磁场方向一致的磁化磁场如图 9－3（b）所示，从而磁性物质内的磁感应强度大大增加，此时称物质被强烈的磁化了。

磁性物质被广泛地应用于电工设备中，电动机、电磁铁、变压器等设备中线圈中都有铁芯。这些设备就是利用其磁导率大的特性，使得在较小的电流情况下得到尽可能大的磁感应强度和磁通。

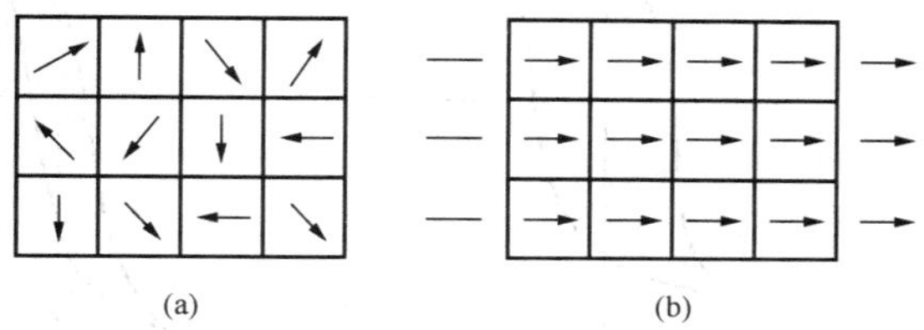

图 9－3 磁性材料的磁化

（a）磁畴混乱排列；（b）磁畴方向与外加磁场方向相同

非磁性材料没有磁畴的结构，所以不具有磁化的特性。

二、磁饱和性

磁性物质因磁化产生的磁场是不会无限制增加的，当外磁场（或激励磁场的电流）增大到一定程度时，全部磁畴都会转向与外加磁场方向一致，这时的磁感应强度将达到饱和值，这时外加的磁场强度增加，而磁感应强度 B 增加很少，如图 9－4 所示，这叫做磁饱和现象，此时磁导率 μ 值变得较小。由此可见磁性物质的 μ 不是常数，Φ 与 H 也不存在正比关系。

三、磁滞性

在铁芯线圈通有交变电流时，铁芯将受到交变磁化。但当 H 减少为零时，磁感应强度 B 并未回到零值，出现剩磁 B_r。磁感应强度滞后于磁场强度变化的性质称为磁滞性。如图 9－5所示为磁性物质的磁滞回线。

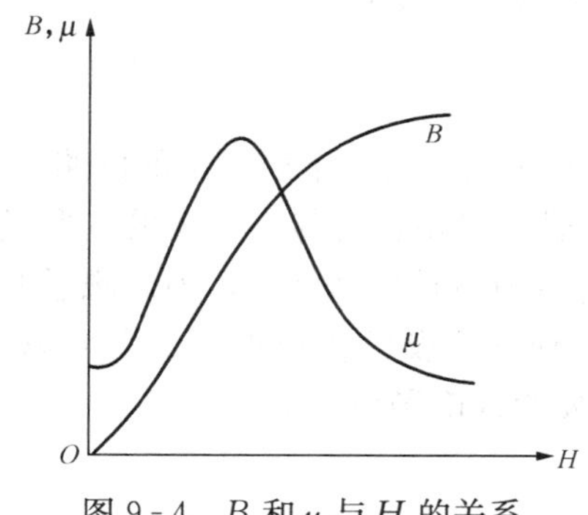

图 9－4 B 和 μ 与 H 的关系

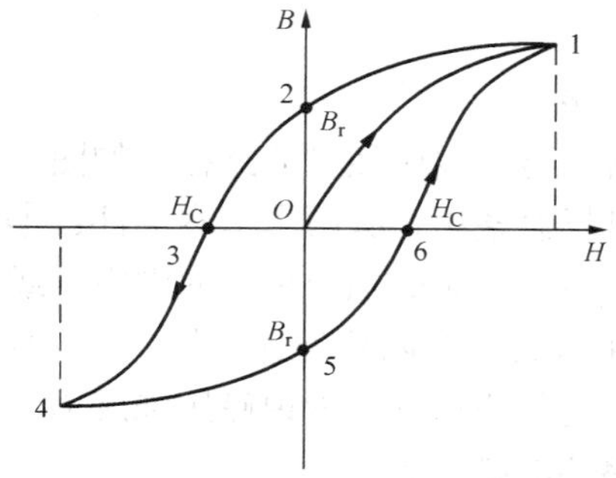

图 9－5 磁性物质磁滞回线

由磁滞回线可知：外磁场 $H=0$ 时，磁性材料的磁感应强度 $B=B_r$，称剩磁。要使剩磁消失，通常需进行反向磁化。将 $B=0$ 时的 H 值称为矫顽磁力 H_C（见图 9-5 中 3 和 6 所对应的点。）磁滞回线显示 B—H 是非单值关系。对于相同的 H 值，磁化过程中的 B 与去磁过程中的 B 值是不同的。

按磁性物质的磁性能，磁性材料可分为硬磁材料、软磁材料、矩磁材料，介绍如下：

1. 硬磁材料

硬磁材料具有较大的矫顽磁力，磁滞回线较宽，如图 9-6（a）所示，一般用来制造永久磁铁。常用的有碳钢及铁镍铅钴合金等。近年来稀土永磁材料发展很快，像稀土钴、稀土钕铁硼等，其矫顽磁力更大。

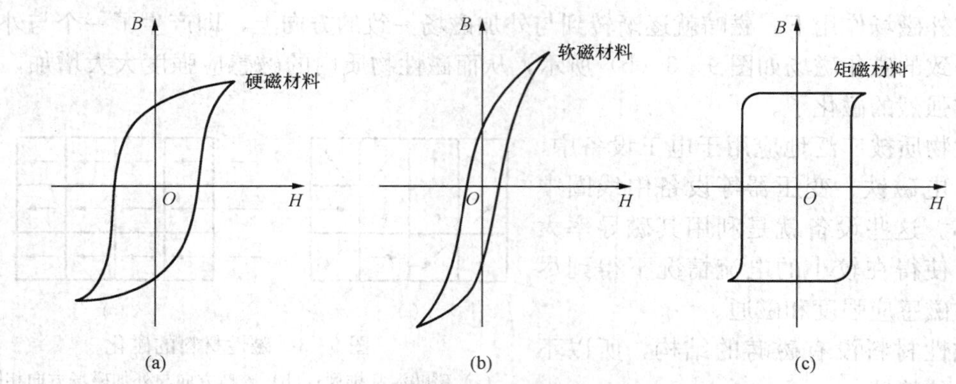

图 9-6　各类磁性材料的磁滞回线

（a）硬磁材料；（b）软磁材料；（c）矩磁材料

2. 软磁材料

软磁材料具有较小的矫顽磁力，磁滞回线较窄，如图 9-6（b）所示，一般用来制造电机、电器及变压器等的铁芯。常用的有铸铁、硅钢、坡莫合金及铁氧体等。

3. 矩磁材料

矩磁材料具有较小的矫顽磁力和较大的剩磁，磁滞回线接近矩形，如图 9-6（c）所示，具有较强的稳定性。一般用于计算机系统的“记忆”元件，如磁盘等。常用的有镁锰铁氧体、锂锰铁氧体、稀土钕铁硼等。

第三节　磁路及其基本定律

一、磁路

磁路就是磁力线所经过的路径。如图 9-7（a）所示就是一个最简单的磁路。

在电磁场设备中，有两个基本部件：①铁芯，铁芯是由铁磁材料构成的，形成了各种形状的磁路，由于铁芯的磁导率比周围空气或其他物质的磁导率高得多，因此磁通的绝大部分经过铁芯而形成一个闭合通路，图 9-7 所示是几种常见设备的磁路；②产生磁场的线圈，为了获得一定的磁通（或者说磁感强度 B），就需要给线圈通以电流。

二、磁路欧姆定律

磁路和电路一样，磁路介质也有阻碍磁场传递的特性，称为磁阻 R_m。以图 9-2 所示的

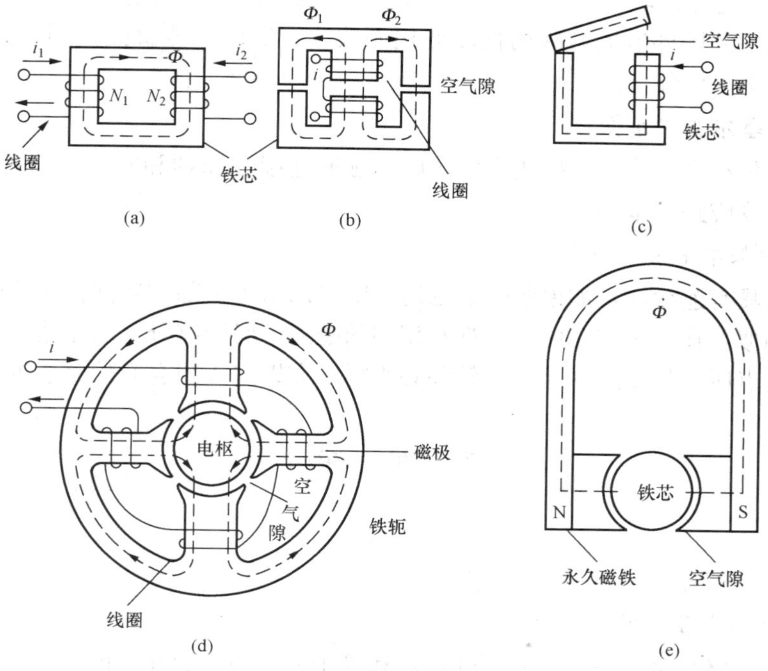

图 9-7　几种常见的磁路

（a）变压器磁路；（b）接触器磁路；（c）继电器磁路；（d）四极电机的磁路；（e）永久磁铁仪表磁路

环形线圈为例，根据式（9-9）得出

$$NI = Hl = \frac{B}{\mu}l = \frac{\Phi}{\mu S}l$$

则

$$\Phi = \frac{NI}{\dfrac{l}{\mu S}} = \frac{F}{R_m} \tag{9-10}$$

其中

$$F = NI$$

式中：F 为磁动势，即由此而产生磁通；R_m 为此段磁路的磁阻，是表示磁路对磁通具有阻碍作用的物理量；l 为磁路的平均长度；S 为磁路的截面积。式（9-10）称为磁路欧姆定律。

式（9-10）与电路的欧姆定律在形式上相似，两者对照见表 9-2。

表 9-2　　磁路与电路对照

项　目	磁　　路	电　　路
参数	磁通势 F	电动势 E
	磁通 Φ	电流 I
	磁感应强度 B	电流密度 J
	磁阻 $R_m=\frac{l}{\mu S}$	电阻 $R=\frac{l}{\gamma S}$

因该定律与电路欧姆定律在形式上相似，故称为磁路的欧姆定律。由于铁磁物质的磁导率 μ 不是常数，它随外磁场的磁场强度变化而改变，所以不能直接应用磁路欧姆定律来计算，它只能用于定性分析。

三、磁路基尔霍夫定律

磁路的基尔霍夫定律是由描述磁场性质的磁通连续性原理和安培环路定律推导而得到，它们是分析计算磁路的基础。

1. 磁路的基尔霍夫第一定律

由于磁通具有连续性，如果忽略漏磁通，则可以认为全部磁通都在磁路内穿过，那么磁路就与电路相似，在一条支路内处处都有相同的磁通。对于有分支的磁路，如图 9-8 所示，在磁路的分支点所连各支路磁通的代数和必为零，亦即进入闭合面的磁通等于离开闭合面的磁通，故有

$$\Phi_1-\Phi_2-\Phi_3=0$$

即

$$\sum\Phi=0 \tag{9-11}$$

式（9-11）为磁路的基尔霍夫第一定律。

2. 磁路的基尔霍夫第二定律

沿任意闭合路径绕行一周，磁压降代数和等于磁动势代数和。即

$$\sum Hl=\sum NI \tag{9-12}$$

式（9-12）为磁路的基尔霍夫第二定律。

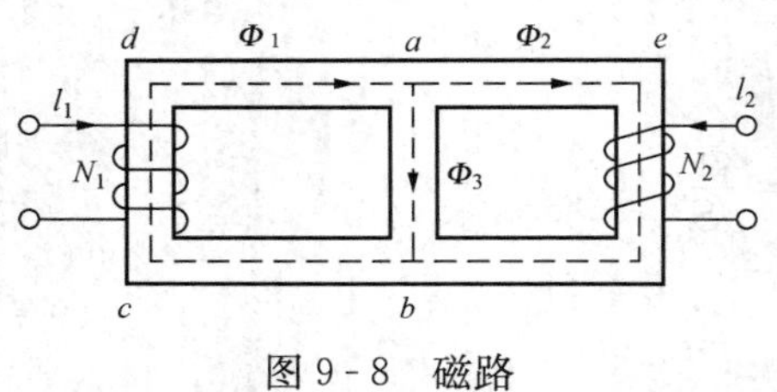

图 9-8 磁路

当磁通方向与所选磁路绕行方向一致时，该段磁压降取正，否则取负；当线圈电流方向与绕行方向满足右手螺旋定则时，磁动势取正，否则取负。

图 9-8 中，闭合磁路 $aebcda$，若将磁路看成有两段均匀磁路组成，令 $bcda$ 段长为 l_1，aeb 段为 l_2，则

$$H_1l_1+H_2l_2=N_1I_1+N_2I_2$$

四、直流磁路计算

关于磁路的计算简单介绍如下：

在计算电机、电器等磁路时，往往预先给定铁芯中的磁通（或磁感应强度），然后按照所给的磁通及磁路各段的尺寸和材料去求产生预定磁通所需的磁动势 $F=NI$。

对于均匀磁路，可用 $NI=Hl$ 进行计算。如果磁路是由不同的材料或不同长度和截面积的几段组成，即磁路由磁阻不同的几段串联而成，则

$$NI=H_1l_1+H_2l_2+\cdots=\sum Hl \tag{9-13}$$

式中：H_1l_1，H_2l_2，…为磁路各段的磁压降。式（9-13）是计算磁路的基本公式。

图 9-9 所示磁路是由三段串联（其中一段是空气隙）而成的。如已知磁通和各段的材料及尺寸，则可按图 9-10 所示步骤去求磁动势。

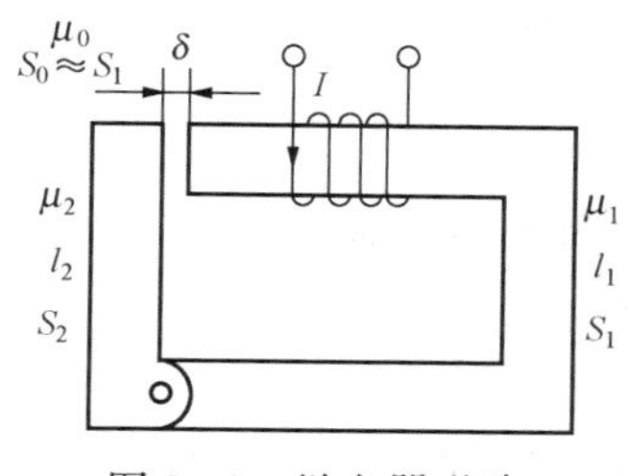

图 9-9　继电器磁路

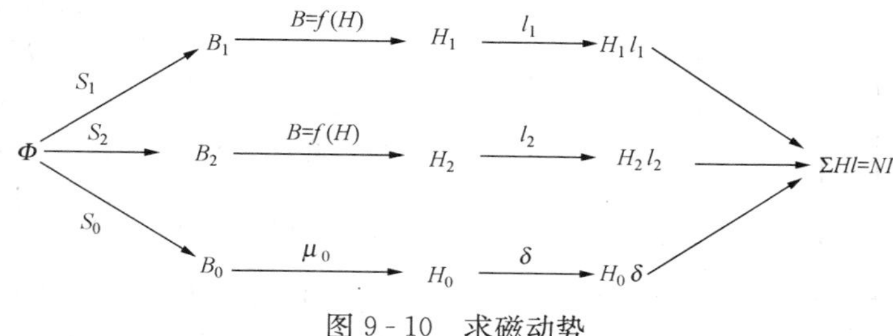

图 9-10　求磁动势

【例 9-2】　一个直流磁铁，如图 9-11 所示，图中尺寸单位为 mm，铁芯用 D21硅钢片叠成，叠装系数 $K_{Fe}=0.9$，衔铁为铸钢，要使空气隙中的磁通 $\Phi=0.003\text{Wb}$，励磁线圈匝数为 $N=1000$ 匝。求励磁电流 I。

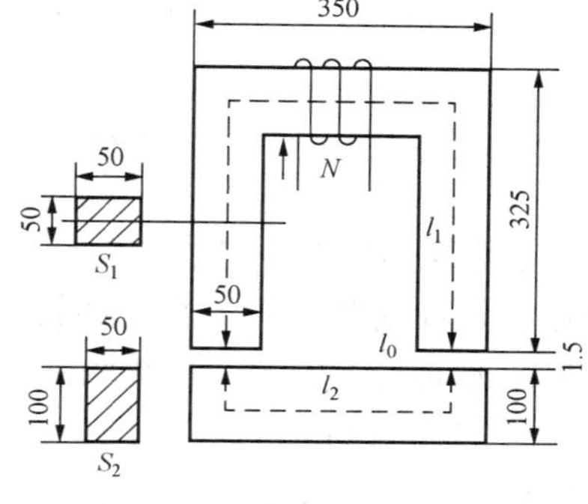

图 9-11　[例 9-2] 图

解　(1) 将磁路分为三段，为铁芯磁路 l_1，衔铁磁路 l_2，空气隙磁路 l_0。每段磁路平均长度为

$$l_1=2\times(325-25)+350-50=900(\text{mm})=0.9\text{m}$$

$$l_2=350-50+2\times50=400(\text{mm})=0.4\text{m}$$

$$l_0=2\times1.5=3(\text{mm})=3\times10^{-3}\text{m}$$

(2) 每段磁路截面积为　$S_1=50\times50\times0.9=2250(\text{mm}^2)=2.25\times10^{-3}\text{m}^2$

$S_2=100\times50=5000(\text{mm}^2)=5\times10^{-3}\text{m}^2$，$S_0=S_1=2.25\times10^{-3}\text{m}^2$

(3) 求每一段的磁感应强度，为

$$B_1=\frac{\Phi}{S_1}=\frac{3\times10^{-3}}{2.25\times10^{-3}}=1.33(\text{T}),\quad B_2=\frac{\Phi}{S_2}=\frac{3\times10^{-3}}{5\times10^{-3}}=0.6(\text{T}),\quad B_0\approx B_1=1.33\text{T}$$

(4) 根据附录查得

铁芯段　$H_1=1350\text{A/m}$

衔铁段　$H_2=488\text{A/m}$

气隙中磁场强度　$H_0=B_0/\mu_0=1.33/(4\pi\times10^{-7})=1.06\times10^6(\text{A/m})$

(5) 所需磁动势

$$\begin{aligned}F=NI&=H_1l_1+H_2l_2+H_0l_0\\&=1350\times0.9+488\times0.4+1.06\times10^6\times3\times10^{-3}\\&=1215+195.2+3180=4590(\text{A})\end{aligned}$$

励磁电流为　$$I=\frac{F}{N}=\frac{4590}{10^3}=4.59(\text{A})$$

从计算结果可得出一个重要结论：磁路中空气隙长度与磁路总长度相比虽然很短，但其磁压降很大，这是因为气隙的磁导率比铁磁物质小很多的缘故。

【例 9-3】　一个均匀闭合铁芯线圈如图 9-12 所示，匝数为 300，铁芯中磁感应强度为 0.9T，磁路的平均长度为 45cm，试求：(1) 铁芯材料为铸铁时线圈中的电流；(2) 铁芯材料为 D21 硅钢片时线圈中的电流。

解　先从附录中查出磁场强度的 H 值，然后再计算电流。

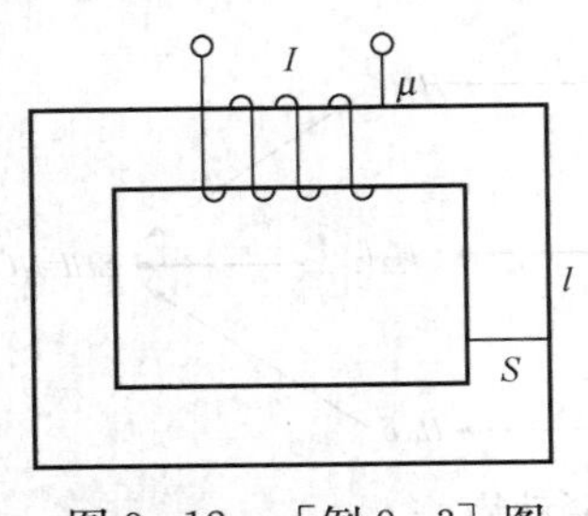

图 9-12 ［例 9-3］图

（1）求铁芯材料为铸铁时线圈中的电流

$$H_1=7360\text{A/m},\quad I_1=\frac{H_1 l}{N}=\frac{7360\times 0.45}{300}=11.04(\text{A})$$

（2）求铁芯材料为 D21 硅钢片时线圈中的电流

$$H_2=425\text{A/m},\quad I_2=\frac{H_2 l}{N}=\frac{425\times 0.45}{300}=0.64(\text{A})$$

可见由于所用铁芯材料不同，要得到相同的磁感应强度，则所需要的磁动势或励磁电流是不同的。因此，采用高磁导率的铁芯材料可使线圈的用铜量大为降低。

第四节　交流铁芯线圈电路

铁芯线圈电路分为两种：直流铁芯线圈电路和交流铁芯线圈电路。直流铁芯线圈通直流来励磁（如直流电动机的励磁线圈、电磁吸盘及各种直流电器的线圈）。因为励磁是直流，则产生的磁通是恒定的，在线圈和铁芯中不会感应出电动势来，在一定的电压 U 下，线圈电流 I 只与线圈的 R 有关，P 也只与 I^2R 有关，所以分析直流铁芯线圈比较简单；而交流铁芯线圈通过交流来励磁（如交流电动机、变压器及各种交流电器的线圈），其中的电磁关系，电压、电流关系及功率损耗几个方面和直流铁芯线圈有所不同。

一、交流铁芯线圈电路

图 9-13 为交流铁芯线圈，当铁芯线圈通入交变电流时，磁通势 F 产生的磁通绝大部分通过铁芯而闭合，这部分磁通称为主磁通或工作磁通 Φ。此外，还有很少的一部分磁通主要通过空气或其他非磁性介质而闭合，这部分磁通称为漏磁通 Φ_σ 也比较小，与主磁通相比较，可以忽略不计。

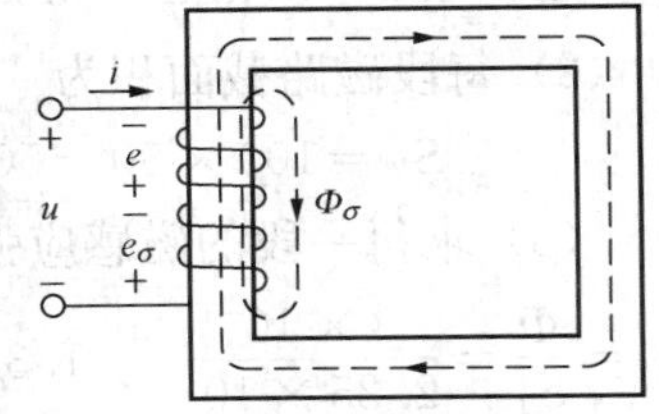

图 9-13　交流铁芯线圈

设主磁通 $\Phi=\Phi_m\sin\omega t$，则有

$$u=-e=N\frac{\mathrm{d}\Phi}{\mathrm{d}t}=N\frac{\mathrm{d}}{\mathrm{d}t}\Phi_m\sin\omega t=N\Phi_m\omega\sin(\omega t+90^\circ)=U_m\sin(\omega t+90^\circ)$$

$$U\approx E=\frac{U_m}{\sqrt{2}}=\frac{2\pi fN\Phi_m}{\sqrt{2}}\approx 4.44fN\Phi_m \tag{9-14}$$

式中：U 为有效值；Φ_m 为磁通最大值。

由式（9-14）可知，外加电压为正弦波时，Φ 为同频率的正弦量，相位滞后电压 90°。当电源频率不变，线圈匝数固定时，线圈中的磁通主要由外加电压决定。

二、交流铁芯线圈的功率损耗

在交流铁芯线圈中通入交流电时，其功率损耗主要有两种：铜损耗和铁损耗。

1. 铜损耗

铜损耗是指线圈电阻 R 上的功率损耗（所谓铜损）P_{Cu}，即

$$P_{Cu}=I^2R \tag{9-15}$$

式中：I 为交流电有效值；R 为线圈的电阻。

2. 铁损耗

在交变磁通磁路中，铁芯的交变磁化会产生功率损耗，称为铁损耗，简称铁损，用 P_{Fe}

表示。铁损耗是由于铁磁性物质的磁滞作用和铁芯内涡流的存在而产生，其损耗分别为磁滞损耗和涡流损耗。

（1）磁滞损耗。铁磁物质在反复磁化过程中要消耗能量并转变为热能而耗散，这种能量损耗称为磁滞损耗。磁滞损耗正比于磁滞回线的面积。为了减小磁滞损耗，应选用磁滞回线狭小的磁性材料来制造铁芯。硅钢片就是变压器和电机中常用的铁芯材料，其磁滞损耗较小。

（2）涡流损耗。铁芯中的磁通变化时，不仅线圈中产生感应电动势，铁芯中也要产生感应电动势，铁芯中的感应电动势使铁芯中产生旋涡状的电流，称为涡流。涡流在铁芯中垂直于磁通方向的平面内流动，如图 9-14 所示，图（a）为实心铁芯，图（b）为钢片叠装铁芯。铁芯中涡流要消耗能量而使铁芯发热，这种能量损耗叫涡流损耗。

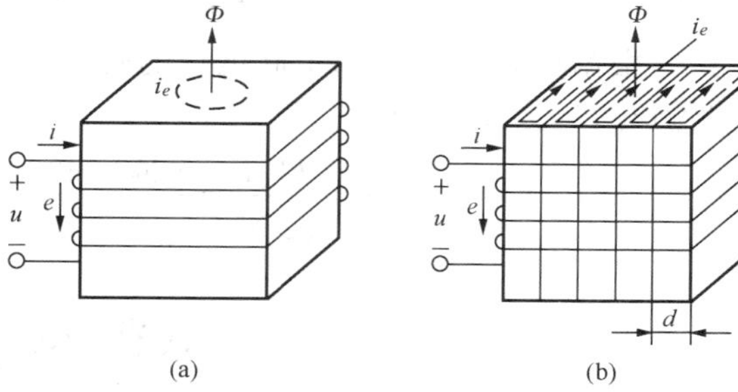

图 9-14　实心铁芯和钢片叠装铁芯
（a）实心铁芯；（b）钢片叠装铁芯

在电机、变压器等设备中，常用两种方法来减少涡流损耗：①增大铁芯材料的电阻率，在钢片中渗入硅，使其电阻率大为提高，我国生产的低硅钢片含硅量在1%～3%，而高硅钢片含硅量在3%～5%；②把铁芯沿磁场方向剖分为许多薄片相互绝缘后叠合而成，以增大铁芯中涡流路径的电阻。这两种方法都能有效减少涡流损耗。

涡流存在不利的一面，但在另外一些场合也存在有利的一面。例如，利用涡流的热效应来冶炼金属，利用涡流和磁场相互作用而产生电磁力的原理来制造感应仪器、滑差电阻及涡流测矩器等。

【例 9-4】　有一个铁芯线圈，试分析铁芯中的磁感应强度、线圈中的电流和铜损 P_{Cu}，在下列几种情况下如何变化？（1）直流励磁—铁芯截面积加倍，线圈的电阻和匝数以及电源电压保持不变；（2）交流励磁—铁芯截面积加倍，线圈的电阻和匝数以及电源电压保持不变；（3）交流励磁—电源电压和频率均减小为原来的$\frac{1}{2}$，线圈的电阻和匝数不变。

解　（1）由于电源电压和线圈电阻不变，所以电流 I 不变，铜损 P_{Cu}不变。磁感应强度 B 不变，因为在 $NI=Hl$ 中与 S 无关，H 不变，由 $B-H$ 曲线（见图 9-4）可查知 B 不变。

（2）在交流励磁的情况下，由公式 $U\approx E=4.44fNF_m=4.44fNB_mS$ 可知，当铁芯截面积 S 加倍而其他条件不变，铁芯中的磁感应强度 B_m 的大小减半；线圈电流 I 和铜损耗随 $B—H$ 曲线（见图 9-4）中 H 的减小相应降低。

（3）由公式 $U\approx E=4.44fNF_m=4.44fNB_mS$ 可知，当电源电压和频率均减小为原来的$\frac{1}{2}$时，铁芯中的磁感应强度 B_m、线圈中的电流 I 和铜损 P_{Cu}均保持不变。

【例 9-5】　欲绕制一个交流铁芯线圈，已知电源电压有效值为 220V，频率为 50Hz，测得铁芯截面积处处相同，均为 30.2cm^2，铁芯用 D21 硅钢片叠成，设叠片之间的叠装系数

K_{Fe}为 0.91（铁芯有效面积为 $S=K_{Fe}S_{截}$）。（1）如果取 $B_m=1.2T$，求线圈匝数 N；（2）如果铁芯平均长度 $l=60cm$，求励磁交流电流有效值 I。

解 （1）铁芯有效面积

$$S=30.2\times0.91=27.5(cm^2)=27.5\times10^{-4}m^2$$

根据式（9 - 14）得

$$N=\frac{U}{4.44f\Phi_m}=\frac{U}{4.44fB_mS}=\frac{220}{4.44\times50\times1.2\times27.5\times10^{-4}}=300$$

（2）根据附录给出的 D21 硅钢片的磁化曲线查得：当 $B_m=1.2T$ 时，$H_m=880A/m$。根据式$\sum H_m l=\sum NI_m$ 得

$$I=\frac{H_m l}{\sqrt{2}N}=\frac{880\times60\times10^{-2}}{\sqrt{2}\times300}\approx1.24(A)$$

第五节 变 压 器

变压器是利用电磁感应原理，把一种电压的交流电能转变成频率相同的另一种电压的交流电能（来升高或降低电压的一种静止的电能转换装置）。是常见的电工设备，广泛地应用于电力系统与电子线路中。

变压器的种类很多，按用途分类有电力变压器、特种变压器、仪用互感器、调压器、试验用高压变压器等；按绕组数分有双绕组、三绕组、多绕组变压器以及自耦变压器；按铁芯结构分有心式、壳式变压器；按相数分有单相变压器、三相变压器；按冷却方式和冷却介质分有空气冷却的干式变压器和用油冷却的油浸式变压器。

一、变压器的基本结构

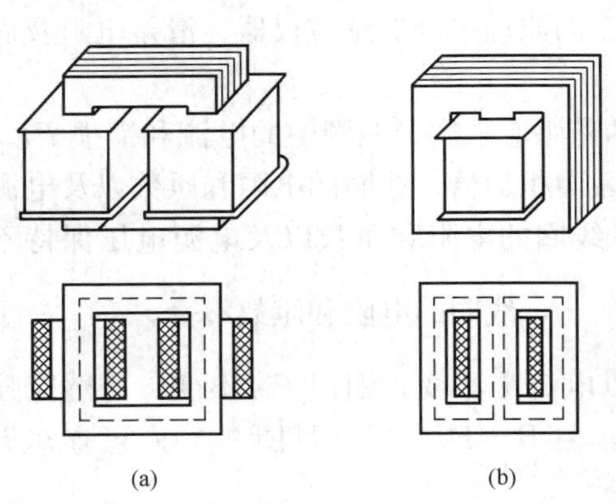

图 9 - 15 变压器结构示意图

（a）心式结构的变压器；（b）壳式结构的变压器

变压器的结构形式多种多样，但其结构基本相似，均由铁芯和高压、低压绕组组成。图 9 - 15所示为两种变压器的常见结构示意，图 9 - 15（a）是绕组包着铁芯，叫心式结构，图 9 - 15（b）是铁芯包着绕组，叫壳式结构。

铁芯构成了变压器的磁路。铁芯一般都采用相互绝缘的硅钢片叠压而成。这样可减少铁芯损耗（包括磁滞损耗与涡流损耗）。

变压器的绕组主要是用紫铜材料制作的漆包线、纱包线或丝包线绕成。与电源相连的绕组叫一次绕组，与负载相连的绕组叫二次绕组。在制造变压器时，低压绕组要安装在靠近铁芯的内层，高压绕组装在外层，这使低压绕组和铁芯之间绝缘可靠性得到增加，同时可降低绝缘的耐压等级。变压器的高压、低压绕组之间与铁芯之间必须绝缘良好，为获得良好的绝缘性能，除选用规定的绝缘材料外，还有采用烘干、浸漆、密封等工艺。

二、变压器的工作原理

图 9 - 16（a）所示为变压器结构图，一次绕组的匝数为 N_1，二次绕组的匝数为 N_2，

输入电压电流为 u_1、i_1，输出电压电流为 u_2、i_2，负载为 Z_L。在电路中，变压器符号如图 9 - 16（b）所示，变压器的名称用字母 T 表示。

1. 变压器的空载运行和变压比

在图 9 - 16（a）中，如果负载 Z_L 断开，则 $i_2=0$，这时一次绕组有电流 i_0，该电流叫空载电流，仅用以提供铁芯中的磁通，i_0 要比额定运行时的电流小得多。

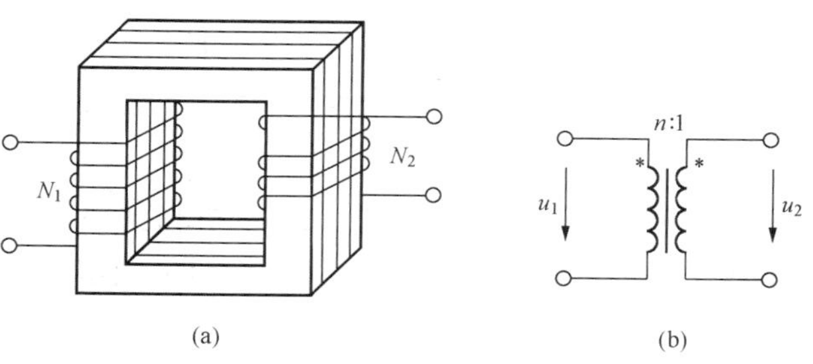

图 9 - 16　单相变压器的结构与符号

（a）变压器的结构；（b）变压器的电路符号

由于 u_1、i_0 是按正弦规律变化的，所以在铁芯中产生的磁通 Φ 也是按正弦规律交变的。在交变磁通的作用下，一次、二次绕组将产生正弦交变感应电动势。可以得到一次、二次绕组感应电动势的有效值为

$$E_1=4.44fN_1\Phi_m,\quad E_2=4.44fN_2\Phi_m$$

由于采用了铁磁材料作磁路，所以磁通大部分是由铁芯形成闭合的磁路，漏磁通很小可以忽略。另外空载电流很小，一次绕组上的压降也可以忽略，这样，一次、二次绕组两边的电压近似等于一次、二次绕组的电动势，即

$$U_1\approx E_1,\quad U_2\approx E_2$$

$$\frac{U_1}{U_2}\approx\frac{E_1}{E_2}=\frac{4.44fN_1\Phi_m}{4.44fN_2\Phi_m}=\frac{N_1}{N_2}=K \tag{9-16}$$

式中：K 为变压器的变压比。

当 $K>1$ 时，$N_1>N_2$，$U_1>U_2$，变压器为降压变压器；反之，$K<1$ 时，$U_1<U_2$，$N_1<N_2$，变压器为升压变压器。

2. 变压器负载运行时的变流比

当变压器接上负载 Z_L 后，二次绕组中的电流为 i_2，一次绕组上的电流将变为 i_1，此时的一次电流不仅要维持铁芯中的主磁通，还要提供二次绕组消耗的能量，而且一次、二次绕组的电阻、铁芯的磁滞损耗和涡流损耗都会损耗一定的能量，但该能量通常远小于负载消耗的电能，在分析计算时，可忽略不计。这样，可以认为变压器输入功率等于负载消耗的功率，即

$$U_1I_1=U_2I_2$$

由上式可得

$$\frac{I_1}{I_2}=\frac{U_2}{U_1}=\frac{N_2}{N_1}=\frac{1}{K} \tag{9-17}$$

由式（9 - 17）可知，变压器带负载工作时，一次、二次的电流有效值与它们的电压或匝数成反比。变压器在变换电压的同时，电流也跟着变换。

3. 变压器的阻抗变换作用

变压器除了前面所介绍的电压变换作用与电流变换作用外，还具有第三个作用：阻抗变换作用。

由于理想变压器本身无功率损耗，所以一次回路与二次回路的视在功率、有功功率、无

功功率均相同。图 9 - 16（a）所示的变压器，设变压器二次侧回路阻抗为 Z_L，一次侧回路的等效阻抗为 Z'_L，根据式（9 - 16）、式（9 - 17），得

$$|Z'_L|=\frac{U_1}{I_1}=\frac{\frac{N_1}{N_2}U_2}{\frac{N_2}{N_1}I_2}=\left(\frac{N_1}{N_2}\right)^2\frac{U_2}{I_2}=\left(\frac{N_1}{N_2}\right)^2|Z_L| \tag{9 - 18}$$

匝数比不同，负载阻抗模 $|Z_L|$ 折算到一次侧的等效阻抗 $|Z'_L|$ 也不同。可采用不同的匝数比，把负载阻抗模变换为所需要的，比较合适的数值。这种做法称为阻抗匹配。

【例 9 - 6】　有一交流铁芯线圈，接在 $f=50\text{Hz}$ 的正弦电源上，在铁芯中得到磁通的最大值 $\Phi_m=2.00\times10^{-3}\text{Wb}$，现在此铁芯上再绕一个线圈，其匝数为 220，当此线圈开路时，求其两端电压。

解　$E_2=4.44fN_2\Phi_m=4.44\times50\times220\times2\times10^{-3}=97.68(\text{V})$

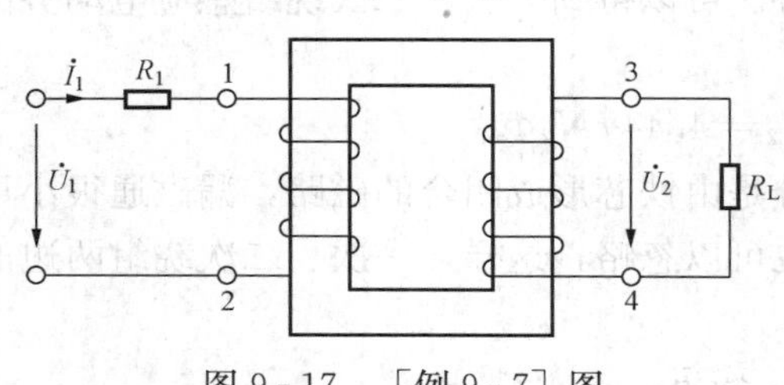

图 9 - 17　［例 9 - 7］图

【例 9 - 7】　如图 9 - 17 所示的变压器，已知 $R_1=4\Omega$，$R_L=1\Omega$，一次侧、二次侧匝数比为 4∶1，$U_1=20\text{V}$，试：（1）标出同名端；（2）求 I_1 的值。

解　（1）1、4 或 2、3 为同名端。

（2）由 $\frac{U_1-I_1R_1}{U_2}=\frac{4}{1}$，得

$$4U_2=U_1-I_1R_1=20-4I_1$$

又　$$U_2=I_2R_L=I_2\times1=I_2$$

所以　$$4I_2=20-4I_1,\quad \frac{I_1}{I_2}=\frac{1}{4}$$

解得　$I_1=1\text{A}$。

三、几种常见的变压器

1. 自耦变压器

如图 9 - 18 所示，自耦变压器的铁芯上只有一个绕组，一次、二次绕组是共用的，二次绕组是一次绕组的一部分，它可以输出连续可调的交流电压，所以自耦变压器是一种特殊的单绕组变压器。调节滑动端的位置（箭头表示滑动端），就改变了 N_2，即改变了输出电压 u_2。

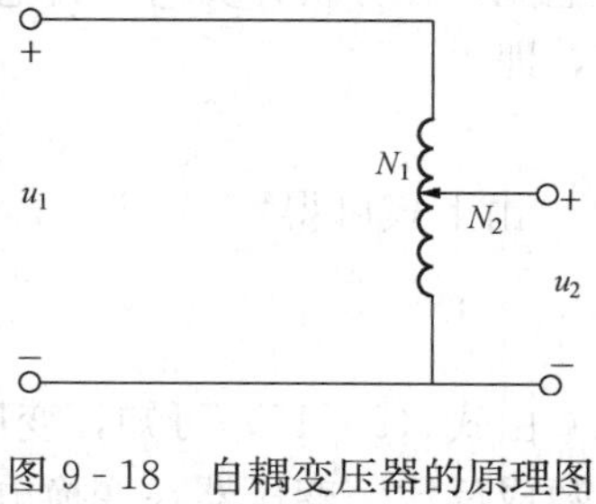

自耦变压器也叫调压变压器，一次、二次绕组之间仍然满足电压、电流、阻抗变换关系。自耦变压器在使用时，一次、二次绕组的电压不能接错，在使用前，输出电压要调至零，接通电源后，慢慢转动手柄调节出所需的电压。

由于自耦变压器只有一个绕组，在它的一次、二次绕组之间有直接的电路交换，所以在需要安全电压的场合需慎用。

图 9 - 18　自耦变压器的原理图

2. 电压互感器

电压互感器是用来测量电网高压的一种专用变压器，它能把高电压变成低电压进行测量，它的构造与双绕组变压器相同。在使用时，一次绕组并联在高压电源上，二次绕组接低

压电压表，如图 9-19 所示，只要读出电压表的读数 U_2，则可得到待测高电压

$$U_1 = KU_2$$

实际使用时，电压互感器的额定电压为 100V，需要根据供电线路的电压来选择电压互感器。如互感器标有10 000V/100V。电压表的读数为 66V，则

$$U_1 = KU_2 = 100 \times 66 = 6600(\text{V})$$

在使用电压互感器时，二次绕组严禁短路，二次绕组的一端和铁壳应可靠接地，以确保安全。

3. 电流互感器

电流互感器是用来专门测量大电流的专用变压器。使用时一次绕组串接在电源线上，将大电流通过二次绕组变成小电流，由电流表读出其电流值，接线方法如图 9-20 所示。

电流互感器的一次绕组匝数很少，只有 1 匝或几匝，绕组的线径较粗。二次绕组匝数较多，通过的电流较小，但二次绕组上的电压很高，它的工作原理也满足双绕组的电流、电压变换关系，即

$$I_1 = \frac{I_2}{K}$$

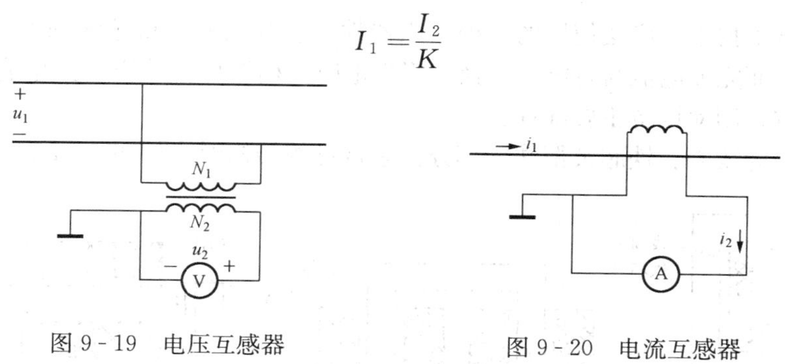

图 9-19　电压互感器　　图 9-20　电流互感器

通常电流互感器二次绕组的额定电流为 5A。如某电流互感器标有 100A/5A，电流表的读数为 3A，则

$$I_1 = \frac{I_2}{K} = \frac{100 \times 3}{5} = 60(\text{A})$$

电流互感器的二次绕组的电压很高，使用时严禁开路。二次绕组的一端和外壳都应可靠接地。

钳形表是电流互感器使用的一个实例，当电流不是很大、电路又不便分断时，可用钳形表卡在导线上，如图 9-21 所示，由钳形表上的电流表可直接读出被测电流的大小。钳形表的量程为 5～100A，使用方便，但测量误差较大。

4. 三相变压器

电力的生产一般都用三相发电机，对应的电力传输则要采用三相三线制或三相四线制。为了减少电能的传输损耗，需要提高电压从而降低电流，故需要把生产出来的电能用三相变压器升压后再输送出去，到了用户后，再用三相变压器降压后供用户使用。三相变压器的原理图如图 9-22 所示。

三相变压器的一次、二次绕组可根据需要分别接成星形或三角形。如 Yyn、Yd、Dyn、Dd 等，左方表示一次绕组的接法，右方表示二次绕组的接法，yn 表示有中性线（三相四线制），Y 表示无中性线。

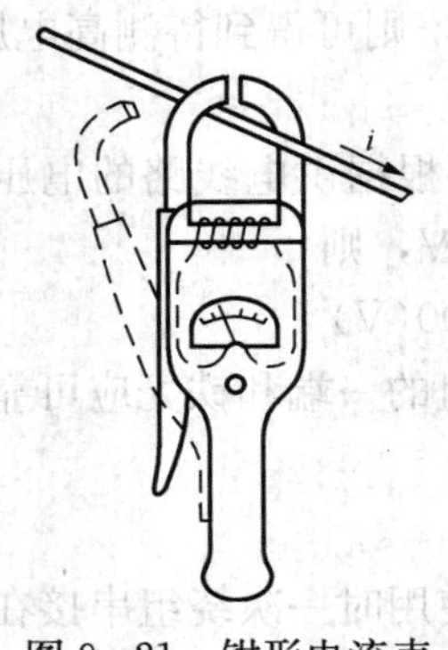

图 9 - 21　钳形电流表

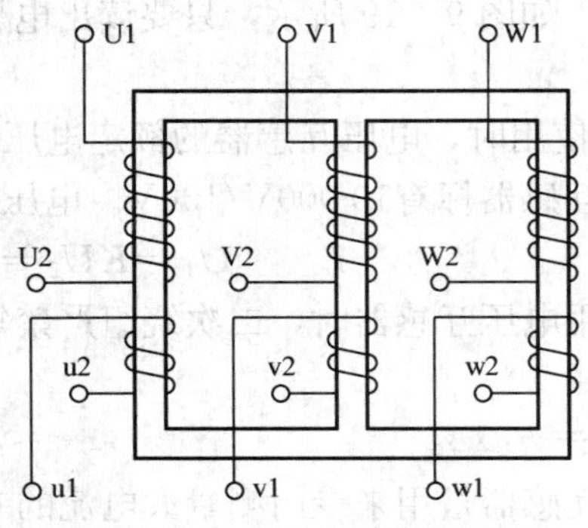

图 9 - 22　三相变压器原理图

第六节　电　磁　铁

电磁铁是电工技术中广泛使用的一种电磁器件。它利用通电铁芯线圈产生的电磁吸力，使衔铁做功，从而完成电能与磁能的转换。当失电时，衔铁可自动释放。起重电磁铁、制动电磁铁构成起重、制动设备主要部件。

电磁铁可分为线圈、铁芯及衔铁三部分。它常见的结构形式如图 9 - 23 所示。

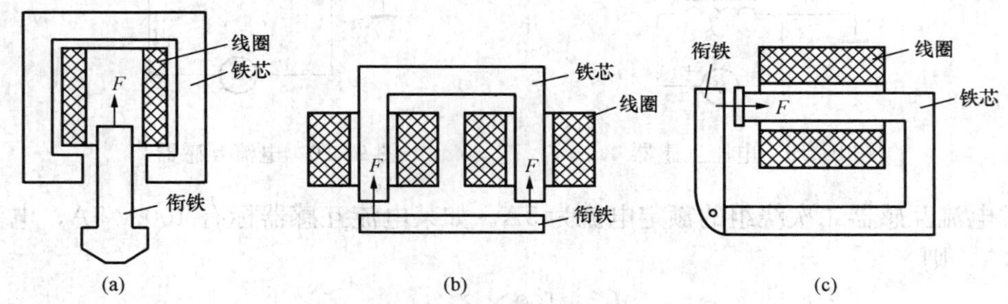

图 9 - 23　常见电磁铁结构形式

(a) U 形直动式；(b) E 形直动式；(c) U 形拍合式

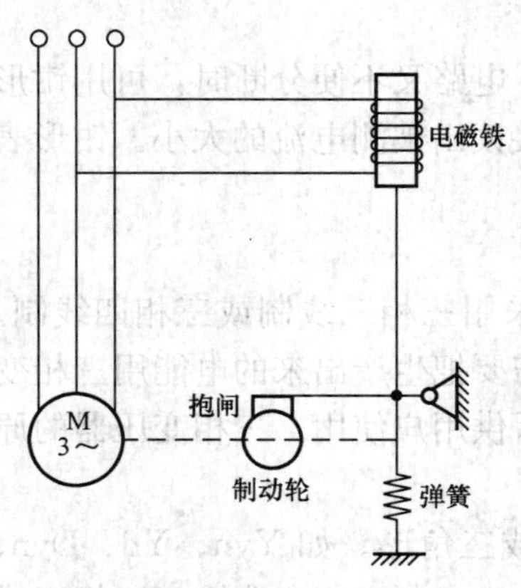

图 9 - 24　电磁铁应用一例

电磁铁在生产中的应用极为普遍，图 9 - 24 所示的例子是用它来制动机床起重机的电动机。当接通电源时，电磁铁动作而拉开弹簧，把抱闸提起，于是放开了装在电动机轴上的制动轮，这时电动机便可自动转动。当电源断开时，电磁铁的衔铁落下，弹簧便把抱闸压在制动轮上，于是电动机就被制动。在起重机中采用了这种制动方法，这样可避免由于工作中的断电而使重物滑下所造成的事故。

一、直流电磁铁吸力

直流电磁铁的吸力是它的主要参数之一，吸力大小与气隙的截面积 S_0 及气隙中磁感应强度 B_0 的平方成正比。可以证明，直流电磁铁对衔铁的吸力为

$$F=\frac{B_0^2}{2\mu_0}S_0=\frac{10^7}{8\pi}B_0^2S_0 \tag{9-19}$$

式中：B_0 气隙中磁感应强度，T；S_0 为气隙的截面积，m^2；F 为直流电磁铁对衔铁的吸力，N；μ_0 为真空的磁导率，H/m。

直流电磁铁的电流只取决于外加电压与线圈的电阻，与气隙的大小无关。但是铁芯在吸合衔铁过程中，气隙减小、磁场增强、电磁吸力变大。

二、交流电磁铁

交流电磁铁的结构和直流电磁铁相似，也是由线圈与铁芯组成，但交流电磁铁所用的是交流电源，为了减小的铁芯中的损耗，通常由软磁材料硅钢片组成。

交流电磁铁是由交流电流励磁的，所以，气隙中的磁场是交变磁场，即 $B_0(t)=B_m\sin\omega t$。可以证明交流电磁铁的瞬时吸力为

$$f(t)=\frac{B_m^2S}{\mu_0}(1-\cos2\omega t) \tag{9-20}$$

式中：B_m为交变磁场的最大值，T；μ_0 为真空的磁导率，H/m；S 为构成电磁铁磁极的面积（空气隙磁场的截面积），m^2。

交流电磁铁的平均吸力为

$$F=\frac{10^7}{16\pi}B_m^2S_0 \tag{9-21}$$

式中：B_m 为交变磁场的最大值，T；S 为构成电磁铁磁极的面积（空气隙磁场的截面积），m^2。

由式（9-20）可知：吸力在零与最大值之间脉动也就是说，随着交流电磁铁在工作的过程中，吸力有时为零，有时又为最大值。因此衔铁会以电源频率的两倍值颤动，引起噪声，同时触头容易损坏。为了消除这一现象，可以在磁极的部分端面套上一个分磁环（短路环），如图 9-25 所示。

由于分磁环中会产生感应电流，以阻碍磁场的变化，使磁场的两部分中的磁通 Φ_1 与 Φ_2 之间产生相位差，因此磁极各部分的吸引力不会同时降为零，这就消除了衔铁的颤动。

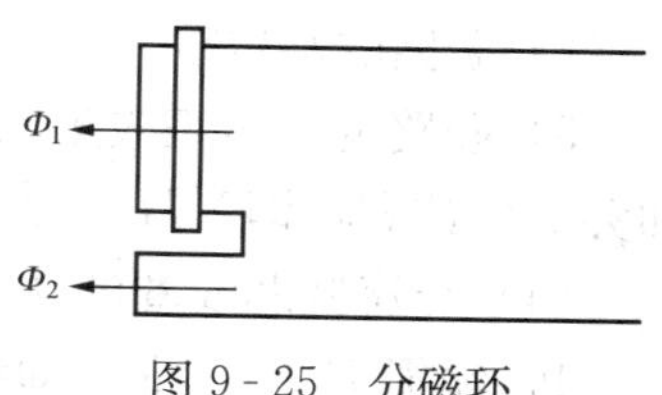

图 9-25　分磁环

在交流电磁铁的吸合过程中，线圈中电流（有效值）变化很大。因为其中电流不仅与线圈电阻有关，而主要的还与线圈感抗有关。在吸合过程中，随着气隙的减小，磁阻减小，线圈的电感和感抗增大，因而电流逐渐减小。因此，如果由于某种机械障碍，衔铁的机械可动部分被卡住，通电后衔铁吸合不上，线圈中就流过较大电流而使线圈严重发热，甚至烧毁，这点必须引起注意。

小　　结

（1）磁通量。磁通量是标量，表述磁场分布的密集程度。

1）磁感应强度。在某种介质中有一个磁场中，取一个平面，垂直通过该平面上单位面积的磁力线的多少，叫该点的磁感应强度，用字母 B 表示。磁感应强度 B 的单位是特斯拉

(T)，简称特。磁感应强度是个矢量，它反映了磁场在空间某点上的方向和大小。磁力线上某点的切线方向就是该点磁感应强度的方向，也就是这一点的磁场方向。所以磁感应强度不但表示了某点磁场的强弱，而且还能表示出该点的磁场方向。

2）磁导率。磁场介质导磁性能好坏的物理量，即物质的磁导率 μ，在 SI 制中其单位是亨/米（H/m）。真空中的磁导率 $\mu_0=4\pi\times10^{-7}$ H/m，它是一个常数，所以，为了比较介质对磁场的影响，可以把任意物质的磁导率与真空的磁导率的比值称作相对磁导率 μ_r。

3）磁阻。反映磁路对磁通的阻力叫磁阻，它由磁路的材料、形状及尺寸所决定。

4）磁场强度。磁场中某点的磁感应强度 B 与介质磁导率的比值，叫做该点的磁场强度，用 H 表示，磁场强度的单位名称为安培/米（A/m），简称安/米。磁场强度是矢量，在均匀介质中，它的方向和磁感应强度的方向一致。磁场强度 H 是一个仅与产生磁场的电流的大小及其分布情况有关的物理量。

5）磁动势。磁动势是磁路中产生磁通的“动力”。磁动势的 SI 制单位为安（A）。

（2）铁磁物质的磁性能。

1）高导磁性。铁磁物质的磁导率 μ 比非铁磁物质大得多。

2）磁饱和性。铁磁物质存在磁饱和现象，B—H 关系为非线性关系。

3）磁滞性。铁磁物质存在磁滞现象，磁化后除去外磁场，仍有剩磁。磁性材料一般有铁、镍、钴及其合金。磁性材料按磁性物质的磁性能分为三种，如下：

软磁材料的 B_r，H_C 小，回线面积小，用于交流电机和变压器等；硬磁材料的 B_r，H_C 大，回线面积也大，用作永久磁铁；矩磁材料的 B_r 大，H_C 小，回线面积小，用作计算机和控制系统中的记忆元件、开关元件等。

（3）磁路及其基本定律。

1）磁路欧姆定律为

$$\Phi=\frac{NI}{\frac{l}{\mu S}}=\frac{F}{R_m}$$

2）磁路的基尔霍夫第一定律。磁路的分支点所连各支路磁通的代数和为零，即$\sum\Phi=0$。

3）磁路的基尔霍夫第二定律。磁路的任意闭合回路中，各段磁压降的代数和等于各磁动势的代数和，即$\sum Hl=\sum NI$。

（4）交流铁芯线圈的功率损耗。主要有铜损和铁损。

1）铜损 $P_{Cu}=I^2R$，即线圈电阻功率损耗。

2）铁损 P_{Fe}，铁损包括两部分：磁滞损耗和涡流损耗。磁滞损耗取决于磁滞回线的面积，面积越大，损耗越大。在交变磁通作用下在与磁通方向垂直的截面积中产生旋涡状的感应电动势和电流，称为涡流。由涡流产生的功率损耗称为涡流损耗。

减小铁损的方法：①在铁碳合金中加入硅元素制成硅钢，可使磁滞回线面积变小，减小磁滞损失；②在顺磁方向铁芯由彼此绝缘的钢片叠成，这样可以限制涡流只在较小的截面内流通。

（5）交流铁芯线圈。交流铁芯线圈是一个非线性元件，它的线圈电阻和漏磁通引起的电压相对于主磁通的感应电动势而言是很小的，所以它的电压近似等于主磁通的感应电动势。当线圈电压为正弦量时，主磁通及其感应电动势可以看成正弦量，并有 $U\approx E=4.44fN\Phi_m$。

（6）变压器。变压器能起到改变电压的作用，同时也能改变电流和阻抗。

电压互感器和电流互感器是一种仪用变压器，前者能把高电压变成低电压进行测量，后者则把大电流变成小电流便于测量。

在使用时，电压互感器二次侧严禁短路，电流互感器二次侧严禁开路。

（7）电磁铁。电磁铁是一种利用通电铁芯线圈产生电磁吸力，使衔铁动作，完成起重或制动等动作。电磁铁分直流和交流两种。

思　考　题

9-1　说明磁场的几个基本物理量的定义、相互关系和单位。

9-2　图9-2中环形线圈绕在均匀介质（非铁磁性材料）上，如果电流不变，将原来的非铁磁性材料换为铁磁性材料，则线圈中的磁感应强度、磁通和磁场强度将如何变化？

9-3　铁磁性物质再磁化过程中有哪些特点？

9-4　设磁场强度 $H=2500\text{A/m}$，试从附录中查取铸钢、铸铁、D21硅钢片等三种不同材料的磁感应强度。

9-5　应用附录试求 $H=400\text{A/m}$ 及 $H=1500\text{A/m}$ 两种情况下D21硅钢片的磁导率及相对磁导率。

9-6　请比较磁路与电路的区别和联系。

9-7　说明磁路基尔霍夫定律的内容。

9-8　设磁路中有一空气隙，气隙长度为5mm，截面积为2.5cm，求其磁阻。其中的磁感应强度为0.9T，试求其磁场强度及磁动势。

9-9　铁芯线圈接到电压有效值一定的电压源上，若铁芯上增加一空气隙，则将使磁通、电流有效值有何变化？

9-10　若铁芯线圈接到正弦交流电压上，当频率增大时，磁通、电流将如何变化？

9-11　分别举例说明剩磁和涡流的有利和不利的一面。

9-12　有一空载变压器，一次侧额定电压为220V，并测得一次绕组电阻 $R_1=10\Omega$，试问一次电流是否等于22A？

9-13　变压器的额定电压为220/110V，如果不慎将低压绕组接到220V电源上，试问励磁电流如何变化？后果如何？

9-14　用钳形电流表测量单相电流时，如果把两根线同时钳入，钳形电流表读数如何？若被测电流过小，又应如何提高读数的精确度？

9-15　用钳形电流表测量三相对称交流电线电流（有效值为10A）时，当钳入一根线、两根线和三根线时，试问电流表的读数分别为多少？

9-16　电压互感器在使用时能否将被测回路短路？电流互感器在使用时能否将测试回路断开？并简述理由。

9-17　在电压相等（交流电压指有效值）的情况下，如果把一个直流电磁铁接到交流电上使用，或者把交流电磁铁接到直流电上使用，将会产生什么后果？

9-18　交流电磁铁在吸合过程中气隙减小，试问磁路磁阻、线圈电感、线圈电流以及铁芯中磁通的最大值将作如何变化？那么直流电磁铁在吸合过程中气隙减小，试问磁阻、线圈电感、线圈电流以及铁芯中的磁通将作如何变化？

9-19 交流电磁铁端面上的短路环如果断裂了，会出现什么现象？为什么？

习 题

9-1 有一个线圈，其匝数 $N=250$，绕在由铸铁制成的铁芯上，铁芯的截面积 $S=100\text{cm}^2$，铁芯的平均长度 $l=30\text{cm}$。如果在铁芯中产生磁通 $\Phi=0.006\text{Wb}$，试问线圈中应通入多大直流电流？

9-2 若题 9-1 中的铁芯为两段铁芯组合而成，含有一个长度为 $\delta=0.2\text{cm}$ 的空气隙（端面与铁芯轴线垂直），由于空气隙较短，磁通的边缘扩散可忽略不计，试问线圈中的电流必须多大才可使铁芯中的磁感应强度保持题 9-1 中的数值？

9-3 由 D21 硅钢片叠制而成的铁芯尺寸如图 9-26 所示（尺寸单位为 cm），气隙边缘效应不计，求欲使磁通为 8×10^{-3} Wb，匝数 300 匝试求绕组中需要通入的电流；若绕组中电流为 5.5A，求铁芯磁通。

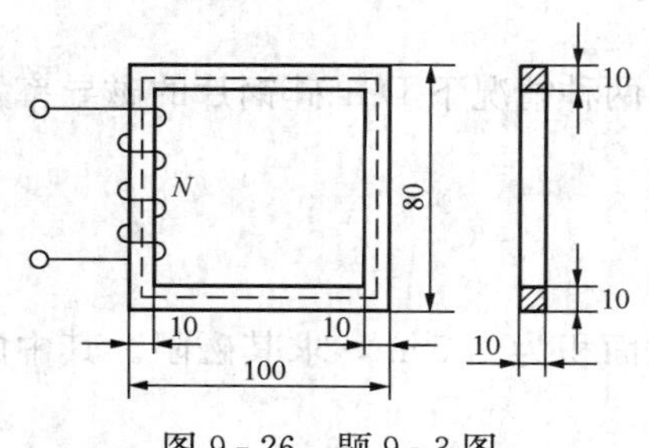

图 9-26 题 9-3 图

9-4 居民家中有一个照明电路，其中有照明变压器一台，额定电压为 220V/12V，负载为一支有 20W/12V 白炽灯珠 36 盏的组灯，当变压器一次侧接到 220V 交流电源时，求其一次、二次电流；又问若变压器的一次绕组额定电流为 15A，这个照明电路能否正常工作。

9-5 有一单相照明变压器容量为 10kVA，额定电压为 3300V/220V。今欲在二次绕组接上 60W、220V 的白炽灯，如果要使变压器在额定情况下工作，这种白炽灯可接多少个？并求一次、二次绕组的额定电流。

9-6 图 9-27 所示的变压器有两个相同的一次绕组，每个绕组的额定电压为 110V，二次绕组的额定电压为 6.6V，问：(1) 当电源电压为 220V 及 110V 时，一次绕组的四个接线端应如何连接？在这两种情况下，二次绕组的端电压是否改变？(2) 如果把接线端 2 和 4 相连，而把 1 和 3 接到 220V 电源上，试分析这时将会发生什么情况。

9-7 如图 9-28 所示，把电阻 $R=8\Omega$ 的扬声器接于输出变压器的二次侧，设输出变压器的一次绕组为 500 匝、二次绕组为 100 匝。求：(1) 扬声器的等效阻抗 R'；(2) 将变压器一次侧接上电压为 10V，内阻为 $R_0=250\Omega$ 的信号源时，输送到扬声器的功率是多少？(3) 直接把扬声器接到信号源时输送到扬声器的功率是多少？

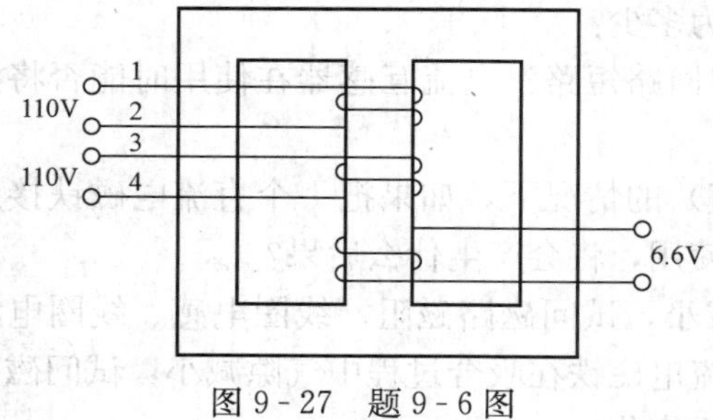

图 9-27 题 9-6 图

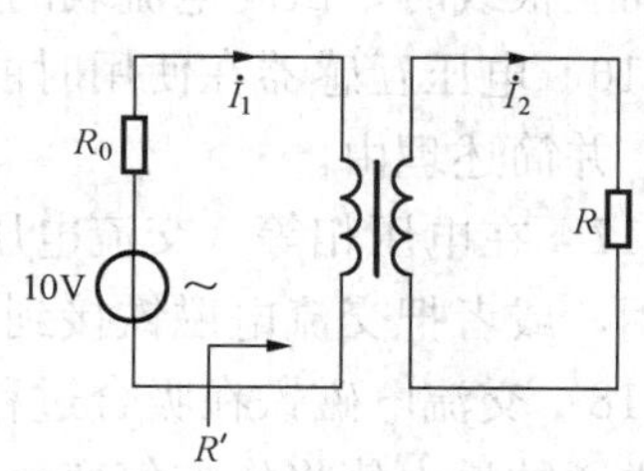

图 9-28 题 9-7 图

9-8 单相变压器一次绕组 N_1 为 1000 匝，二次绕组 N_2 为 500 匝，现一次侧加电压 $U_1=220V$，二次侧接电阻性负载，测得二次侧电流 $I_2=4A$，忽略变压器的内阻抗及损耗，求：(1) 一次侧等效阻抗 $|Z'_1|$；(2) 负载消耗功率 P_2。

附录1　常用铁磁材料磁化数据表

附表 1-1　　铸　钢（*H* 的单位为 A/m）

B（T）	0	0.01	0.02	0.03	0.04	0.05	0.06	0.07	0.08	0.09
0.4	320	328	336	344	352	360	368	376	384	392
0.5	400	408	415	426	434	443	452	461	470	479
0.6	488	497	506	516	525	535	544	554	564	574
0.7	584	593	603	613	623	632	642	652	662	672
0.8	682	693	703	724	734	745	755	766	776	787
0.9	798	810	823	835	848	860	873	885	898	911
1.0	924	938	953	969	986	1004	1022	1039	1056	1073
1.1	1090	1108	1127	1147	1167	4487	1207	1227	1248	1269
1.2	1290	1315	1340	1370	1400	1430	1460	1490	1520	1555
1.3	1590	1630	1670	1720	1760	1810	1860	1920	1970	2030
1.4	2090	2160	2230	2300	2370	2440	2530	2620	2710	2800
1.5	2890	2990	3100	3210	3320	3430	3560	3700	3830	3960

附表 1-2　　铸　铁（*H* 的单位为 A/m）

B（T）	0	0.01	0.02	0.03	0.04	0.05	0.06	0.07	0.08	0.09
0.5	2200	2260	2350	2400	2470	2550	2620	2700	2780	2860
0.6	2940	3030	3130	3220	3320	3420	3520	3620	3720	3820
0.7	3920	4050	4180	4320	4460	4600	4750	4910	5070	5230
0.8	5400	5570	5750	5930	6160	6300	6500	6710	6930	7140
0.9	7360	7500	7780	8000	8300	8600	8900	9200	9500	9800
1.0	10 100	10 500	10 800	11 200	11 600	12 000	12 400	12 800	13 200	13 600
1.1	14 000	14 400	14 900	15 400	15 900	16 500	17 000	17 500	18 100	18 600

附表 1-3　　D21 硅　钢　片（*H* 的单位为 A/m）

B（T）	0	0.01	0.02	0.03	0.04	0.05	0.06	0.07	0.08	0.09
0.8	340	348	356	364	372	380	389	398	407	416
0.9	425	435	445	455	465	475	488	500	512	524
1.0	536	549	562	575	588	602	616	630	645	660
1.1	675	691	708	726	745	765	786	808	831	855
1.2	880	906	933	961	990	1020	1050	1090	1120	1160
1.3	1200	1250	1300	1350	1400	1450	1500	1560	1620	1680
1.4	1740	1820	1890	1980	2060	2160	2260	2380	2500	2640

附表 1 - 4 D23 硅 钢 片（H 的单位为 A/m）

B (T)	0	0.01	0.02	0.03	0.04	0.05	0.06	0.07	0.08	0.09
1.0	383	392	401	411	422	433	444	456	467	480
1.1	493	507	521	536	552	568	584	600	616	633
1.2	652	672	694	716	738	762	786	810	836	862
1.3	890	920	950	980	1010	1050	1090	1130	1170	1210
1.4	1260	1310	1360	1420	1480	1550	1630	1710	1810	1910

附表 1 - 5 D41 硅 钢 片（H 的单位为 A/m）

B (T)	0	0.01	0.02	0.03	0.04	0.05	0.06	0.07	0.08	0.09
1.0	161	165	169	172	176	180	184	189	194	199
1.1	203	209	215	223	231	240	249	257	266	275
1.2	285	296	307	317	328	338	351	363	377	393
1.3	409	426	444	463	485	507	533	560	585	612
1.4	636	665	695	725	760	790	828	865	903	946

附录2 各章节课后习题参考答案

第一章 电路的基本概念和基本定律

1-1 $P_A=-150W$ 电源，$P_B=-50W$ 电源，$P_C=120W$ 负载，$P_D=80W$ 负载，平衡

1-2 $U=-10V$

1-3 $R_{100}=484\Omega$，$R_{15}=3227\Omega$，不能

1-4 (1)

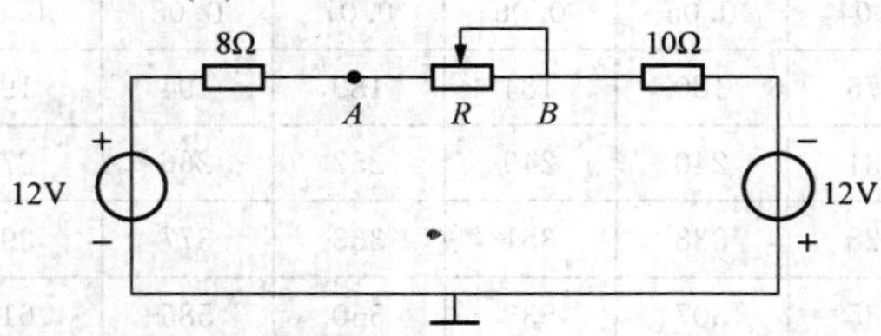

(2) A 点降低，B 点升高

(3) $V_A=4V$，$V_B=-2V$

1-5 $E_2=46V$，$V_A=5V$，$V_B=-3V$，$V_C=-23V$，$V_D=-27V$

1-6 $I_3=0.31\mu A$，$I_4=9.3\mu A$，$I_6=9.6\mu A$

1-7 $I_2R_2-I_3R_3+E_3-E_4-I_4R_4+I_1R_1-E_1=0$

1-8 $U=E-IR_1$

1-9 48.6V

1-10 (a) $P_R=0.5W$，电压源 0.5W，电流源 −1W

(b) 2Ω 电阻 0.5W，1Ω 电阻 1W，2V 电源 −1W，1V 电源 −0.5W

1-11 (a) −6V (b) 8V

第二章 电路的等效变换

2-1 能，不能

2-2 22Ω，22Ω

2-3 (1) 50V (2) 81.8V，能

2-4 1.5Ω，2A，$\frac{1}{3}$A

2-5 $I_1=\frac{1}{10}A$，$I_2=\frac{1}{20}A$，$I_3=\frac{1}{40}A$，5V，2.5V，1.25V

2-6 100mA

2-7 19.8kΩ，80kΩ，400kΩ

2-8 (a) 6Ω (b) 15Ω (c) 40Ω

2-9 1.2A

2-10 0.6A

2-11 10A，−5A

2-12　10A，8V

2-13　(a) 8W　(b) 16V

2-14　1.4A

2-15　$U_{OC}=10V$，$R_S=1.5k\Omega$

2-16　0.5A

第三章　直流电路的分析方法

3-1　$\frac{1}{20}A$，$\frac{1}{40}A$，$\frac{3}{40}A$

3-2　0A，1A，0W，−2W

3-3　$\frac{13}{5}A$，$\frac{2}{5}A$，正确

3-4　略

3-5　−70W，0W

3-6　3A，8V

3-7　1A，5A，6A，2A，8A

3-8　−2A，−4A

3-9　−1.5A，−9V

3-10　$\frac{12}{175}A$

3-11　20V

3-12　0.5mA

3-13　(a) −6V，3Ω　(b) 15V，10Ω　(c) 16V，0Ω　(d) 10V，$\frac{10}{3}\Omega$

3-14　13V

第四章　单相正弦交流电路

4-1　314rad/s，50Hz，0.02s，311V，$\frac{\pi}{4}$，220V，−220V

4-2　(1) i_1 超前 i_2 25°　(2) u_2 超前 u_1 175°　(3) u_1 超前 u_2 40°

4-3　$55\sqrt{2}\angle 0°V$，$20\angle -30°V$，$2.5\sqrt{2}\angle -60°A$，$50\angle 90°A$

4-4　(1) $u=100\sqrt{2}\sin(314t+30°)V$，$i=5\sqrt{2}\sin(314t-45°)A$

(2) $u=200\sqrt{2}\sin(314t+45°)V$，$i=2\sin(314t-30°)A$

(3) $u=100\sqrt{2}\sin(314t+53°)V$，$i=\sqrt{10}\sin(314t+116.6°)A$

4-5　(1) 错，$\dot{U}=50\sqrt{2}e^{-j30°}V$　(2) 错，I 上要加点　(3) 对

4-6　$u=180.3\sqrt{2}\sin(\omega t+3.7°)V$，$u'=180.3\sqrt{2}\sin(\omega t+116.3°)V$

4-7　$u=220\sqrt{2}\sin 314t\,V$，$\dot{U}=220\angle 0°V$

$i_1=5\sqrt{2}\sin(314t-30°)A$，$\dot{I}_1=5\angle -30°A$

$i_2=10\sin(314t+90°)$ A，$\dot{I}_2=5\sqrt{2}\angle 90°$A

4-8 $i=\sqrt{2}\sin(1000t+30°)$A，50W

4-9 2000Ω

4-10 $i=6.76\sin(314t-90°)$A，575.4var

4-11 $i=3.85\sin(314t+90°)$A，－1133var

4-12 50V

4-13 31.1Ω，0.1H，777.8W

4-14 0.37A，103V，190.5V

4-15 $i=6.6\sqrt{2}\sin(314t+3.4°)$A，1306.8W，653.4var，1452VA

4-16 550.7Ω，5V

4-17 （1）3.5V （2）69.3° （3）减小

4-18 17.3Ω，－10Ω，容抗

4-19 （1）25V （2）15W，－20var，25VA （3）15Ω，60Ω，80Ω

4-20 2Ω，0.1H，398μF，0.09

4-21 5Ω

4-22 15Ω，7.5Ω，7.5Ω

4-23 40.31A，10A，50A

4-24 0.5 99.68μF，不变，不变，减小，不变，变小

4-25 （1）9.74A，1530var （2）52.9μF，7.58A，1.5kW，726.8var

4-26 （1）0.333 （2）0.49

4-27 －137.7kvar

4-28 48.1A，0.76，201μF

4-29 3.4kW

4-30 276μF，前 56.82A，后 47.85A

4-31 $10\sqrt{2}$A，$10\sqrt{2}$Ω，$10\sqrt{2}$Ω，$5\sqrt{2}$Ω

4-32 576kHz，0.5mA，235mV，235mV，47

4-33 101.1μF，1.05Ω，15.75V

第五章 三相正弦交流电路

5-1 （1）$220\angle 60°$V，$220\angle -60°$V，$220\angle \pm 180°$V

（2）$380\angle 90°$V，$380\angle -30°$V，$380\angle -150°$V

5-2 线电流等于相应相电流，$44\angle -37°$A，$44\angle -157°$A，$44\angle 83°$A

5-3 5.79A

5-4 线电流等于相应相电流，17.3A，173V

5-5 $19\angle -53°$A，$19\angle -173°$A，$19\angle 67°$A，$19\sqrt{3}\angle -83°$A，$19\sqrt{3}\angle 157°$A，$19\sqrt{3}\angle 37°$A

5-6 8.47A，14.67A，345.6V

5-7 △连接，6.1A，10.58A

5-8　(1) 星形连接负载：$I_p=I_l=11A$；三角形连接负载：$I_p=6.3A$，$I_l=10.9A$
(2) 总电流 15.5A

5-9　$22\angle 37°A$，$22\angle 0°A$，$22\angle -150°A$

5-10　(1) $22\angle 0°A$，$22\angle 150°A$，$22\angle -150°A$　(2) −16.1A

5-11　5.6A

5-12　1053W，790var，1316VA

5-13　(1) 4654W，4654var　(2) 983.5W，3670.5W

5-14　1064W，2128W

第六章　互感电路

6-1　1000rad/s，$\sqrt{5}\times 10^3$rad/s

6-2　3H

6-3　0.1H，0.2H

6-4　$0.778\angle 45°A$

6-5　0.35H

6-6　0.036H

6-7　$4.8\angle 37°V$

第七章　非正弦周期电流电路

7-1　(1) 108.4V，7.2A　(2) 117.93W

7-2　122.47V，$u=(50+141\sin\omega t+70.7\sin 2\omega t)$ V，1500W

7-3　$i=[2+4.1\sqrt{2}\sin(1000t+71.6°)]A$，171.9W

7-4　78.7V，61.6V

7-5　$i=12.8\sin(10^3t+86.4°)+1.4\sin(2\times 10^3t+115.7°)A$，9.1A，913.96W

7-6　(1) $i=0.8\sqrt{2}\sin(\omega t+83°)A$，0.8A
(2) $u_L=1.6\sqrt{2}\sin(\omega t+173°)V$，(3) 3.84W

7-7　(1) $\frac{\sqrt{10}}{2}A$　(2) 48Ω，0.0338μF

7-8　10Ω，2.4×10^{-9}H，4188F

第八章　线性电路过渡过程的暂态分析

8-1　19/3A，18.1V

8-2　0.2mA，4V，6V，0.2mA

8-3　1A，4A

8-4　(a) 6×10^{-6}s　(b) 6×10^{-6}s　(c) 1×10^{-3}s　(d) 0.9×10^{-3}s

8-5　$u_C(t)=10e^{-1.25t}V$，$i_C(t)=-2.5e^{-1.25t}mA$

8-6　$i_L(t)=2e^{-104t}A$，$u_L(t)=-40e^{-104t}V$

8-7　$i_L=2e^{-\frac{2}{3}t}A$，$u_L=-12e^{-\frac{2}{3}t}V$

8-8 $u_C(t)=(12-12e^{-4t})$V，$i(t)=\frac{12}{25}e^{-4t}$mA

8-9 $u_C(t)=8-8e^{-100t}$V，$i_C(t)=4e^{-100t}$mA $i(t)=\left(\frac{4}{3}-\frac{4}{3}e^{-100t}\right)$mA

8-10 $u_C(t)=(15-15e^{-0.2t})$V

8-11 $i_L(t)=(0.1-0.1e^{-10^5t})$A，$u_L(t)=8e^{-10^5t}$V

8-12 $u_C(t)=\frac{10}{3}-\frac{4}{3}e^{-500}$V

8-13 $u_L(t)=-100e^{-t}$V，$i_L(t)=\frac{50}{3}e^{-t}$A

第九章 磁路

9-1 3.53A

9-2 7.35A

9-3 3.63A，9.8×10^{-3}Wb

9-4 3.29A，60A，能

9-5 166盏，3.03A，45.45A

9-6 （1）2、3相连，不变；1、3相连，2、4相连，不变

（2）$U_2=0$，一次电流很大会烧坏一次线圈

9-7 （1）200Ω （2）$\frac{8}{81}$W （3）0.012W

9-8 （1）110Ω （2）440W

参 考 文 献

[1] 陈菊红. 电工基础. 2 版. 北京：机械工业出版社，2003.
[2] 王运哲. 电工技术基础. 南京：东南大学出版社，2004.
[3] 田淑华. 电路基础. 北京：机械工业出版社，2002.
[4] 窦春霞. 电工技术学习指南. 北京：中国标准出版社，2004.
[5] 邱关源. 电路. 5 版. 北京：高等教育出版社，2006.
[6] 孙欣丰. 电工学试题库. 北京：中国水利水电出版社，2000.
[7] 秦曾煌. 电工学. 4 版. 北京：高等教育出版社，1996.
[8] 赵红顺. 电工技术基础. 苏州：苏州大学出版社，2004.
[9] 李清新. 电工技术. 北京：机械工业出版社，2006.
[10] 储克森. 电工基础. 北京：机械工业出版社，2007.
[11] 聂国星. 磁路欧姆定律教改探讨. 江西煤炭科技，1998 (3).
[12] 李险峰. 磁场和磁路的基本物理量. 中国科技信息，2005 (17).